U0187859

THE WELL-TEMPERED CITY

什么造就了城市

[美] 乔纳森·罗斯 著
JONATHAN ROSE

谢幕娟 译

城市的
前世今生
以及未来的可能

北京时代华文书局

献给彼得·卡尔索普，
他激励我向外看，看到城市的形式；
也献给戴安娜·卡尔索普·罗斯，
她激励我向内看，走向智慧和同情。

前　言

未来的城市

在我 16 岁那年，时任纽约州纳尔逊·洛克菲勒（Nelson Rockefeller）州长顾问的著名建筑师菲利普·乔纳森（Philip Johnson）询问我父亲对于重建纽约州福利岛的意见。我父亲弗雷德里克·P. 罗斯（Frederick P. Rose）是一名热心公益事业的公寓建筑商。当时的福利岛还只是伊斯特河上的一块狭长地带，位于曼哈顿和皇后区中间，与如今的罗斯福岛相去甚远。在很长一段时间里，它一直是城市里无家可归者的容身之所：先是作为监狱，后又成为"精神病院"，曾是天花病的隔离场所，同时也是两种慢性疾病的福利医院所在地。1968 年父亲把我带到那里，站在杂草丛生、垃圾成堆的破败建筑物中间，他问："面对此番景象，你当如何做？"

从此，我开始为这一问题上下求索。

20 世纪 60 年代的美国城市已开始进入物质匮乏、社会衰落和环境破坏的时期。继马丁·路德·金 1968 年被杀之后，美国多地的非裔聚居区被付之一炬，长达一个世纪的隔离和忽视让这把火烧得更旺。克利夫兰的凯霍加河上漂浮着厚厚一层油污，最终难逃大火，留下《时代》杂志那张封面照片，成为扼住城市命脉的污染的一个象征。与日俱增的犯罪、泛滥的毒品、不断减少的学校、衰败的交通网络将美国的中产阶级推向郊区，进一步加深了城市富有阶层与劳动阶层的差距。再加上城市税起征点的降低，利率的上升，许多城市中心开始步入破产边缘。

我从小在城市郊区长大，却被邻近的纽约城吸引，我喜欢它的坚韧和生机，以及建筑师罗伯特·文图里（Robert Venturi）所说的那种"错综复杂又矛盾重重的……凌乱的生命力"，还有街头生活、爵士音乐、蓝调和摇滚乐带来的悸动。

去罗斯福岛之前的那个夏天，我在新墨西哥州参与了一个千年阿纳萨齐古村落的挖掘工作。古村落由土砖搭建而成，所有房屋在春分和秋分之时与初升太阳保持在同一直线。坐落在一处高台上的遗迹生机盎然，上面生长着植物、昆虫、小型哺乳动物和鸟类。我们慢慢融入自然的节奏，周围的一切成了一个充满生命力的整体，我几乎能感觉到那种神秘力量的涌动——那种力量太过高深，我还无法完全理解。对阿纳萨齐人而言，它同样太过复杂。气候的变迁和几个世纪的干旱最终埋葬了他们的城市。

简·雅各布斯（Jane Jacobs）是 20 世纪最伟大的城市思想家之一，她说："城市复杂的功能并非混乱无序的表现。相反，它代表着一种复杂精妙且高度发达的有序形式。"经过那个夏天，我决心找出这种秩序。我感觉很多地方都能找到它的踪迹——生物学与进化论，物理学与量子力学，宗教与哲学，心理学与生态学，千百年前的城市历史，以及如今的新兴城市。我的目标就是通过这些不同渠道总结经验，弄清如何让城市成为一个整体。而我的这种灵感来自一个创造完整的大师：约翰·塞巴斯蒂安·巴赫。

巴赫的音乐既有深度又带给人欢愉，两种特质相互交织无穷无尽地延伸开去，其中亦饱含智慧与慈悲。听巴赫的音乐，总给我一种自然的宏大之感，一切都是那么的融洽和谐。它们同样也是城市的音乐，它们在魏玛、科腾和莱比锡谱写而成。

巴赫的《十二平均律钢琴曲集》是在 1722 年和 1742 年分为两部分或者说分为两个篇章写就，是多声部音乐的全方位展示，也是作曲者和表演者如何创作出具超凡脱俗之美的作品的指导手册，既展现了整体的完美又体现了个体的个性。在每一篇章中，巴赫在一系列前奏曲和赋格曲中将 24 个大调和小调运用得游刃有余，使其交织成为庄严的音乐。

《平均律钢琴曲集》的创作是要证明，应有一种新的音律来取代已统治音乐界近两千年之久的旧音律。17 世纪末以前，欧洲音乐使用的每种音阶都有协调之处，因为要与毕达哥拉斯的理论保持一致。这位伟大的希腊数学家曾提出，星球与星球之间的距离比与音符之间的比是一样的，他也称这个理论为"天体的谐和旋律"。将音阶调到与星球的距离比一致，可以利用音阶创造出美妙音律，只是生成的音符会与其他调的音符略不协调。如果同时演奏两种调，结果将惨不忍睹。毕达哥拉斯的音律，也就是所谓的"纯律"，在长达两千年的时间里占据绝对主导地位，也将音乐作曲限定在了单一调之内。

要解决这一问题，把音符调到毕达哥拉斯音的中间位置，这个办法由中国古代明朝王子朱载堉在他的著作《律历融通》中首度提出，该书出版于 1580 年。而以游历中国闻名于世的天主教耶稣会传教士利玛窦，在日记中记载了这一理论并将其传回孕育出此想法的欧洲。1687 年，德国风琴家和音乐理论著述家安德烈亚斯·韦克迈斯特尔针对音乐中的数学问题发表了一部专著，里面详细介绍了后为众人熟知的韦克迈斯特尔平均律。通过调整，每个音调中的音都以某种方式达到协调，这样一来同时演奏一个调以上的乐曲就会悦耳很多。韦克迈斯特尔的系统反映出另一种希腊哲学，也就是"黄金平衡"，这种哲学是在两种极端之间寻求理想的平衡点。而提出黄金平衡理论的不是别人，正是毕达哥拉斯的妻子西雅娜。

1691 年，韦克迈斯特尔提出名为"平均律"的音律，旨在解决音乐循环性的问题。在"纯律"中，如果谁想用音阶开始一场循环旅程，就会发现每个音会与前一个音略不协调，一圈循环过后则会发现这个圈无法回到起点。韦克迈斯特尔的"平均律"，把音符之间的距离按正确比例设置，这样循环之后这个圈也就能闭合了。

当代作曲家菲利普·格拉斯曾说："没有平均律，就无法在不走音的情况下从 A 大调转换到不相干的降 E 大调。也就是说，每次只能用同一个调演奏音乐。是平均律的出现让作曲者有了同时拥抱所有调式的可能。"

巴赫相信，上帝创造了宇宙之间的神圣建筑，而他作为作曲家的任务就是通过音乐表达出那种宏大。平均律解除了巴赫的音乐桎梏，让他能在音乐中自如转换调式，而这是前人从未探索过的天地。《十二平均律钢琴曲集》把人类的最高理想与大自然崇高的和谐融为一体。而这也正是我们今日设计和重塑城市的目标。

世界最早的城市建立在宗教圣地之上，是围绕着教堂庙宇而建。而且就跟巴赫的音乐一样，最早建筑的组织形式代表了整个大宇宙的建筑样式。那些建筑饱含智慧和神圣的寓意，各类仪式为其注入活力，亦赋予居住其中的人以生存意义。

这些早期建筑设计者的任务是要把人与规则联系起来，从而创造生命、道德、秩序和智慧。随着定居的人越来越多，社群中最受信任的牧师，便要负责看管用来储存粮食及其他货物的仓库。他们建立起一套管理制度，来帮助履行三个主要责任：保护居民安全和族群的兴旺，监督确保资源的公平分配，维持人类与自然之间的平衡，从而让人们的生活越来越好。

如今的城市集技术之大成，代表着人类文明巨大的科学跨越。人类凭借创造力获得了超越想象的力量与繁荣，尽管这种繁荣并非平均享有。而今大部分城市已经遗失了最初的目标。

这本书就是要把这些散掉的线 —— 我们的技术、社会潜力以及大自然的原动力 —— 重新拧到一起，回归城市最初的目标。在这个瞬息万变、复杂莫测、标准模糊的时代，未来的城市应当建立一套系统，朝着更和谐的方向发展。在那个系统中，繁荣与幸福、效率与平等应当达到平衡，城市可以恢复其社会及自然中心角色。当今世界，已有一些城市开始追求实现上述目标。而本书的目的就是要向大家展示，这些看似毫不相关的目标该如何凝聚。

目　录
contents

引　言

答案是城市

　　我出生于 1952 年，当时世界总人口为 26 亿[1]。自那之后，世界人口增长了三倍。1952 年，全世界只有 30% 的人口居住在城市中，2014 年有一半的人口生活在城市[2]，到 21 世纪末，这一数字将增长为 85%。所以，城市的品格特性将决定人类文明的气质。

　　1952 年，很多欧洲城市的条件甚至比不上如今的发展中国家。巴勒莫，欧洲最南部的一个城市，也是西西里区的首府，其战后重建因为贪污腐败的问题而搁浅。人们住不起房子，只能拖家带口地在城市周围的洞穴里安家，而黑手党却在城郊建起了高楼、公园、农场、桥梁和道路，甚至威胁当地官员，完全不考虑建筑和区域划分应有的规律，造成了"巴勒莫衰落"。

　　而在北边的德国，1200 万人中有 800 万因战争而流离失所，他们没有稳定的居所和工作。西边的伦敦笼罩在含硫煤造成的致命"烟雾"之下，那是伦敦历史上最严重的空气污染事件，造成1.2 万人死亡。而在东边的布拉格，鲁道夫·斯兰斯基（Rudolf Slánsky）正上演审判秀，犹太人受到折磨、处决，又遭到政府的驱赶，这更加深了苏维埃与西方世界的冷战隔阂。

当时盛行的观点是，经济增长是解决世界所面临的难题的关键。受美国马歇尔计划的刺激，战后欧洲也迎来了历史上最大的经济腾飞，人们成功战胜了饥饿，不计其数的难民得到了工作与家园，社会服务得到了资助，数百万人的生活品质得以提升。美国则经历了更为瞩目的经济增长。制造业的工资水平飙到了大萧条时期的 3 倍，中产阶级数量大幅增加，许多城市的人口也达到新的峰值。然而，只关注经济增长并不能带来真正的幸福安康。

20 世纪 50 年代是大自然备受摧残的时期。世界大城市的发展，是以大量自然资源的掠夺性消费为动力的：凿山开矿、砍伐树木、竭泽而渔、断流筑堤、开采地下水 —— 所有这一切都以迅猛的节奏进行。在此过程中，很少有人去想资源浪费的问题。盐化的地下水、污染的河流、流失的水土大大削弱了大自然的自我修复能力，最终导致大自然越来越难以完成养育城市的任务。尽管世界上许多城市在 20 世纪 50 年代发展迅速，但这种发展缺乏远见，忽视了几千年来城市建设的经验教训。

放眼观察当今的绝大部分城市，你会发现 20 世纪 50 年代规划和建造的建筑是最没有吸引力的。历史广场成了停车场，河流被填充为高速公路，低俗的"国际范"写字楼取代了原本独具匠心的建筑，郊区一栋栋庞大却无灵魂的庄园别墅拔地而起，工作、购物、文化和社区因此被割裂开来。

当然，到 20 世纪中期，许多 19 世纪的建筑群都需要翻新整修。柏林的威赫敏娜环区（Wilhelmina Ring），据称是世界上最大的公寓群，大片大片的小公寓挤在一块，全都用煤炭取暖，而其中只有15%的公寓设有卫生间和浴室。在密苏里州的圣路易斯，85000个家庭居住在异常拥挤、老鼠遍地的19世纪建筑里，其中很多都要使用公共卫生间。纽约的下东区是全世界人口最密集的地区，面临着严峻的健康和安全问题。这些社区都需要重建。

第一次世界大战之后，城市重建设计的主流方法建立在瑞士建筑师查尔斯-爱德华·让纳雷-格里斯（Charles-Edouard Jeanneret-Gris），也就是众人熟知的勒·柯布西耶（Le Corbusier）的理念之上。1928年，勒·柯布西耶和一群有着共同抱负的同侪组成国际现代建筑协会（CIAM），将其城市建设理念正式化并传播出去。1933年，他们公开宣称城市规划的理想是要建成"功能城市"，提出城市社会问题可以通过按功能严格划分用途的规划设计来解决。跟巴赫一样，勒·柯布西耶也寻求通过作品来表达宇宙性。"数学，"他写道，"是人类用以理解宇宙的最伟大形式。它既有绝对又有无限，既通俗易懂又高深莫测。"[3] 受毕达哥拉斯黄金分割的启发，勒·柯布西耶认为它也是按照建筑物的高度与宽度确定建筑物相对距离的理想标准。这样做的结果就是建成了许多相互隔离的、等距的高楼，这些高楼往往坐落在不受欢迎的公园里。

功能城市的实践于是在全世界大行其道。大城市核心区的具有历史意义却脏乱差的区域、商铺以及公寓楼林立的繁华街道，开始大受诟病且遭到拆除，取而代之的是勒·柯布西耶的"公园高层"——整洁、有序的全新公寓楼里配备了小厨房和小浴室，再由绿意盎然却无法使用的空地隔开。商铺和工作室数量有限，仅勉强够用。阿姆斯特丹外围的拜尔美米尔（Bijlmermeer）便体现

拜尔美米尔（阿姆斯特丹城市档案）

了该理论的要求，这是一栋20世纪60年代末建成的由31栋10层八角形公寓楼组成的综合体，共有6万人在其中生活，却没有一家商店配套，综合体与城区之间由一大块公园绿地隔开。

苏联对"功能城市"的概念特别感兴趣，在大萧条时期聘用了许多国际现代建筑协会的建筑师。"二战"之后，这些建筑师的理念被当作一种成本较低的方式大规模应用在战后城市的重建中，也加快了苏联向东欧的扩张。1951年1月，苏联共产党主席尼基塔·赫鲁晓夫就建设工作召开了一次会议，会上提出民众住宅应当用价格低廉的预制混凝土板来建造。在第二年的全联盟共产党第十九次代表大会上，预制板住宅建造项目正式进入土地法，但奢华别墅和政府大楼的选项仍做保留处理。

尽管协会建筑师们的理念在苏联大受欢迎，"二战"还是让其中很多人选择前往美国，成为美国各大建筑学院建筑系的负责人或系主任。他们教授的建筑理念指导着美国的城市重建计划。20世纪50年代的新住宅项目，比如山崎实（Minoru Yamasaki）设计的圣路易斯的普鲁蒂-艾戈（Pruitt-Igoe），因其鲜明独特的造型赢得多项设计大奖。1954年，康涅狄克州纽黑文市新上任市长迪克·李（Dick Lee）采用柯布西耶的城市重建方法，承诺要将纽黑文打造成模范城市。纽黑文用粗犷现代的建筑取代过去的老式街区引起了全美国的关注，也赢得了许多设计大奖，但到60年代后期，许多项目由于贫困集中，居民服务配套设施分散，小企业的机会有限等原因而宣告失败。

除了住宅，经济发展——企业的创办、就业机会的增长以及生活水平的提高——也是城市重建的关键因素。20世纪中期主流的城市经济发展模型，大多是集中力量发展几个大型项目，从而让城市中心重焕生机。但得到大量补贴的大型购物商场或会展中心屡屡失败，因为规划者并未意识到在高度重叠的复杂系统里，经济活力会有程度上的区别。小企业——比如乐器商店、纺织品商店或者街边杂货店等——其实跟那些全新住宅和多功能中心一样重要。纽黑文市为了兴建市中心的购物商场，推倒了一大片具有历史意义的老建筑，真是让人惋惜。一个地方一旦失去活力，写字楼也就只会有少量公司愿意入驻，租金收入也将大量减少。1969年迪克·李在任期结束时说："如果说纽黑文是模范城市，只好恳请上帝帮帮我们了。"[4]

1970年，我到位于纽黑文的耶鲁大学上学。那是一个动荡不安的年代。纽黑文是18世纪末美国最早开始工业化的城市之一，随着工业制造转移到没有工会的南部或者沿海区域，纽黑文随之失去了许多中产阶级工作岗位。越南战争让美国四分五裂。经济持续衰退、利率不断上涨、城市犯罪率居高不下加速了美国城市的衰落，而黑豹党鲍比·希尔（Bobby Seale）谋杀案的审讯更加重了纽黑文市的种族对立。

我本科的学业目标就是要了解和贯通几大命题：自然与人类大脑的运转，社会制度的功能，以及在万物盛衰中不断复杂化的生命奇迹。我的推断围绕着一个主题，那就是能够提升人类幸福与自然系统的原则，也可以用来打造更快乐、更健康的城市。

20世纪最重要的生态学家，G.伊夫林·哈钦森（G. Evelyn Hutchinson），当时还只是耶鲁大学斯特林讲座教授。他欣然同意与我见面，讨论本书中这些当时尚未成形的想法。1931年，年仅28岁的哈钦森前往拉达克藏区海拔最高的山峰，研究那里的湖泊生态和佛教文化。哈钦森是第一个提出生态区的人，所谓生态区就是大环境中的各类生物与周围环境互相融合促进的小区域。

查尔斯·达尔文在经济学家赫伯特·斯宾塞的建议下，在第五版的《物种起源》里加上了那句"物竞天择，适者生存"。他的重点是"最适者"而不是"最强者"。他这里指的就是那些最能适应生态环境的物种。大自然的大趋势是不断增强万物对变化着的环境的适应力。哈钦森的生态区理念是一种把住宅社区看作城市系统组成部分的思维方式，这里的城市系统包括地区、国家和整个地球。唯有适者才能成长繁盛。

哈钦森对于气候的变化也很有先见之明。1947年，他预测人类活动中排放的二氧化碳将改变地球气候。如果预测成真，地球的最大系统将面临巨大威胁，气候系统中所有的生态系统也将危在旦夕。20 世纪 50 年代，哈钦森将生物多样性的减少与气候变化联系起来。他还是第一个交叉探索控制论（信息反馈控制系统）与生态学的自然科学家，致力于研究能量和信息是如何在生态系统中流动的。哈钦森的理论，加上阿波尔·沃尔（Abel Wolman）的最新作品，为我提供了素材和指引，让我最终明白城市其实就是一个复杂的、具有适应性的系统。

1974 年 1 月，我独自前往喜马拉雅山。旅程从伊斯坦布尔开始，我以汽车修理工的身份一路工作，横穿亚洲。一个寒风刺骨的冬天，我站在阿富汗赫拉特城的入口处，一种历史的厚重感油然而生。赫拉特曾属于波斯帝国，在亚历山大大帝挥师东进时被占领、摧毁，后又按照希腊城市的风格重建。后来，它又被西征的塞琉古王朝征服，接着又落入东边的伊斯兰入侵者之手，千百年来一直风雨飘摇、动荡不安。站在赫拉特的城门处，我体会到文明的浪潮也是城市建设内在基因的一部分。我还领悟到，要了解一座城市，我必须先了解城市的历史。

我还试着去了解这些城市所在的大环境。同年秋天，我进入宾夕法尼亚大学攻读研究生，跟随《设计结合自然》的作者伊恩·麦克哈格（Ian Mcharg）学习区域规划。麦克哈格提出，要对一个区域的自然、社会及历史架构进行分层，然后再把这些分层信息汇总，去研究这些架构之间彼此是如何相互影响的。不过我渴望学习的东西——更具包容性的复杂结构——并未包括其中。

世界如此变幻莫测的一个原因，就是人类和自然系统太过复杂，而复杂的系统又加大了不确定性。要把握这种复杂，我首先得弄明白它复杂在哪。

复杂的系统包含很多变动的东西，不过这些都是可预测的，属于线性变化。尽管复杂系统的输入和输出各不相同，但系统本身是稳定的。就拿纽约市的水供应系统来说，水先是在上流的水库汇聚储存，然后再在重力的作用下通过大渡槽送达城市，最后通过水管终端送到千家万户。这个系统由许多部分组成，但所有部分从输入到输出都是按照线性模式进行。本质上来说，在过去 150 年的时间里，纽约的水供应系统并没多大的变化。尽管从水库到水槽的水流会根据沿途水阀的状态而有所不同，但水系统本身的结构还是相当稳定的。线性系统的变动性小，而且可预测。

复杂系统中有许多组成部分和次生系统是相互依存的，所以彼此之间也会相互影响。你很难在复杂系统中预测某种输入的输出是什么，因为组件之间的相互影响会放大或者弱化输入。全球经济就是一个复杂系统。这也是为什么 2011 年，当希腊威胁要拖欠其 3000 亿美元债务的一半时，全球股票市场应声暴跌万亿美元。地球上最复杂的系统非大自然莫属。而最复杂的人造系统应该就是城市了。

棘手难题

1973 年，面对一系列棘手的规划难题，加州大学伯克利分校规划学院的 W. J. 里特尔（W. J. Rittel）和梅尔文·韦伯（Melvin Webber）发表了一篇名为"规划概论的困境"（Dilemmas in a General Theory of Planning）[5] 的文章。他们观察到，20 世纪 50

年代倡导用科学和工程知识解决所有城市问题的科学理性主义并不奏效，城市居民也不接受规划者的建议。民众用静坐来抗议意在改善市容的整修项目，还对修桥铺路多番阻挠，尽管修桥铺路的目的是让交通更高效。城市居民不喜欢学校课程，也不喜欢公共住房。就连山崎实失败的普鲁蒂-艾戈项目也在1972年借助大规模的内向爆破而被拆除。规划者们的尝试无一奏效。这到底是为什么？

里特尔和韦伯的结论为新兴的复杂性研究做出了早期贡献，尽管他们并未如此自我标榜。两位教授把科学和工程学可以解决的问题归类为可控制的问题，也就是可以明确定义目标和实际解决方案的问题。在本书中，我将称其为"可控问题"（tame problems）。里特尔和韦伯观察到的一些更大的问题并没有解决方案，因为每种外在介入都改善了部分居民的生活条件，然而又让另一些人的生活条件恶化。也没有清晰的思路能够确定何种结果是最公平最合理的。两位教授最后得出，在效率和平等之间实现平衡的可能性微乎其微。他们写道："规划者要应对的社会问题与科学家或者部分工程学家应对的问题有着本质区别。"

棘手问题的定义并不明确，它们总与"捉摸不定的政治判断"有关。这些问题根本无法得到解决。每一个棘手难题都是另一个难题的具体表现。而每一种外在介入都会改变问题及其发生的情境。

20世纪70年代民众对城市和区域规划的排斥，更使其日渐衰微。那时候绝大部分的规划者没有提出改造的愿景和理念，而是成了项目经理。他们推行的区位编码让城市割裂而不是融合成为整体。城市规划者们也是后来才意识到，他们原来受制于一种自己无法掌控的更强大的外力。

全世界最大规模的断电

印度首都新德里，是地球上最大、人口最多的城市之一。它不仅连接着孟买、加尔各答这些印度次大陆上的城市，还连接着迪拜、伦敦、纽约和新加坡。新德里有着超一流的医疗中心、多样的全球化商业、充满活力的 IT 业和蓬勃的旅游业，所有这些都让这座城市越来越繁荣，一大批成长迅速、受过良好教育的中产阶级由此产生。

2012 年 7 月 31 日星期一，印度北部电网突然不稳，负荷不足，进而崩溃。整座城市都陷入瘫痪：交通堵塞，火车、地铁、电梯停摆，机场关闭，停电，停水，工厂停工。估计有 6.7 亿人断电，约占全球总人口的 10%。发生这种事显然是因为电资源的供不应求。新德里气候炎热潮湿，随着经济的繁荣发展，越来越多的人希望生活和工作的地方有空调，这也造成了夏季的用电高峰。但这一事件的深层原因则要错综复杂得多。

全球气候不断变化，极端天气出现次数越来越多，屡破纪录的高温也造成新德里空调供电的高消耗。气候变化还导致季雨期的缩短和延迟，水力发电厂的水量因而减少，供电输出量也随之降低。印度有越来越多的人生活条件越来越好，这催生了巨大的食物需求，而食物的生产必然需要能源。20 世纪 70 年代，印度的农民舍弃适应当地环境的粮食作物改种现代化的杂交作物，而后者需要多得多的水才能生长。面对降雨量减少的严峻现实，农民便用电泵抽取地下水灌溉。随着用水需求不断增加，地下水位不断下降，从深井中抽取水源就要耗费更多的能源。

印度超负荷的能源基础设施缺少设计精良的软件和控制措施来平衡供需。更糟糕的是，有27%的电力会在传输过程中流失或被盗用。印度没有采用智能系统、节约用电和提高效率的方式来减少能源需求，而是选择加大供应量，让自己成为世界最大的火力发电国。但是，燃煤会加速已经威胁到印度众多生态系统的气候变化过程。污染让印度很多城市的天空弥漫着焦黄色。最近一次去新德里时，我竟从未见过太阳钻出笼罩整座城市的厚重灰黄色大气层。

印度也缺乏及时有效的管理措施来应对发展带来的各种复杂问题。其实，新德里会出现"黑色星期一"是意料之中的事。电力系统可以追踪电流并预测电力短缺发生的时间，但他们却缺乏管理文化利用这一信息进行有效应对。区领导应该从大局出发按照系统的指示减少本区用电，但他们没有这么做。相反，许多政府官员要求下级想办法从电网中获得更多电力。

这种情况揭示出所有城市领导者面临的一个大问题：到底是让本区、本部门或本公司的利益最大化还是从全局利益出发？按照进化论的观点，短期让个体利益最大化更好，但长期而论，还是为大局着想的好处更大。自从世界上有城市以来，人们就用监管和文化来平衡"我"和"我们"之间的关系。监管提供必要的保护、制度、法规、角色划分和责任来分配资源并让频繁流动的大量人口保持团结。文化则为社会提供一种运行系统，这个系统建立在有效的集体智慧之上，以集体利益的使命为指引。一座发展良好的城市应当有强大且适应力强的监管，以及重视集体责任和普遍同情的文化。

全球大趋势

气候变化加剧了新德里的问题，也是全球所有城市必须面对的趋势之一。其他趋势还包括全球化、越来越紧密的联系网络、城市化、人口增长、收入不均、消费剧增、自然资源枯竭、生物多样性减少、移民数量增加，以及恐怖主义等。对于这些大趋势，我们既时常耳闻，又知之甚少。我们知道世界正面临着这些新的变化，却无法准确预测它们的影响。

气候变化尤其会给城市重重一击。到 21 世纪末，很多低海拔城市，比如东京、新奥尔兰以及孟加拉国首都达卡等，若不投入大量金钱筑造堤坝就很可能会被水淹没；纽约、波士顿、坦帕这些海滨城市也需要付出高昂的基础设施成本来应对不断升高的海岸线；临近河流或水域的内陆城市也将面临洪水多发的困境；地处河流与海洋交界处的肥沃三角洲的城市将涌入大量因气候或资源枯竭而逃离故土的难民。

这些气候变化的趋势威胁着地球上每一个国家。在 2014 年的一份报告中，美国国防部称："气候变暖、降水类型改变、海平面升高以及越来越多的极端天气将令全球面临的各种问题愈加严重，如动乱、饥饿、贫困和争端。这些问题很可能在全球范围内造成食物和水资源短缺、大规模流行性疾病、难民、资源争端以及自然灾害。气候变化是一台'威胁倍增器'，因为它有可能加剧我们当前面临的从传染性疾病到恐怖主义的许多挑战。"[6]

毁灭性的叙利亚内战就是因气候变化而起。2006 年，叙利亚遭遇了百年一遇的长期干旱，水资源系统的贪污腐败又使灾情雪上加霜。粮食颗粒无收，超过 150 万走投无路的农民和牧民搬到城市。这些农民和牧民不知道也没有办法知道未来该向哪里前行，而专制政权让他们更加绝望。他们的反抗引发了内战。在接下来的混乱局面中，"伊斯兰国"（ISIS）和"基地组织"攻城略地，进一步让叙利亚四分五裂。[7、8]到 2015 年，数以万计的叙利亚人在内战中丧生，还有 1100 万叙利亚人成为难民，蜂拥逃到周边的土耳其、黎巴嫩、约旦、伊拉克和欧洲等。2015 年夏天，联合国难民署宣告，叙利亚内战是十年以来最大的难民危机。因人口负增长面临 500 万劳动力短缺的德国，在利益考量和道义的驱使下打开了大门，接纳了数百万的难民。而如何安置和接纳这些难民，却是一个非常复杂的问题。

在 21 世纪，世界上许多发展中城市将陷入一种恶性循环：本地没有足够的自然资源和能源支撑发展，越来越依赖于高风险的食物、水资源供应链。集中的人口也让他们更容易受到流行性疾病的威胁：如今，全球的繁荣需要各个经济体彼此相连，因此始于其他城市的危机会在整个系统迅速蔓延，波及全球。2009 年发生的那种全球经济危机，再发生一次可能会无法控制。城市赖以为生的技术和社会系统，可能会在网络攻击下崩溃。而这些将无一例外地影响到城市中的所有人。

或许城市面临的最让人头疼的未知威胁来自恐怖主义，因为恐怖主义的目标是要削弱人类最伟大的集体成就，也就是文明本身。如今，恐怖主义者成分多样，有宗教极端分子，也有毒品黑帮老大。种族主义、仇恨、宗教激进主义和贪婪让他们无所顾忌。而发达国家对石油、钻石、海洛因、可卡因的迷恋为他们提供了资金来源。他们奸杀掳掠，还被许以圣徒之名（也许还有永生）。道德是 2500 年前轴心时代的思想家们对人类文明的贡献，宗教激进恐怖主义则完全站在了道德的对立面。要解决恐怖主义的问题，需要思虑周全、多方联手，最重要的是要强化文明的关键因子——文化、沟通、凝聚力、族群社区和同情心——从世界观的大局出发。面对诸多压力，尤其是面对恐怖主义的威胁，植根于自由开放社会的强大社会网络是提升城市韧性的关键所在。与恐怖主义斗争，需要勇气、安防和多方介入，但最好的武器是一个团结凝聚的社会——一个互帮互助、为所有人提供机会的社会。沟通联系、文化、凝聚力、族群社区和同情是文明城市的保护力量。

信任也是城市应对这些压力的关键元素。信任需要慢慢建立，而焦虑和恐惧却会迅速传播。不幸的是，不平等的经济发展摧毁了信任的根基，除此之外还有存在于非洲、中东、印度的部落和宗教争端，以及欧洲和美国越来越狂热的反恐热情。

所有这些挑战都会威胁城市的未来，甚至还有更多我们无法预料的危险。我们的任务是要为一个不确定的未来规划。

美国军方把这种情况称为 VUCA，也就是变动（volatility）、不确定（uncertainty）、复杂（complexity）和不明确（ambiguity）四个词的首字母。面对全球大趋势和 VUCA 的现状，我们必须转换思路。未来几十年，会有越来越多的人涌入城市，我们必须想办法让城市系统更包容、更有韧性、适应力更强，同时还要学着缓解这些趋势。从全局来看，只有对各方都有益的行动才是最好的。比如，一个简单的策略就是让城市所有的建筑物都严格节能，这定然能大幅减少能源的使用，减轻人类对气候的影响，并把运营成本降低到可控的范围内，增加城市居民的生活舒适度，出现断电也能更好地应对。而这反过来也会为当地创造就业机会，并减少城市对全球能源供应的依赖。

变化的支点

若要问人类文明该如何在 21 世纪繁荣下去，答案必然是城市。城市是文明的节点，是在 VUCA 的时代促成机会平等和人与自然和谐共处的关键支点。

系统思想家多莱拉·米道斯（Donella Meadows）在她的经典论文中写道："支点……是复杂系统（企业、经济体、人体、城市、生态系统）中牵一发动全身的地方。"[9] 一个支点就可以让事情发生巨大的变化——只要把支点放在对的地方。在 1995 年，美国国家公园管理局新引进了 33 对狼到黄石公园。灰狼的主要猎物是麋鹿，如果没有狼的捕杀控制，麋鹿数量将出现爆发式增长。麋鹿的胃口很大，吃掉了黄石公园的许多植物景观。

引进灰狼 6 年后，黄石公园的山丘峡谷又重新变得绿意盎然，这也有助于水土保持，避免河堤崩塌。鸟儿的婉转啼鸣又回来了。熊、老鹰、乌鸦的数量也有所增长，这些动物以被狼猎杀的麋鹿腐肉为食。灰狼的出现也让郊狼的数量有所减少，狐狸、老鹰、鼬鼠、土獾的数量也随之上升。海狸的数量逐年上升，它们会为自己筑造堤坝，公园里又出现了沼泽，这也让水獭、麝鼠、鱼和青蛙的数量有所增加。海狸的堤坝降低了水流速度，让固沙植被有了良好的生长环境，同时也改善了水质。[10]

重新把灰狼引入黄石公园的生态系统，相当于在一个紧密协作的生态中重置了一个关键元素。灰狼的回归就是这个支点，将不计其数的其他元素带回到良性平衡，也让整个系统重焕健康。

提升城市健康的关键方法之一是要理解城市系统究竟是如何运作的，然后把主要精力放在系统的支点上。1988年，巴勃罗·埃斯科瓦尔（Pablo Escobar）的贩毒集团与北河谷卡特尔（Cartel del Norte del Valle）开展争夺，《时代杂志》因此称哥伦比亚的麦德林为全世界最危险的城市。时过境迁，到了2013年，城市土地协会（ULI）却将麦德林评为全世界最具创新力的城市。

究竟是什么让麦德林这座城市产生如此大的改变呢？关键因素就包括联邦政府加强城市安保、保护民众不受犯罪侵袭的决心。因此，从1991年到2010年，麦德林的谋杀率下降了80%。与此同时，麦德林投入了大量资金在贫民区兴建公共图书馆、公园和学校，还创造性地用缆车和沿陡峭山地修建的垂直电梯把贫民区与市中心联结起来。缆车与现代化的地铁相连，通往更繁华的住宅中心、商业中心和购物中心，穷人也因此获得了工作、教育和购物的机会。安全的公共交通提供了私家车之外的另一个出行选择，污染和交通堵塞也随之减少了。

麦德林城还在城市周围建起了保护性的绿色地带，将尚未规划的郊区与耕地区隔开来。绿色地带也让死亡之路（El Camino de la Muerte）——以前黑帮常常把敌人的尸体挂在这条路两旁的树上——变成了生命之路（El Camino de la Vida），变成了风景优美的山谷。[11]

着力于这些支点，麦德林仅用了 20 年就从一个连居民安全都无法保障的城市变成了一个欣欣向荣的城市。国家安保人员的进驻让麦德林重新恢复了平衡，就跟当年黄石公园引入的灰狼一样，让更富饶、更健康的生态系统得以重现。

新城市主义：整合规划

20 世纪 80 年代晚期，几位出生于理想主义盛行的 60 年代的城市规划者和建筑师开始为美国进行全新的整体规划，这些人对欧洲古老且紧密相连的村庄、城镇和城市相当熟悉。1993 年，他们在国际现代建筑协会（CIAM）"功能城市"的基础之上成立了一个新的组织——新城市主义大会（CNU），不过它的主旨不是要割离城市，而是让城市重新聚拢，尽可能地强化城市的多样性和连通性。

时至今日，新城市主义大会的理念已大面积取代国际现代建筑协会的观点。1996 年，住房和城市发展部部长亨利·西斯内罗斯（Henry Cisneros）重金聘用新城市主义大会的联合创始人皮特·考尔索普（Peter Calthorpe）为公共住宅打造全新的规划格局。在 HOPE6 计划之下，联邦政府开始出资支持各大城市拆除此前失败的公园高楼类住宅，取而代之的，是收入来源多样、服务多元、功能多样的新社区。考尔索普给出的规划方针包括缩小街区规模、连通街道，以及重新将各社区联结起来。新城市主义的原则快速流行开来，因为它符合人类的天性，还能适应地域、文化和环境的变化。

除美国之外，其他国家的城市重建也开始向着整体化、多元化和紧密化的方向发展。荷兰的拜尔美米尔高楼曾经容纳了 10 万人居住，他们大部分是来自加纳和苏里南的贫苦移民，无法被当地的中产阶级接受。到了 20 世纪 80 年代，拜尔美米尔成了欧洲公认最危险的社区，原本理想的城市社区沦为了贫民窟。1992 年，以色列航空 1862 号班机撞入拜尔美米尔的一栋建筑物，数十人因此丧生。这场灾难也在荷兰激起一股关于重建城市的新思潮。

社区的高楼被大范围拆除，取而代之的是密度更高的中等高楼，配以私家花园。新规划还为个体商铺留出了空间，这一方面服务了住户，另一方面也为移民提供了跃入中产阶级的机会。在此基础上，警察提供了更好的治安保障。此外，拜尔美米尔还开通了地铁，使居民享有更多的城市机会。原先被道路系统区隔开的骑行者、行人和司机又重新汇集在一起，街道变得生机勃勃。社会服务和学校方面的投入也增加了。这些举措综合在一起，让拜尔美米尔变成了机会之城。如今，生活在拜尔美米尔的第二代移民的收入与受教育程度已经达到了与当地荷兰人一样的水平。

和谐城市

我迫切地想把脑海中的想法变成事实。1976 年，我从规划学院退学，成了一名房地产开发商，重点关注城市环境问题与社会问题。我需要预测某个社区未来土地和建筑的发展状况，思考并提出解决方案。为我们提供资金的既有政府也有私人，关系错综复杂，我和同事们需要在众多的咨询顾问、建筑师、工程师以及承建商之间进行协调，打造出理想的项目解决方案，让城市变得更快乐、更健康、更平等。此外，我还要在从南布朗克斯到圣保罗，从南塔基特岛到新奥尔良的诸多社区中广泛收集规划意见。

我在这段工作中特别快乐。同事们聪明、高效，有着让世界更美好的共同愿景。通过我们的努力，人们的生活更好了，大自然受到的践踏也少了许多。我们充分调动想象，开发能够解决城市问题的项目，最后将项目的经验推而广之。我们发现，打造成功模式再广泛分享经验，就是一个关键的支点。我们的项目成了探索绿色经济适用房、交通导向型发展、绿色建筑及理性增长的早期模型。

这也是一项艰巨的任务。问题错综复杂，全球的发展大势与良好的意愿背道而驰，我们需要直面整个时代的挑战。我常常工作到后半夜，苦思当今城市与大自然以及人类是如何脱节的，思考何种转变可以让这三者重新和谐相处——每当这时，我都会聆听巴赫的音乐。他的音乐充满智慧与激情、渴望和决心，而最重要的是，我在里面听到了一种完整感。巴赫的音乐给了我启发，既然平均律的理念可以让巴赫实现音律的和谐，那运用同一理念不也可以帮助我们规划城市，使人与人、人与自然和谐共处吗？毕竟，对和谐的追求深植于每座城市的基因中，这是自五千多年前城市创立之初便有的宗旨。

我把这称为打造和谐城市，这一抱负融合了五种和谐特质，来增强城市的多向适应性，使其在繁荣、幸福、效率、平等、完整之间实现平衡。

和谐城市的五种特质

　　城市和谐的第一种特质是**凝聚**（coherence），这在《平均律钢琴曲集》的创作中也有所体现。正如初次创作能融合 24 种调式并使其互相影响的音律，城市也需要一个框架来让不同项目、部门和想法意愿实现融合统一。比如，我们知道孩子的美好的未来，与家庭、住房、学校质量、健康医疗水平、食物质量、环境污染、人与大自然的关系这一切息息相关，然而其中的每一项都是由单独的部门来负责。绝大部分城市缺少一个综合性的平台来支持每个孩子的成长。融合正是和谐存在的基础。当一个社区有了这样的愿景，也有了实施的计划，并且能够把分散的职能任务贯彻统一，这个社区便迈出了实现和谐的第一步。凝聚对于城市的兴旺繁荣至关重要。

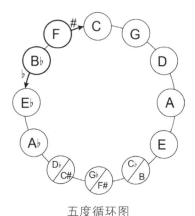

五度循环图

和谐城市的第二种特质是**循环**（circularity），而这一点建立在凝聚的基础上。只有实现了平均律，音调才能彼此联系。平均律的五度循环让音乐曲实现转调。

城市有其新陈代谢的过程，能量、信息和材料在此过程中流动。面对自然资源短缺这样的危机趋势，最好的办法就是建立可循环的城市代谢系统。我们现有的城市代谢系统是线性的，必须按照自然的存在方式转换成环形。

到 21 世纪中期，世界人口将达到 100 亿。如果不改变这种线性系统，妥善处置废弃资源，并在回收的基础上建立循环系统，我们必将陷入水资源、食物和资源匮乏的困境。曾饱受干旱困扰的加利福尼亚州告诉我们，废水可以净化为饮用水，有机废物可以转化为农作物的肥料，饮料空瓶也可以回收制作巴塔哥尼亚背心，既创造就业机会又能实现自然资源的再利用。

和谐的第三种特质是**韧性**（resilience），也就是受压时恢复原状的能力，这对塑造城市适应复杂多变的 21 世纪至关重要。要增强城市的韧性，我们就需要打造更节能、更宜居的建筑，并将住宅与公园、花园和自然景观等连成一体，把自然带回城市。既然城市中心不得不面对越来越多的严寒、酷热、洪水、干旱等极端情况，和谐城市就需要通过自然基础设施来调节温度，让居民免受寒热之苦。

和谐城市的第四种特质是**社区**（community）——由和谐的人组成的社会网络。人是一种社会性动物：幸福不仅只是一种个人状态，它同时也与集体相关。这种共同的和谐来源于普遍的繁荣、安定、健康、教育、社会联系、集体效率以及公平的福利分配等，所有这些构成了人类的福祉。如果有很多人要忍受来自贫穷、种族歧视、创伤、危险毒物、居无定所、学校短缺的痛苦，就意味着这个社区缺乏应对 VUCA 时代问题的能力。最终，一个社区的健康状况也会传导到我们自身。毕竟，人类的幸福是共通的。

上述四种特质恰恰反映出世界的极端复杂。正如钢琴音符如果零散地堆砌只能称之为声音，而一旦按照某种形式谱曲，就有了音乐的活力。原子和分子本身不具备活性，而当它们有序地结合起来，就形成了生命。城市也是建立在各组成部分的相互依存之上。

大自然的普遍相关性自古以来就存在，人类必须选择一种方式与之建立联系。和谐城市的第五种特质是**同情**（compassion），它对于城市实现个人幸福与集体利益之间的健康平衡至关重要。作家保罗·霍肯（Paul Hawken）发现，当生态社群因雪崩或森林大火而遭受损失，它总能自我修复。人类社会受压之后却未必总是能重建秩序。恢复秩序的一个关键条件就是同情，它是个人和集体之间的纽带，让我们关注那些超越自我之上的东西。关心他人，是通向个人完整以及群体完整的大门。

多尼拉·米道斯（Donella Meadows）说："系统中最不容易被发现的部分，无论是功能还是目的，常常就是系统行为的关键性决定因素。"[12] 要挖掘出城市的最大潜力，所有身处其中的人都要怀抱同样的无私精神，注重整体利益。

从物质角度来看，和谐城市通过科技与自然的联合来加强自身的承载力。从操作角度上看，建立具备迅速适应能力的系统且与大趋势动态平衡，可以维护人类与大自然的利益。从精神角度上看，和谐社会就是个人的人生目标与整体的理想合二为一。

和谐城市进行时

和谐城市并不是遥不可及的梦。本书要探讨的许多相关事项都已在有序推进中。我们现在在规划、设计、工程、经济、社会科学、城市管理等方面的优良举措，正让我们一步步靠近提升城市幸福感的目标。这些举措如果只是孤立进行，可能收效甚微，但一旦综合运用互为促进，便能显现出巨大的能量，同时也为我们提供了应对资源紧缺、人口增长、气候变化、收入不均、移民问题和其他威胁的办法。和谐城市将是应对波动的避难所。如果全球最大的经济体——美国开始投资基础设施，整合管理体系，恢复再生自然系统，并让美国国内所有大都市有机会更为和谐，就将为变动中的世界带来稳定。

想象一下，如果一个城市同时拥有新加坡的廉租房、芬兰的公共教育、奥斯汀的智能电网、哥本哈根的自行车文化、河内的城市食品制造、佛罗伦萨的食品系统、西雅图的贴近自然、纽约的艺术和文化、香港的地铁系统、库里提巴的快速运输系统、伦敦的高峰期行车收费文化、旧金山的回收系统、费城的绿色雨水计划、首尔的清溪川河恢复项目、温特和克的废水回收系统、鹿特丹港应对海平面上升的办法、东京的健康状况、悉尼的幸福度、斯德哥尔摩的平等、雷克雅未克的平静祥和、北京的调和形式、卡萨布兰卡的市场活力、博洛尼亚的合作工业化、麦德林的创新、剑桥的大学、克利夫兰的医院，以及温哥华的宜居，城市会是怎样的？这些与和谐城市有关的方方面面如今都真实存在着，而且也将不断改善。每一个方面都具有普适性，也可以结合起来。把这些部分组成一个互相联结的整体，大城市将升级成更幸福、更繁荣的全新城市。

巴赫的一生都在寻求对宇宙和谐的理解，试图表达宇宙和谐的规则。即便历经数百年，巴赫创作的音乐仍然深深打动着我们的心。和谐城市将延续巴赫的这种伟大，让城市系统朝着平等、韧性、适应、幸福以及文明与自然相和谐的方向发展。这些目标或许永远无法全部实现，但只要我们坚定地追求，在计划、实施的每个步骤都贯彻这一理念，我们的城市一定会越来越富有，越来越能使人快乐。

在接下来的篇章中，我们将探讨从人类文明伊始至今的城市发展历程，让读者了解城市形成的环境，以及打造最幸福社区所需要的条件。愿诸位阅读愉快。

第一部分

凝聚

自然音阶向平均律的跨越，构建出了打破调性界限的框架。音乐第一次有了 1+1>2 的效果。尽管《平均律钢琴曲集》体现出了流动性与开放性，音符还是按照顺序按部就班地演奏。

和谐城市的建设尽管受到平均律的启发，但它还得具备更多活力，不断改进来适应这个瞬息万变的世界。要做到这一点，城市就要如同自然界的有机物一样，不断地感知并适应周围的环境变化。人类通过不断革新、不断强化其适应性进化发展至今，城市也是如此。对于人类和城市的进化而言，拇指对向性和网状街道之类的物理形态的进步是至关重要的。然而，更为重要的是管理系统的提升。人的心智就相当于人的管理系统。

加州大学洛杉矶分校医学院精神病学临床教授丹·西格尔（Dan Siegel）把心智描述为"一种自然的自我管理过程，具象化且多方关联，控制着能量和信息的流动"。

人类心智和城市的本质，在许多方面是相通的。城市，首先有其物理形态，但我们不能说城市就仅仅是街道和建筑物而已。

西格尔教授用了 FACES 这个首字母缩略词来描述健康的心智：灵活（flexible）、对环境的适应力（adaptive）、凝聚（coherent，在时间的流动中始终保持自身的完整性）、充满活力（energized）、稳定（stable）。而这些也是城市在 VUCA 的时代实现繁荣所必需的特质。

健康的心智把不同的部分组合到一起。所有精神问题都是从大脑的整合能力受损开始。根据混沌理论，如果某个自我管理系统无法连接起各个分散的部分，就会造成混乱或僵化。心智也是一样——几乎所有精神疾病都可以归结为混乱、僵化或兼而有之。如果各部分能够始终联结在一起，城市就会更健康。

城市可能陷于僵化、混乱，也可能在两者之间找到正确的道路。僵化往往是由高度集中的管理和控制引起的，比如 20 世纪中期的苏联城市和晚近伊斯兰宗教激进主义统治下的城市。在这样的城市里，完全没有个体或自我表达的空间，作为创造力源泉的多样性也没有价值。僵化的城市基础设施无法快速地适应变化。

僵化的反面就是混乱，城市失去了管控能力以至于失控，没有良性运转的政府管理部门给出清晰的目标和指示。

大自然在僵化和混乱之间摇摆，这鼓励了多样化的发展，同时也增强了系统内部的关联。最终，自我管理得以实现，正如大自然的各组成部分会变得对称、平衡和连贯。这些特点不仅会让个体受益，也是整个城市的福祉所在。

本部分将探讨城市的形成，以及推动城市形成的九个特点。笔者将从凝聚出发，探讨城市如何规划以及城市规划在不远的将来会呈现何种模样。我们将重点分析郊区的发展，强调只有城区和郊区形成一个凝聚的系统，城市才能兴旺发达。

我们会发现，从过去的经验中能找到未来可资借鉴的东西。

城市浪潮

人类历史上曾有过三次大的浪潮。现在的我们就处于第三次大浪潮中。第一次大浪潮是，依靠采集、打猎、捕鱼为生的狩猎采集者通过与家人或部落成员合作并分享所得，大幅度地增加了摄取的热量，而摄取的热量为大脑认知能力的进化提供了动力。第二次大浪潮发生在农业时代，人们进一步结成紧密的社会网络并利用这一网络获得更多热量，为文明的发展提供能量。在第三次浪潮中，我们的组织能力和技术能力得到了飞跃式发展，最新的科技随着巨大的城市化浪潮遍及全球。

在第一次浪潮中，人类把自己看作大自然的一部分。在第二次浪潮中，人类认为自己根植于大自然但又被文明所塑造。到了第三次浪潮，我们却开始忽视大自然。若能将当今这个技术时代与自然的演进结合起来，人类就能实现长久的繁荣。

地球生命在过去的 20 亿年中，一共经历过五次物种大灭绝，大量的物种在较短的时间内消亡殆尽，之后又会有大量的新生命涌现出来。从化石记录来看，每次大灭绝之后需要 1000 万到 1500 万年的时间恢复，之后生命总能找到新的发展路径。最近一次大灭绝发生在约 6500 万年前，地球上约有 95% 的物种消失。此前主宰地球的恐龙，从此消失在人间。

大自然从来就不是静态的。人口和环境不断变化，有时这种波动具有重要意义，影响着地球生命的本质。人类对变化着的环境的适应能力很强，哪怕遭遇了最严重的打击也总能重生，这实在令人敬畏。了解这种能力，也是我们了解如何让城市在当今这个变化莫测的时代变得更有韧性的关键所在。

进化的过程伟大而神秘。物竞天择，适者生存，这一切无关道德。然而，以全新的思考方式进化而来的人类，拥有意识和目的，因此想要达到道德的平衡。

认知

大约 17 万年以前，我们的直系祖先智人经过漫长的猿类进化在非洲南部出现，数量只有区区 5000 人。我们如今很多思维方式，都是由对环境的适应机制进化而来。此后，人类人口缓慢增加，创造出遍布整个星球的复杂文明，但我们的身体包括我们的大脑，在过去的 10 万年中并没有太多改变。让收拾干净的古人穿上当代的衣服，你很可能会觉得那就是你的邻居。

所以如果我们的大脑跟 10 万年前是一样的，那为何花了那么长的时间才把生活地点从洞穴转到城市？本章我们将回溯这一过程。从进化论的角度来看，这一过程相当简短。一切都始于认知，也就是我们的思维方式。

人类认知包括感知、识别、知晓、理解、洞悉、分析、学习和沉思表达。进入大脑的信息之复杂，分析活动之深入，让思考成为一个冗长的过程，因而无法应对生命中应接不暇的挑战。为解决这个问题，我们发展出了一系列技巧，我们称之为认知偏差。它们是进化而来的帮助我们生存下去的方法。比如，一只狮子突然从草丛中跳出来，我们或是吓得一动不动（并希望狮子没有看到我们），或是与之搏斗，或是疯狂逃跑。我们没有时间思考。事实证明，这些或静止或搏斗或逃跑的"预设"是我们在进化过程中对环境做出的恰当适应，这也使我们进一步进化下去。尽管这些反应是在与现在完全不同的时期和情境下形成的，但这些古老的认知偏差时至今日仍然影响着我们的思维和行为方式。如果这些偏差因为充满攻击性的电子邮件或生活在高犯罪率的社区而反复出现，搏斗或逃跑这样的反应就可能对我们的幸福造成负面影响。

还有一种认知偏差：我们的大脑倾向于更重视当下而不是未来，这种倾向也就是所谓的双曲线折现率。在打猎采集时代，这种偏差能帮助我们把精力集中在当下的需求上。不幸的是，在当前这个复杂的世界，长远规划往往比只关注眼前要重要得多。这种认知偏差也是当今社会很难集中力量解决威胁性的大问题（比如影响日渐增大的气候变化问题）的关键原因之一。

还有一种认知偏差在狩猎时代很有用，那就是人类特别喜欢以生殖力旺盛的大型成年动物为目标集中力量进行捕猎，而其他物种往往选择老弱病残作为猎物。这种偏差让我们成为"顶级掠食者"，相比其他狩猎物种，我们让猎物的繁殖能力下降了14倍。

随着人类人口的增加，我们的猎物开始灭绝。当人类人口达到100亿，这种偏差就会降低我们对生态的长期适应。

我们的大脑还倾向于内群偏爱，也就是说一个人在感受到家庭朋友温暖的同时，还会对群体之外的人生出一种厌恶。在人类进化的早期，这算得上一种积极适应——我们正是因为部落内的关系才得以存活。部落与部落之间会为了获取资源彼此竞争，所以部落内部的人自然会对别的部落的人心怀戒备。这一点，自然也发展成为一种强大的心理倾向。社会神经系统科学家塔尼亚·辛格（Tania Singer）的研究发现，上述两种偏差有着深层次的联系——对于家庭成员、邻居或足球队的内群感越强烈，我们对"别人"的厌恶感也就越强烈。这种认知偏差也是现在困扰全世界的种族主义和民族主义的根源。

不过，并非人类所有的思考都集中在日常生活的实际问题上。人类认知的广阔还在于其所涉及的范围。尽管我们并不很清楚比智人更早的祖先想的是什么，但考古学家似乎在西班牙阿塔普埃卡山35万年前的洞穴中找到了他们最早墓葬的痕迹，从中可以看出，那时他们已经在思考生命与死亡的秘密了。死者的姿势显示，一切都是经过细致安排的，墓穴里还放着赭石装饰的燧石武器和工具。

为何我们目前能找到的最古老的仪式会与死亡有关？死亡会启发我们思考，思考我们从哪儿来，要到哪儿去，引导我们思考宇宙的起源、生命的诞生及存在的意义之类的大问题。生活在大自然之中，看日月星辰四季轮转，人类的意识开始渴望了解世界的运行方式。于是我们慢慢有了象征思维，衍生出语言、神话，以及对意义的探索。与此同时，大脑也倾向于喜欢对称、平衡、连贯和和谐。

来自科罗拉多大学极地和高山研究学院的考古学家约翰·霍菲克（John Hoffecker）相信，心智是由社会群体中的集体智慧衍生而来。"我们之所以智慧超群，目的明确，"他写道，"正是因为我们是'我们'。人类逐步形成了普遍的沟通工具来表达思想，其中最重要的就是语言。社会群体内个体的大脑与其他人的大脑彼此连接形成某种神经元网络，从而产生了心智。"[1]丹·西格尔把这称为关系过程——他把我们与他人之间的综合联系成为"mwe"而不是"我"或"我们"。

城市建造的方方面面都依赖于我们的认知。在这个过程中，我们需要在思考和行动上紧密协作，接触让人类在进化史上获得巨大优势的、共享的"神经网络"。

合　作

很多物种都会展现出互利行为。比如，站在旷野中的两匹马会头对尾地并排站，以便为对方拍去身上的苍蝇飞虫。互利也是人类行为的一个关键元素，而人类所达成的合作程度是其他任何物种都达不到的。就拿搬木头这个任务来说，其中就需要用到多种认知能力。要想搬动木头，不仅要有人思考搬动木头的好处，他还要具备把这种好处告诉同伴并说服他们一起为之努力的能力。互惠互利正是道德的根基。

最早的人类生活在多代同堂的部落，这些部落具备生物学家称为真社会性（eusociality）的特质。相反，不具备真社会性的物种，其后代出生之后，便会离开巢穴，寻找自己的伴侣建立新家。它们会为了自保和迁徙而聚集成群，但它们各自的遗传命运是彼此不相干的。在真社会性群体中，多代人共同生活并进行劳动分工，每个人都为群体的利益贡献自己的一份力量。真社会性物种在遗传学意义上的成功源自其互惠合作的行为以及利他主义。智人这种真社会性物种，不依靠个人力量单打独斗，其遗传的强大正源于群体的成功。正如杰出生物学家 E. O. 威尔森所说，人类的集体行为让我们获得了征服整个地球的能力。

人类认知让我们心怀善意，同情朋友并识别敌人。我们可以凭直觉知道谁在讲真话，谁在撒谎。我们既可以针对当下采取短期措施，也可以吸取历史经验，做长远打算。这一切都需要纯智力和强大的工作记忆力。此外还有社会智力，也就是平衡自利与利他的能力，尤其是在这两者发生冲突的时候。正是这种社交智能让我们与进化过程中的近亲——尼安德特人区分开来。威尔逊写道："游戏的策略相当复杂，由细致校准的利他、合作、竞争、主导、互利、背叛和欺骗交融而成。"[2] 而它们也是建造城市的关键能力。

最早的一批智人数量只有 5000 人，分散在诸多小聚落中，然而，他们进化速度很快。有些变化出现在基因上：基因池中某些基因发生突变。有些是后天形成的，它影响了基因的表达，并形成世代相传的性状特征。有些变化是文化层面的，也就是人类社会运作系统发生了变化。随着人口的适度增长，一整套的行为模式逐渐进化并深植于我们当今的生活中。

智人集体狩猎时的成功率更高，也能互相保护，有助于将小孩抚养长大。每个小孩从出生到成年需要消耗 300 万卡路里热量，一对父母很难完全靠一己之力获得这么多食物。然而采取集体协作，就有可能让整个部落的人都有东西吃，老弱病残皆有所养。实际上，人类是唯一会分享育儿责任的哺乳动物。

人与人在生活上紧密相连，那些容易相处、气味相投的人逐渐聚在一起，为整个共同体的延续做出自己的贡献。其实现代人在社交上被拒绝时所感受到的痛苦和尴尬会激活大脑的前扣带皮层，这个位置同样也会在身体遭受痛苦时被激活。[3] 我们生来就会与人打交道，也会拒绝那些搭便车者，比如部落中不愿外出打猎，只想吃白食的家伙。在 10 万年前，被部落抛弃就无异于被宣判死刑。这种对搭便车者的进化性偏差即便到了现代，也仍然驱动着我们的行为。这也是福利诈骗和偷税漏税这么引人注目的原因。

成百上千诸如此类的人类共性是在很短的一段时间内进化而成的，原因可能在于当时的人口有限。美国自然历史博物馆的古人类学家伊恩·塔特萨尔（Ian Tattersall）发现，小族群比大族群进化的速度要快得多。"人口密集的大族群有太多遗传惯性拖着往单一的方向发展。相反，分散的小族群通常会自然变异。"[4] 当时的人类就是一个时刻面临危机的小族群。大约 73,000 年前，一座活火山在苏门答腊岛喷发，火山灰铺天盖地，引发了延续千年的寒冷期，导致智人数量下降到数千。他们就是我们共同的祖先。他们的遗传适应——包括与生俱来的认知偏差——深植于我们的DNA，即便如今的地球人口已经超过了 70 亿。

城市的"9C"特征

最早的城市有9个基本特征，其中头两个就是认知与合作。这9个特征分别是：认知（cognition）、合作（cooperation）、文化（culture）、热量（calories）、连接（connectivity）、商业（commerce）、管理（control）、复杂（complexity）和集中（concentration）。这些元素对城市维持长治久安至关重要。本章我们将沿着古代城市化之路来探讨这些特征。我们会发现，"9C"特征中的每一个都促进了和谐城市的第一个方面：统一。

文　化

文化是我们集体经营的软力量，它跟大自然一样，在不断发展、适应、重生。文化适应变化的速度比基因要快得多，它能帮助我们应对变幻莫测的环境。文化也是我们的共同记忆，是我们把社会组织、知识与沟通制度、世界观[5]等适应性行为代代相传的重要方式。文化的适应性是人类适应力的关键。文化包含伦理、共同的价值观等共同生活的核心要素。如果一种文化中没有伦理，共同体也将不复存在。文化凝聚力是建立信任的基础，没有了信任，任何一种文明都不可能繁荣。

考古记录显示，在约5万年前的旧石器时代晚期，人类活动经历了一个巅峰。那时，智人呈现出一种全新的行为模式，考古学家称其为"行为现代性"（behavioral modernity）。我们可以从考古记录中找到证据，证明象征性思维与文化创新力的大幅提升与语言起源相互关联。在语言形成之前，人们可能会使用简单的词，也就是原始母语，但这种语言不涉及复杂语法，词汇量也很小。也许转折点就在于动词的出现。有了动词我们不仅可以描述物体，还可以描述动作，描述过去、现在和将来。行为现代性的表现还包括精心打造的工具、音乐艺术、人体艺术、游戏、捕鱼、烹饪、远距离交流，以及越来越复杂的殡葬仪式。

语言诞生后不久，智人开始出现在全球的各个角落，人们称之为"非洲大跨越"（African breakout）。人类沿着海岸线向东去到亚洲和澳大利亚，向北抵达欧洲。由此看来，工具、语言、象征性思维的出现有着深层的相关性。有趣的是，今天如果在某人打磨燧石时对其大脑进行磁共振扫描，你会发现大脑的关键语言区域[6]是活跃的。要制造工具，我们首先要在大脑中想象要如何去使用它们，这一点对语言同样适用。语言与技术之间的这种关系时至今日仍然存在。如果贫民窟出身的孩子有机会接触电脑，他们便可以自学英语、数学和其他现代世界需要的重要学科。

有了语言能力、想象力以及表达能力，智人便可以合作进行远距离狩猎，将大型猎物追至悬崖附近，或赶到埋伏有大群猎人的隐蔽之处。而因此取得的狩猎成果，又为他们提供了更多的蛋白质、取暖毛皮和制作工具的骨头，所有这些都让智人获得了独特的进化优势。考古学家发现人类最早的艺术与音乐也出现在这一时期。同期出现的宗教也表明，人类除了发展出象征性思维和创造力之外，还开始思考更宏大的生存问题。

约 4 万年前，最早的洞穴开始出现。在此后的 1 万年内，洞穴遍布从印度尼西亚到非洲的世界各地。

法国拉斯科洞穴中找到的公元前 15,300 年的欧洲野牛、野马和野鹿图案，比最早的城市整整提早 10,000 年出现。
（来源：Saxx 教授，维基百科）

　　象征着完整性的最古老的发现是一些彩盘。盘子上绘有精美的大型动物，它们常常是动态的，阴影处理十分复杂。其中有些作品栩栩如生，反映的是真实生活；还有些则带有神话成分，比如把一种野兽的头跟另一种动物的身体接在一起。展现撩人女性形象的小型雕塑也开始出现，也就是我们常说的"维纳斯形象"。画面中有意放大女性的胸部和臀部，以示对生殖力 —— 也就是孕育生命的能力 —— 的崇拜。跟人们生活和工作的洞穴不同，拥有大量艺术装饰的洞穴是圣殿。认知科学告诉我们，敬畏感与强烈的同理心密切相关，仪式与社会关系之间也存在着深刻的关联。这些洞穴是人类将灵力与具体地点联系起来的最早证据。几千年之后，城市最早就在这些神圣之地萌芽。

沃尔道夫的维纳斯，奥地利，约公元前 28,000—前 25,000 年

　　在最初的艺术成形前后，游牧的狩猎-采集者开始建造临时居所，以躲避严寒酷暑并扩大领地。在雨水多的南方，房子是由木头与棕榈树叶捆扎而成，平原的房子用晒干了的黏土筑成，山中的房子由干砌石堆成，而在遥远的北方则有用冰雪雕出的圆顶冰屋。

　　两万年前，地球气候开始转暖。在此期间，新月沃地一带的人口有所增长。所谓新月沃地，就是沿尼罗河向北一直延伸到地中海海岸，再向东到底格里斯河和幼发拉底河的中东地区，如今这片区域包括埃及的一部分、塞浦路斯、以色列、约旦、叙利亚、土耳其南部、黎巴嫩、科威特、伊拉克和伊朗北部。

当时的海平面比现在低 400 英尺 ①（佛罗里达海岸还在迈阿密以东的 15 英里 ② 处）。大约公元前 12,500 年，地球在"融水脉冲 1A"之后开始变暖，海平面上升了 50 英尺[7]。

大约在公元前 10,800 年，地球气候突然变得又冷又干，开始了长达千年的新仙女木期。为了适应气候的变化，植物发展出了被生态学家称为"r"型的特征。为了应对生长季变短，植物的生长力变得更强，体积更小，成熟的速度也更快。植物还在根部储存了许多热量来度过寒冷的冬天。

变化的气候让许多被人类猎捕过的大型物种灭绝。与此同时，当时生活在新月沃地西部的纳图夫人开始选择高热量的种子当作食物，并浇水灌溉促进其生长。这个过程需要他们不时照看谷物，也促使他们搬到靠近种植地的地方居住。也正因为如此，气候的变化让人类形成了最早的定居点，尽管当时人类仍是通过狩猎和采集获得食物。在接下来的 2000 年中，农业的发展让整片区域都发生了变化，定居者开始种植农作物、驯养家畜。学习种植农作物的过程似乎只用了 300 年，这是气候的变迁和人类的创造力这两个重大因素共同作用的结果。

进化往往发生在面临压力的时候。毕竟，如果一切都很好，又有什么改变的必要呢？大环境让生态系统中某些生物的繁殖成功率下降，直接造成了进化压力。讽刺的是，进化的成功也会带来生态多样性的减少。整个生态系统变得更为强大了，但适应性却有所下降，故而更易受到崩溃的威胁。纵观人类历史，气候变

---

① 1 英尺 ≈ 30.48 厘米。

② 1 英里 ≈ 1.6 千米。

化和人口增长都制造了不小的进化压力。有些时候这种压力甚至让文明倾覆，比如我们接下来要讲到的玛雅文明。进化压力同时也能激发创造力，比如促进了农业的兴起，而农耕的传播也为文明的进步提供了动力。

食物热量是社区形成的动力

新月沃地的定居者开始种植粮食作物，他们倾向于选择个头最大且壳最薄的种子，因为它们便于烹饪。约在公元前7700年，这种精心挑选的谷物的丰收让植物蕴含的热量也增加许多。在这些早期农民选出的40种本地谷物中，有8种最终滋养了人类文明：双粒系和一粒系小麦、脱壳大麦、花生、扁豆、野豌豆、鹰嘴豆，还有亚麻[8]。这些作物富含蛋白质、易于烹饪且便于储存。开始，人类只能在河流或泉水涨溢的时候进行灌溉，后来通过修建水道将流域扩大。经过几千年的努力和发展，人类最终形成了复杂精细、彼此连接的灌溉系统。

与此同时，人类在定居区域繁育枞树、苹果树和橄榄树，还将那些与之争抢阳光雨露的无果之树砍掉。几百年之后，原先住在山中的人类迁移到了新月沃地东部，他们驯化了狗用于打猎和防身，也掌握了驯化山羊和绵羊的办法。而在新月沃地的中部，也就是靠近现在的大马士革的地方，猪和牛也完成了驯化。这些新活动大幅增加了早期农业生产者能够获取的热量。热量可以用来衡量文明的能量资源，随着热量的盈余，这些早期社区开始有能力投资基础设施和组织。

农耕文明的村庄规模可以达到前农耕文明的 6 倍。居住的区域扩大了，村庄有时也会发展出一些实质性的公共服务，它们是中央规划和社会组织的雏形。尽管热量为社区的发展提供了原动力，也加快了发展的速度，新石器时代农民的身体条件却没那么好。狩猎−采集者与早期农民的比较研究表明，后者比前者的身高要矮 6 英寸①左右，容易患维生素缺乏症、脊柱畸形和传染病。有意思的是，他们对群体利益的关注似乎超越了个人健康。

先庙宇，后城市

有这样一个古老的苏美尔传说，说地球的中心是一座名为埃库尔的圣山，那里便是天堂与人间的交汇点。上帝在那里把农业、畜牧业和编织的知识与技能传授给人类。这并非天马行空的想象：研究最早种植小麦的人类祖先的 DNA，我们就会发现，他们当时生活的区域距离传说中的地点不过 20 英里。

大约 12,000 年前，一群新石器时代定居者来到这座圣山，也就是今天土耳其安纳托利亚东南部的一个区域，举行宗教仪式。大约在公元前 900 年，他们开始建造令人惊叹的庙宇群 —— 哥贝克力石阵。这是已知最早的人类建筑之一，寄托着人类的雄心壮志。考古学家在年代最久的土层发现了 200 多根雕柱，它们排列组成圆形石阵，平均每根雕柱重 10～20 吨，有些雕柱重达 20～40 吨。

这些石柱都是从 400 米之外的采石场运至此地的，搬运每根

---

① 1 英寸≈2.53 厘米。

柱子可能需要 500 人同时出力。这一切究竟如何做到仍然是个谜。哥贝克力石阵中有几个不带窗户的房间，水磨石地面相当光滑，石柱与石柱之间还摆放着休息用的石凳。柱上的雕刻精美绝伦又富有神秘气息，包括狮子、公牛、野猪、狐狸、蛇、蜘蛛和鸟，还刻有代表人类和男性生殖器的抽象符号。石阵没有人类定居的痕迹，但有证据显示有很多先人在此扎寨，还有祭祀用的原牛和新石器时代的大型驯牛的残骸。人类学家认为祭祀过程中甚至用到了酒和致幻药[9]。

12,000 年前，在哥贝克力石阵吸引众多精神追随者的同时，约旦河西岸的 Ein as-Sultan 成了纳图夫狩猎-采集者的聚集地。这同样也是一个宗教圣地，它始建于公元前 9600 年，朝圣者为了礼敬月亮女神在此聚集。考古学家称之为"前陶器新石器时代 A"聚居地。当时，谷物和水果尚储存在晒干的葫芦中，陶器还未出现。这个被认为是全世界已知最古老的聚落叫作杰里科（Jericho）。与此后出现的社区聚落一样，杰里科也位于神明之地——这个地名应是取自当地的月亮之神亚瑞拉。

在此后的每一个古定居地，考古学家都能在核心区找到向大自然表示敬仰的神庙。克劳斯·施密特（Klaus Schmidt）说："先庙宇，后城市。"[10] 了解自然秩序并将创世论与地球繁殖力相联系的祭司有着大批的追随者，他们就住在这些圣地神庙中。祭司的领导力源于他们能够了解并维持人类与自然的平衡。随着时间的推移，这些庙宇规模不断扩大，其周围的人类聚居地也随之扩大，方便民众开展精神活动。

深入探索杰里科的历史遗迹，考古学家发现，最早的土层是由黏土和稻草砖砌成的小型环形建筑，亲人的尸体就埋葬在地板之下，这足以证明在那时就有了某种形式的祖先崇拜。尸身与头颅是分离的，头盖骨上裹着一层石膏，上面有赭土绘制的图案，这也是现存已知最早的死人头像。

约在公元前9400年，杰里科的规模扩大到70座建筑，有超过1000人居住。这个村庄被一座石墙围着，它因8000年后的《圣经》曾记载约书亚到过这里而闻名于世，它也是世界上第一个封闭社区。杰里科的石墙很可能是为了阻挡约旦河泛滥的洪水吞没村庄而建，因为没有证据表明当时有战乱发生，甚至此后近千年都未曾发生战乱。环村而建的石墙高度超过3.6米，底部宽约1.8米，最上面还立着一个22级石阶组成的高塔，用于拜月仪式。

考古学家推测杰里科城墙是由超过100个人花了100天时间建成的，而这种级别的活动只有在农耕创造出多余热量的前提下才能完成，此外还要有高水平的管理以及足够的人口充当志愿者（或者进行管理）。到了公元前8000年，杰里科居民开发出了简单的灌溉系统，将泉水引到附近的田里。

中国第一批定居者同样选择在圣泉或河流交汇处生活。这些严格按照规划组建的社区体现中国人眼中的宇宙构造。九宫格的设计应用于农庄、小型的区域性集镇、城市，乃至首都，其目的是实现人类力量与自然力量的平衡。

居于人类早期宗教核心位置的天人合一，同样也有其务实的一面。深入研究城市与王国的崩溃我们会发现，其原因往往是社会与支撑其发展的生态系统的失衡。人口超过了水资源承载力，或者土地过度开发以致食物匮乏。从一开始，人类文明与自然之间的平衡就是人类的精神和物质需求得到满足的关键。

宗教的调和角色

这些早期定居点还需要人类大规模的合作才能建成。尽管它们最早也是由狩猎–采集者建造而成，但不同的文化内核让这些聚落达到了有史以来的最大规模。英国哥伦比亚大学心理学家阿拉·洛伦萨杨（Ara Norenzayan）认为，这种转变是随着全新的信仰体系的建立而出现的，这种制度就是他所称的"上神"（big gods）。在此之前，人类信仰的是创世之神或本地神明，而对于人类行为并没有多大兴趣。在小规模的社会中，合作行为由群体进行管理。搭便车者可能受到驱逐。规模更大的群体管理起来难度更大，更何况还要达成合作。洛伦萨杨认为，对审判神也就是"上神"的信仰，为建造哥贝克力石阵等圣地提供了合作所必要的凝聚力。事实证明，掌管一切并能施以惩罚的神明是很好的行为管理者，尤其在他能决定一个人未来命运的情况下。"上神"对人类行为起调节作用。

哥伦比亚大学温哥华校区的历史学家爱德华·斯陵格兰（Edward Slingerland）的研究发现，已知所有的上神在执行社会规范时都"极其高效"。"他们不仅能知道你身在何处，还能看穿你的内心。"[11]

"上神"所在的社会需要充足的时间和资源用在神庙和崇拜上。研究宗教发展的法国心理学家尼古拉斯·巴拉德（Nicolas Baumard）发现，每天能为居民提供超过 20,000 千卡热量的社区最有可能出现道德教化型宗教。

对"上神"的信仰和农业的进步，这两种文化实践是彼此促进的，也是早期城市形成的重要基础。

农业很快沿着季节性河流传播开去。这种实践向东发展到印度河（如今的巴基斯坦一带）、恒河（印度）、布拉马普特拉河（孟加拉国）、伊洛瓦底江（缅甸）以及中国的黄河和长江流域。大约在公元前 8000 年，中国人开始种植水稻、小米、绿豆、黄豆和红豆，并且开始定居。公元前 6500 年，农业向西传播到安纳托利亚、塞浦路斯和希腊。接着往南传播到埃及，再传到非洲；又继续向西在公元前 5400 年传到意大利、法国和德国；公元前 2500 年传到西班牙、英国和挪威。

蒙特利尔魁北克大学空间经济学荣誉教授卢克-诺曼德·特列尔（Luc-Normand Tellier）将这条传播路径命名为"大走廊"（Great Corridor）[12] 农业传播经过的群落最有可能开始贸易，最终发展成为城市。新月沃地谷物的能量影响深远。"大走廊"沿线的农业实践也将游牧部落变成了定居的族群，为日后城市的诞生埋下了种子。

连接、商业和复杂

杰里科和同时代的其他聚落在其最鼎盛的时期，也没有发展成为城市。那么问题来了：如果说农业正如公认的那样是城市化的推动者，那为什么在农业兴起和第一座城市出现之间隔了整整 4000 年之久？原因就在于我们最后要讲的这些元素 —— 连通、商业、管理、复杂和集中——的规模还不足以驱动城市的产生。此外，气候的变化也推迟了城市的出现。分析冰层和沉积物内核，我们可以推断约在公元前 6200 年，曾出现了一段长达 300 年的极寒时期。[13] 像杰里科这样的美索不达米亚市镇也随之衰落，居民或远走他乡，或逝去。

当气候再次转暖，一种全新的伟大文明——奥贝德，在"大走廊"沿线传播开来。在公元前 5500—前 4000 年的奥贝德时期，从土耳其南部到伊拉克的最南端有数百个市镇诞生，其中至少有 20 个城市原型，还有许多兼具乡村和城市特征的大型定居点。考古学家研究美索不达米亚平原定居点的土层发现，每个日后发展成大城市的地方都能找到奥贝德时期的土层。正如芝加哥大学东方研究所所长吉尔·斯坦（Gil Stein）教授所说："这是全世界最早的复杂社会。要想了解城市革命的根本原因，就绕不开奥贝德。"[14]

奥贝德时期的城镇一般能容纳 3000 人左右。由多个房间组成的长方形住宅最早也在奥贝德时期出现。这种住宅能让居住空间更加紧凑，使人口密度达到城市的水平。在奥贝德文明早期，绝大部分市镇奉行平均主义，不过在奥贝德文明的末期已经出现社会分层的迹象，有些大家族延续了几个世纪之久，这表明这些家族的财富代代相传。

奥贝德城镇在从地中海到波斯湾的区域里组成了松散的社区网络，这种连接强化了思想和贸易的流动，形成考古学家所说的交互作用圈（interaction sphere）。[15] 贸易带来纵横交错的联系，借助这种联系，不同的文化得以流通，创新也因而得以传播。

最早的贸易网络出现在一片被沙漠包围的地方——美索不达

米亚平原、伊朗北部的底格里斯河与幼发拉底河中间区域、黎凡特一直到约旦西岸。随着时间的流逝，这些网络穿过周围的沙漠，向南抵达尼罗河谷，向北到土耳其，向东进入阿富汗。然后网络与网络之间又开始建立联系。奥贝德的力量并不在于形成了某个城市的前身，而在于这种连接许多地域的网络效应。

设计和生产有贸易价值的商品，这种创意浪潮是推动商业和连接发展的一大力量。在奥贝德时期，制陶普及开来，珍贵矿石的开采和铜等金属的冶炼也开始进行。东方出现了焚香，香料和香水应运而生。由于中东各地区的资源禀赋不同，不同地区出现的原型城市也各有特色。大规模生产在奥贝德时期开始出现，不仅满足自用，也可以满足商业贸易的需要。人们纺织羊毛，并使用制陶轮增加产量；独具一格的陶器开始被大范围交易。正如剑桥大学考古学家琼·奥兹所说："这是材料文化首次在某一时代大范围传播。"[16]

不同社区之间的联系，以及流通于其中的商业和文化，让网络效应更加显著，这不仅增加了整体的多样性，也让单一社区内部的多样性更加丰富。奥贝德时期，各社区彼此结成网络，这让整个系统的生产力呈几何增长，借用梅特卡夫法则（用以概括现代沟通网络的增长）来说就是：网络的整体价值与系统接入的用户数量的平方成比例。社区的差异化，加之本地文化传统、方言或语言以及交易货物的专门化，促进了整体网络的复杂化，这就是城市化过程中的另一个关键因素。

热量、合作和管理

随着美索不达米亚地区社区规模和数量的增长，人类对食物的需求也相应增加。约在公元前 4000 年，人们开始挖掘灌溉水道，以扩大河水和泉水的流域面积。这些早期水道最初的效果不错，但没过多久就开始淤塞，人们只好继续疏浚以保证水流通畅。水道的堤坝还需要长期修缮维护，而漫向田地的淤泥也需要进行处理。随着灌溉网络的发展，社区开始需要一个能为田地平均分配水资源和淤泥的制度，同时还需要设置专人对该制度进行管理。要完成这些活动就需要集体合作。

于是，两项合作制度应运而生。其一，农民达成协议，负责各自种植区域内水道的维护，并集体维护系统内支流水道。第二项是在农民中间选举最有智慧、最公正的人来监督这些活动，并授权其进行管理。有趣的是，被选出来的这个人并不会利用权力增加财富，而是会强化巩固其作为领导者的地位。选举水道的管理者，是世界上最古老、运行时间最长的民主制度，至今仍在世界许多地方延续。

奥贝德时期的农业也开始刺激新技术的出现。除了改进灌溉系统之外，农民们还发明了燧石镰刀，提高了谷物的收割效率。为了保存富余的谷物，共同仓库出现了，管理方法和会计方法也随之发展。全世界最早的文字和数字系统亦从中衍生，而文字和数字对于管理控制至关重要，这也是城市形成所需的 9 个条件中的第七个。管理仓库和原型城市的职责由庙宇承担，庙宇是当时社群中最复杂也最受信任的组织。从奥贝德晚期定居点的发掘来看，随着教育和管理技能的发展，社会阶层分化不断加剧。

meh

奥贝德时期最重要的原型城市埃利都（Eridu），既不是规模最大的，也不是商业上最成功的，但它却是精神影响力最强的。埃利都的庙宇被认为汇聚了一切知识，而 meh——上帝赠与人类的礼物——则是形成社会的关键所在。人类学家格温多琳·莱克（Gwendolyn Leick）这样描述它："机构、社会行为模式、情绪、管理迹象，所有这一切集合起来，对世界的平稳运行不可或缺。"[17]

meh 既是动力所在，也是指引奥贝德文明的精神、社会和道德基础的规则之源。meh 提供了一体化的框架和目标，这对于人类以高密度形式聚居至关重要。作为一种重要而神圣的力量和价值系统，meh 体现在了埃利都的道德、管理和运行制度中。meh 是开启真正城市化的一种平衡制度。

埃利都最重要的女神是伊南娜，传说她从住在埃利都的父亲恩基神那里偷到了神圣的 meh，并将其带到南边的乌鲁克。有了埃利都的 meh，乌鲁克完成了九步中的最后一步——集中——具备足够密度、多样性和连接性的人口集合。这些集中起来的人口所创造的交互区形成了世界已知最早的城市。

约在公元前 3800 年前后，许多奥贝德城镇的规模和复杂程度迅速增长，发展成为多个独立城市，每个城市都用水道和石标划清了边界。各城市都有自己的守护神、庙宇、领导整座城市的祭司或国王。这些城市的人口一般在 1 万人左右。[18] 在所有城市中，乌尔的位置最利于贸易。但最终统治这一区域的是乌鲁克，而不是乌尔。有了神圣的 meh，乌鲁克的文化得以统治整个美索不达米亚。

公元前 3200 年，巅峰期的乌鲁克成了世界最大的城市，约有 5～8 万名居民生活在城墙之内，面积为 6 平方千米。这已经达到了古罗马帝国时期城市的一般规模。乌鲁克城由历代国王统治，苏美尔人认为王位是由神话中的神王传下来的。人类之王扮演的角色就是平衡天堂与人间，通过不断创造让 meh 蓬勃发展的条件来维持该区域的兴旺与和谐。

乌鲁克王修建了不朽的庙宇和宫殿来加强统治权力和生产力，那也是世界上最早的金字形神塔。塔中尽是令人惊艳的艺术装饰。神坛全部用黄金镶边，再用青金石装饰。庙宇艺术反映出人类与自然之间的互动，其中有许多半人半兽的形象，比如人头牛身像或狮头人身像。城市的中心有两座庙宇，一座供奉城市发源之神伊南娜，另一座供奉在天堂的男神安神。庙宇附近便是大型仓库。区域内的农业收成绝大部分都被集中在仓库中，进行计数然后重新分配。正如水道管理者的角色是要公平分配水资源，国王及管理层的任务是要公平分配粮食和货物。为了管理这一复杂的领域，乌鲁克发明了更加精妙的计数和记录系统，以及世界上最早的文字。

乌鲁克在国王和管理精英统治时期的城市形态在很多方面都体现出平等的精神。无论是住宅还是工作场所，绝大部分都是同等规模，其中也找不到什么私有财产的痕迹。

到乌鲁克时代中期，美索不达米亚地区约有 89% 的人都生活在城市，这是我们直到 21 世纪末都未必能达到的城市化水平。

乌鲁克从远方进口珍贵的宝石、金属和硬木，并出口用模具制造的粗糙黏土碗——这也是世界已知最早的大规模生产产品。美索不达米亚地区的每一个考古点都发现过乌鲁克的碗，这也反映出乌鲁克当时在贸易中的强势地位。那些碗似乎是用来盛装支付给工人的粮食，它们价格低廉，所以使用过后可以随意丢弃。像那样的碗已经出土了成千上万个。

随着乌鲁克逐渐成为地区霸主，该地区的许多建筑工人、农民和佣人都沦为了奴隶。其中有些是因为欠了债，还有一些是来自北方山区的俘虏。考古学家认为，这些人并非终身奴隶，且存在一定的社会迁移。

作为城市基础的这 9 个特质在乌鲁克均有所体现。象征性的思想和认知能力催生了 55,000 年前的语言、艺术和宗教，而书写的发展让乌鲁克完成了又一次飞跃。只有合作行为超越进化之初的水平，家族群落开始与从未谋面的人合作，同一城市的居民有着共同的目标——遵从神的旨意、艺术、文化、仪式以及行为规范，城市才能说具有了复杂性这一特征。而这与中央集权制度深度相连，最终形成教堂和国家这两股力量——尽管现在的我们认为应该政教分离，但乌鲁克很可能是政教合一的。乌鲁克的成熟是由复杂性发展而来，并通过各式人才和贸易得以巩固。所以乌鲁克的城市规模超过了前代任何一个聚落。为减轻功能性运转压力，或者只是出于自然习性，艺术家们往往会聚居在城市的一处，屠夫聚集在另一处，管理者又在另一处，如此等等。随着乌鲁克逐渐发展为多个集中区域，区域之间的联系也相应地增加了，正如健康的大脑会聚合多种功能一样。从外部来说，乌鲁克也与更大的贸易和文化交流网络建立了联系。而这一切的动力都源于自由合作、彼此连接、管理得当的农业制度所创造的富余热量。

城市的出现在文明进程中意义重大。因为有了城市，人们才能真正开始选择某一门手艺作为专长，这也加速了音乐、艺术和文学的发展。不过事情也有它的阴暗面：城市的领导者慢慢发现他们新拥有的这种组织能力和对民众的控制能力可以运用在发动战争上。在乌鲁克成立后的 500 年内，城市开始训练军队，其目的就是为了征服。

城市在世界范围内出现

从生活在非洲南部热带草原的一小群智人到世界第一座城市乌鲁克，人性在不断向前发展。

除了苏美尔地区的第一批城市，世界范围内还有其他六个地方出现了古代城市：埃及的尼罗河谷、印度的印度河谷、中国的黄河流域、墨西哥河谷、危地马拉和洪都拉斯丛林、秘鲁的海洋沿岸和高地。其中很多最开始都与太阳、月亮、星星相关，或者在地理上构成某种神圣的几何图形。但无论是何种情况，这些城市的发展都离不开那 9 种特质。

美索不达米亚的城市进程很快就向南传入了埃及，向东传到印度河谷。哈拉帕文明开始在印度河及其支流沿岸，也就是如今的东阿富汗、巴基斯坦和北印度一带发展起来。商业推动了哈拉帕文明的发展。哈拉帕人建成了所有早期文明中最让人瞩目的码头系统，将西边的埃及、克里特岛、美索不达米亚文明与东边的恒河沿岸文明连接到一起。哈拉帕的城市以及其他紧随其后的文明拥有当时世界最先进的卫生系统，每所住房都有自己的水井，有单独的浴室，还有用黏土和瓦片砌成的下水道帮助街道排水。事实上，时至今日还有成百上千万的印度人（或者其他地方的一些人）未能享受这么好的卫生系统。

在印度河谷，"大走廊"与之后成为"丝绸之路"分支的贸易路线汇合，该路线横穿帕米尔高原进入中国。

中国和谐城市的诞生

与第一批美索不达米亚城市一样，古代中国的城市最早也是围绕精神圣地发展而来。亳，与宇宙发源力量相通的神圣中心，人们认为生命由此发源。中国城市的设计宗旨一般是要让神力或者说"气"的流动达到最大化，并通过亳让人与天地相连。

最早的中国城镇约出现在公元前 3000 年前后，新石器时代仰韶文化从中孕育而出，并传播到黄河流域下游的东海岸。仰韶文化的核心是古代传统，比如宇宙学、风水学、占星术和命理学，所有这些都试图阐明宇宙的根本秩序，并使人类活动与之相适应。中国已知最早的城镇——半坡遗址，位于现在的西安市以西，还是由屋顶为茅草的圆形土屋所组成的典型村庄。不过，约在公元前 4000 年，随着中心会堂的建设，半坡也开始分化，正如美索不达米亚的乌鲁克社区围绕中心庙宇组织开来一样。围绕着半坡会堂分布着大约 200 间房子，所有房子的门在冬至时都能与太阳连成一线。这不仅在宇宙学上看有优势，同时也能获得更多的太阳热量。

中国人相信土地的肥沃有赖于与祖先及其埋葬之地的和谐关系。对风水的最早描述出现在《葬书》中，里面主要讲的就是如何排列房屋、城市和墓穴，使之维持和谐。划分成九宫格的方形区域代表地，绕九宫格而转的圆形就代表天。

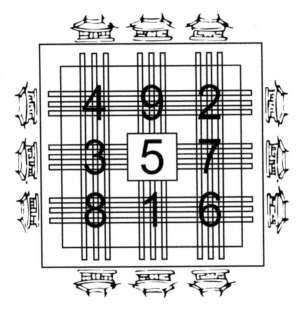

中国九宫格系统

注：在古代中国城市，宫殿一般位于正中，也就是方格5的位置，并用城墙围绕形成内城。宗庙在方格7，土地庙和粮食放在方格3，公共礼堂在方格1，集市在方格9。城市的每一边都有三道大门。从简单的房屋布局到国家布局，这种模式得到大规模复制。（来源：Alfred Schinz, The Magic Square: Cities in Ancient China [Stuttgart: Axel Menges, 1996]）

这种九宫格形式也成了所有中国规划设计的基础几何学。比如，农田被分成九宫格（井田）。其中八格分别分给八个农民负责耕种，第九格则属于君主，由农民们共同负责。从中心格收割的粮食会被运到附近城镇的大型仓库，再运到区域中心，乃至皇城的中心。这种九宫格控制着中心周围的热量、政治和精神能量流动。

在乌鲁克出现独立城市大约 800 年后，中国的伟大君主黄帝开创了全世界最早的统一王国。黄帝同时还发现了磁，修建了用来追踪星辰运行轨迹的天文台，完善了历法，并按照更平等的方式分配土地。在位期间，黄帝创制度量衡、支持造字并推广律法来维护统治。

中国最古老的宫殿二里头宫约在公元前 1900 年建成，位于两条河流伊、洛的交汇处，通常被称为夏墟。河流交汇的三角洲地带常被认为是最具精神能量之地，土地肥沃，适合农业生产和人类繁衍。夏墟是九宫格的中心，神奇的气就在这里从天庭流向人间。尊贵的帝王居住在城市中心，将气散播到城市和整个九宫。

商朝灭亡于公元前 1046 年，最终被周王朝取代，这次变革被视为打乱天地秩序的颠覆性事件。为恢复秩序，周公将贵族、大学士以及手工匠人从殷城的住处搬到夏墟，并在其基础上设计出新的都城 —— 成周，这也是中国最早的有完整规划的城市（公元前 1036 年）。建造这座城市的法则后来被编入《周礼》，成为后世所有古中国城市规划的基础，直到西方侵略中国[19]。到公元 1421 年，北京作为王朝首都的重建工作仍然遵循 2500 年前周王朝的城市规划准则。即便是在 21 世纪，中国的城市仍然受其影响。当代的中国城市，摩天大厦和写字楼无限扩张，相比《周礼》，它与勒·柯布西耶的功能城市倒是有着更多的共同点。

米拉多

世界各地的城市仍处于不断发展中。玛雅文化约在公元前2000年出现，从尤卡坦半岛一直往东延伸，越过马德雷山脉高地，横跨今天的危地马拉南部和萨尔瓦多，一直辐射到太平洋平原低地。玛雅文化逐渐向复杂发展，在中美洲的城市拥有600万～1500万的人口，之后约在公元900年衰落。时至今日唯一可以找到的，就是那些埋藏在丛林和森林之下的城市遗迹了。

玛雅人成功的一个关键推动力是玉米的种植。玉米的高热量支撑了快速增长的人口及复杂的城市和社会结构。除了种植玉米，玛雅的农民还种植大豆、南瓜作为补充，还在遍布淤泥的肥沃梯田上种植可可。玛雅人在多条贸易通道的汇合处建设城市，国王及王公贵族可以控制贸易并从中获利。随着玛雅人越来越富有，他们的社会制度也从本地农业部落网络向包含等级制度的更复杂的形式转变，还衍生出融合了精准天文观察与复杂神话仪式的宗教。

玛雅人发明了象形文字系统，也是全世界最早提出"零"这个概念的民族。智慧过人的数学家们还研究出了极其精确的历法和揭示宇宙运行模式的复杂的天文算法。玛雅人将宇宙比例的知识运用在城市规划中，围绕春分秋分时与太阳光线处在同一直线上的宽阔大道建设城市。这些大道同时也连接了多座石头金字塔，其数学比例反映的正是星辰之间的比例。

随着玛雅城市不断发展，其疆域扩大到邻近的峡谷山丘，人们伐树推坡以开垦更多良田。为提高粮食产量，玛雅农民开发出了一套完整的包含水库、运河、堤坝的水利系统，这套系统长期支持着玛雅文明。

米拉多是玛雅最早最大的城邦之一，面积约16平方千米，比如今美国佛罗里达州的迈阿密还要大一些。米拉多是按照太阳轨迹精确设计的，每一栋建筑都面朝巨石，上面用黏土覆盖，装饰以夸张的神符和面具。巅峰期的首都能容纳约20万人，是一系列政治经济相互关联的城市中的一座，所在区域的人口上百万。[20]

然而，历经1800年的辉煌之后，玛雅文明突然间毁于一旦。

玛雅的覆灭

玛雅的崩塌有五个关键原因：干旱、不平等引发的社会动荡、贸易伙伴的衰落、瘟疫及环境退化。人类学家贾雷德·戴蒙德（Jared Diamond）在《崩溃》（Collapse）一书中指出，所有这些因素都是当今的我们应当密切注意的大趋势，而且气候变化让这些情况更加严峻。

在玛雅覆灭前一个世纪，城市迅速扩张，并向农民收取重税。通过挖掘坟墓遗址，考古学家大卫·韦伯斯特（David Webster）发现玛雅统治阶级的遗骸越来越高、越来越重，而普通农民的遗骨则越来越矮小。[21]统治者与被统治者之间越来越大的差距削弱了玛雅文明的社会契约，也损害了信任。当玛雅王国在环境和经济的双重压力下渐渐衰落，社会结构逐渐分崩离析，许多城邦的农民和劳动阶级终于揭竿而起。

玛雅与兄弟城市的贸易互通曾一度为其经济增长提供动力。阿兹特克的城市特奥蒂瓦坎原先是玛雅在北方的一个重要贸易伙伴，后来成为玛雅贸易网络中最大的城市。然而，它却在公元前600年初覆灭，原因很可能是内部动乱。损失这样一个重要贸易伙伴让米拉多陷入了长达几十年的严重衰退。尽管玛雅的经济最终得以恢复，但特奥蒂瓦坎的覆灭仍旧是一个先兆。

我们可能以为玛雅人住在热带雨林之中，但事实上，玛雅文明的大部分地区都地处季节性沙漠之中，降水很少。从树木年轮获取的考古学证据显示，地球气候从公元前800年开始变化，出现了严重的干旱。玛雅水库中储存的水可供人使用18个月，如果每年夏天正常降水，这些储备完全够用，然而气候的改变让这些蓄水无法抵御干旱的侵袭。长期的干旱最初发端于南部城市，之后向北蔓延，直至影响整个玛雅文明。此外，经济网络的各个环节情况大不如前，整个系统也被进一步削弱。

现有的农业技术难以支撑不断增加的玛雅人口。肥力耗尽的土壤能够产出的营养食物很少，这也加速了疾病的传播。原本能造福民众的珍贵资源大部分被权贵阶级据为己有。森林不断遭到砍伐，用以点火制作石灰泥，这些石灰泥被用来在建筑物外围制作各种夸张的装饰。植被的减少让粘性土壤暴露在外，易受降水的冲刷，造成水土流失。淤泥堆积在城市的水库中，大大削弱了水库的蓄水能力。

玛雅人在城市建设方面相当睿智。他们掌握着极其先进的数学和科学知识，却没能及时调整管理制度和文化实践，使之适应变化着的大环境。气候变化、干旱严重、挥霍浪费、收入不均、过度依赖贸易、生态恶化、瘟疫以及粮食的供不应求，这些都是玛雅文明覆灭的原因，而所有这些因素今天依然存在。跟玛雅人一样，我们有足够的智慧了解城市发展及其衰败的缘由。同样，我们也没能采取行动。我们的城市领导者必须回答下面的问题：究竟如何让信息带来理解，再让理解带来实际的变化？我们的当代文化是否有能力避免走上玛雅人的覆灭之路？

趋同进化

上面的问题引导我们进一步探索。人类文化循着 9C 路径通往城市是否是必然的？作家、技术哲学家凯文·凯利（Kevin Kelly）观察到，在自然进化中，眼睛这种结构的进化会跨越从昆虫到鱼类再到哺乳动物等多个物种。正如凯利所言："当同样的结构一次次重复出现——比如浴缸中的水分子会形成漩涡——这些结构就可以说是必然的……这种形式不断重现的趋势就被称为趋同进化。"[22]

诞生城市文化的 7 个城市也遵循同样的模式，沿 9C 路径徐徐展开。这些城市全都诞生在精神崇拜集中的地方，那里往往被看作通向宇宙构成性力量或特定神明的入口。定居社区最开始以合作社的形式出现，之后转变为负责在神力、沃土以及民众行为之间维持平衡的领导者。农业技术为其提供了推动力，在原型城市之间创造连接的商业也随之兴起。随着这些网络越来越复杂，城市节点也越来越密集、集中，同时也更多样化。这种连接性、集中性和多样性的组合令复杂程度更高，这就需要更精致的文化和控制系统来确保其在僵化与混乱间实现发展。

在深入探索城市的过程中，我们将一次次与 9C 相遇。它们是城市实现趋同进化的条件，也是需要凝聚力来进行调和的因素。

和谐幸福优先

本章讲述了我们当代的创世神话——进化论。这种世界观建立在科学的基础之上，然而就像古代城市的创城神话一样，其中也蕴含着敬畏和奇想，试图阐明大自然的神奇和生命力。除此之外还有另一个神话，那就是我们对市场的选择能力及经济自决的信念让城市成为机会集散之地。不过这些神话的丝线尚未织出完整的布匹。世界城市的经济模式与其所处的自然尚未达到统一。现代社会充满压力和焦虑。我们已经实现了古代人追求的部分和谐，但当代城市只是我们寻求真正幸福以及探索如何实现这种幸福的开端。

支撑现代城市运行的经济理论不过只有 300 年的历史，而进化理论的出现还不到 150 年，可以说我们还没有完全理解其中的奥义。我们没有提出提纲挈领的 meh 来激活城市，使城市的主流世界观将经济、技术和社会进步与人类和大自然的福祉统一起来。古代人认为实现这种和谐是他们的责任，我们现代人却并不这么认为，至少到现在还没有这种想法。

实现和谐的第一步是凝聚，而这只有通过城市的 meh 对所有系统进行整合才能实现。正如平均律是将 24 种调式整合为一个音乐体系一样，我们的城市也需要按照共同目标和统一语言来整合所有管理制度、社会体系和经济动力。

实现融合的一种重要方法就是进行规划。这也是我们将探讨的凝聚的另一方面。回望历史，我们定能找到融合、进化并引领我们走向现代城市的基因碎片。

第 2 章

发展规划

乌鲁克及它所属的美索不达米亚网络沿"大走廊"拓展，往西到达意大利，往东经印度的哈拉帕进入中国，往南沿着尼罗河直达埃及。

埃及城市孟菲斯约在公元前 3100 年建立，它坐落在尼罗河广阔且肥沃的三角洲地带，距离未来的亚历山大城约 250 英里。公元前 2250 年，随着美索不达米亚城市的衰落，孟菲斯成为世界最大的城市。孟菲斯是公认的最早进行区域划分的城市：西边建造了巨大的金字塔作为统治者的墓地，城市中心处遍布服务于皇家的庙宇、神殿、祭祀场所、宫殿和营房。它们的外围是忒莫诺斯（*temenos*）——城墙围成的圣地，只有国王和祭司才可以进入，它既是通道，连接各祭祀场地，同时也为冥想忏悔提供了场所。忒莫诺斯之中还有圣林——已知最早的城市园林。

孟菲斯还是一个贸易城市。其港口区域与尼罗河相连，并通过公路和运河与城市相接。风格各异的作坊制作出来的精美手工艺品既用于贸易，同时也用来装点皇家建筑。作坊周围便是住宅区和市场，向外延伸到劳工和奴隶居住的区域。

跟所有早期城市一样，孟菲斯的街道也是依自然地势而建。直到公元前2600年，印度河流域的城市哈拉帕才出现网状的街道规划。自那之后，这样的规划理念便迅速传播开来。

最早的法典

正如我们所见，最早的一批城市往往都有清晰界定的物理形态，事实上，其规划设置比当今的城市还要严格。围绕着敬神之地，这些城市的规划旨在反映大自然的根本秩序，并将人类的秩序融入其中。随着时间的推移，城市变得越来越大、越来越复杂。随着埃及的孟菲斯以及亚述的巴比伦等超大城市的兴起，无论是天文比例还是网状街道或社区划分，普通的规划手段已无法再满足增长需求。更多的规划手段呼之欲出。

公元前17世纪，在伟大的亚摩利国王汉谟拉比征服古巴比伦城之后，他按照网状街道模式重建了巴比伦。从这座伟大的城市开始，汉谟拉比将其版图沿幼发拉底河往外扩展，把所有美索不达米亚南部疆域都囊括进来。当时的巴比伦是世界最大的城市，城墙之内生活着来自不同部族和区域的人们，他们按照自己的风俗习惯生活。为了促使这些人与巴比伦人相融合，汉谟拉比为其子民编制了统一的法典。

《汉谟拉比法典》以陈述国王的神圣天职以及他为城市带来正义的责任开篇：

我，汉谟拉比，守护之王。我未尝蔑视贝尔所赐予之黔首，而马尔杜克委我以统领黔首之任，我亦未尝疏忽，我为黔首寻觅安全之居地，解决重大之困难，以光明照耀彼等。我以萨巴巴及伊斯塔尔所赐予我的强大武器，以埃亚所赋予我的锐视，以马尔杜克所授予我的智慧，驱逐上下之敌（在南面和北面），征服土地，使国家得享太平，人民栖息之所有所庇护，而无惊恐之虞。我受命于伟大神明，为仁慈之牧者，其王笏正直；恩泽被于吾城，保护苏美尔与阿卡德人于我怀抱之中，庇护世人安享和平，以吾智慧保护彼等。为使强不凌弱，为使孤寡各得其所，在其首领为阿努与贝尔所赞扬之巴比伦城，在其根基与天地共始终之神庙埃·沙吉剌，为使国中正义得伸，为消弭纷争，为弥祸去害，我立此良言，铭刻于石柱之上，置于我公正之王的肖像之前。我凌驾众王之上，我言辞睿智，莫可与敌。奉天地伟大法官沙玛什之命，正义须照耀于世，遵吾主马尔杜克之旨意，我之创制无人可以变更。在我所爱之埃·沙吉剌中，但呼吾名永被追思。使有涉讼的受害自由民，来我公正之王之像前，诵读柱上铭文，听吾良言，铭文将为彼阐释案件，使彼得获公正，使其心胸愉悦……

（《世界著名法典汉译丛书》编委会译）

我们现在的城市在确保强不凌弱、解决争端、治愈伤痛、进一步造福人类等方面，都可以做得更好。

在《汉谟拉比法典》编制完成的公元前1754年，巴比伦王国由来自多个部族和区域的人民组成。每个部族都带来了符合其生态和社会形态的习俗，这也造就了更为多样的习惯和风俗。20世纪早期美国著名的法律学者查尔斯·霍恩（Charles Horne）[2]认为，《汉谟拉比法典》并非最早的法典，只不过记录了一次重要的转变——从大量口头或地区性法典到通用的书面法典的转变。通过编制书面法典，并将其张贴到城市中心的石柱上，汉谟拉比为多元文化开创出了一个均衡的框架——让不同族群融合成巴比伦人，按照统一的身份和行为系统生活。从那之后，大城市因融合多元文化而愈加繁荣。而这也是纽约这样的现代城市取得成功的关键原因。纽约是移民的大熔炉，至今仍不断有人从世界各地涌入。无论他们来自得克萨斯州的帕里斯（Paris）还是法国的巴黎（Paris），大家很快就会感觉自己变成了纽约人。

大约在公元前 1500 年，随着船舶航运的发展，人们已经有能力长途旅行并运载大件物品，城市化的重心开始转移到海滨。一条新的通道开始沿印度洋出现，连接东南亚、斯里兰卡、印度河谷以及中东。沿海港口城市的地位日渐上升，内陆城市逐渐衰落。最早的地中海水手是腓尼基人，他们在被希腊人征服以前一直是海上贸易的主宰，他们不仅是出色的水手和贸易商，同时也是杰出的城市建设者。

市集：民主与商业的融合

希腊哲学家亚里士多德曾把希波丹姆斯（公元前 498—408 年）称为世界首位城市规划师，尽管在他之前城市规划已经有了几千年的历史。希波丹姆斯的城市规划有多精确？现代曼哈顿的规划格局仍被称为希波丹姆斯规划。希波丹姆斯对城市文化、功能和经济怀有浓厚兴趣。他认为一座理想的城市应该容纳万人左右，这些人分成三个阶层：士兵、手工艺人和农民，一个城市应当明确划分为三个部分——公用地、私用地和圣地，再依此形成界限清晰的社区，而这也是现代区域代码的前身。

公元前479年，希腊人在马拉松之战中战胜波斯人并占领了地中海沿岸的米利都城（今属土耳其），并命希波丹姆斯将其改建为希腊城邦。希波丹姆斯的目标是设计出兼具民主、尊贵和优雅的城市。有了这样充满雄心的目标，要实现它似乎也就没有那么难了。现在，新加坡致力成为"温馨舒适的家园，充满活力且可持续的城市，积极而优雅的社区"，麦德林认为自己是"生活之城，兼具平等、包容、教育、文化和良好的居民关系"，挪威的特隆赫姆致力于打造"质量与平等"，而萨斯卡通的志向是成为"世界钾肥之都"。

希波丹姆斯为米利都设计了纵横交错的宽阔道路网，并在城市中心留出大片空地——agora，也就是市集，用作市政和商业活动。希腊词"agora"有两个词源，agorázô 的意思是"我购物"，另一个词根 agoreúô 的意思是"当众讲话"。希波丹姆斯的 agora 是这两者的结合。agora 每个月会举行四次民主集会来决定国家大事。法院、剧院和庙宇就建筑在这块土地之上，任何没用作公共设施的柱廊空间都被集市摊位填满。在古希腊，民主与贸易紧密相连，而 agora 正是民主资本主义的发源地。

希波丹姆斯认为创新和商业会推动繁荣，所以他制定了一部城市法典，正是这部法典批准了世界上第一个创新专利。希波丹姆斯也认识到了重要城市在培育创新文化方面的重要作用，所以他的法典规定收益由发明人与城市分得。[3] 现在旧金山等城市成了创新的集中地，但它们的繁荣同时也造成了技术人员与普通民众之间收入的鸿沟。实际上，适度应用希波丹姆斯的专利税有助于弥合因创新而加大的居住环境差距。

亚历山大城的建立

古希腊既非帝国也非国家。它是由诸多雄心壮志的城邦组成的松散联合体，这些城邦有着统一的宗教、哲学和语言，彼此之间既往来贸易也相互竞争。我们所认为的希腊就从这些互联互通中诞生，而希腊中央政府实际上并不存在。这种情形一直延续到公元前338年，当马其顿王国的腓力组成科林斯同盟与波斯作战，事情开始发生变化。科林斯同盟是一个由希腊城邦组成的联盟。公元前336年，腓力遇刺身亡，他20岁的儿子亚历山大继位，并集结大军东征波斯及更远的地方。

亚历山大大帝一路建立了一系列城市以巩固战争成果并彰显其威名。其中很多城市都被命名为亚历山大城，建立于公元前331年的埃及海港城市至今仍然是他最伟大的功绩之一，正是这座城市把拥有巨大农业财富的埃及与马其顿希腊城市连在了一起。为了建造这座城市，亚历山大大帝让自己的好友（也有人说其实是他的情人），罗兹岛的狄洛克拉底（Dinocrates）担任城市规划者。狄洛克拉底认识到了农民生存的迫切需求，便把亚历山大城设在了埃及沿海的肥沃平原地带。他沿着隐蔽的海港进行网状布局，并组织工程师精心设计给水和排水系统。

超过千年的时间里，亚历山大城不仅是埃及首都和重要的贸易中心，同时也因其庞大的图书馆而闻名于世。亚历山大少时曾受教于亚里士多德，有心打造世界知识之都。图书馆的目标是要将世上的书籍全部收入囊中，复制并翻译成希腊语，再集合当时最优秀的学者汲取并研习书中精华，把所学所知传播出去。

亚历山大城图书馆的采购部门大范围搜罗书籍，甚至还会没收船只或者旅行者带到城市边境的书。众人在缮写室连夜誊抄，图书馆保留原本，返回给原主人的则是誊抄本。为满足誊抄需求，亚历山大城逐渐成为领先的莎草纸产地，这也是知识中心发展知识储存和传播技术的典型案例。

这一制度延续下去，孕育了阿基米德、阿里斯多芬里斯、艾拉托色尼、希罗菲卢斯、斯特拉博、泽诺多托斯、欧几里得等杰出的学者，欧几里得在公元前3世纪建立了著名的欧几里得几何学。欧几里得的测量系统，以及计算角度和面积的方法，打下了后世城市规划的基础。到公元前2世纪左右，亚历山大城成了世界最大的城市，也是连接希腊与印度市场的活力贸易之城。亚历山大城是权力、贸易和知识之城的绝佳典型。

建筑十书

希腊邦联十分松散，各城邦不断改变所属。西方的罗马愈发强大，开始征服周边土地来支撑越来越庞大的军队和城市。与此同时，希腊人开始把军事交给雇佣军。如果可以日夜笙歌，为何还要浴血奋战呢？最初，罗马人为希腊的各个交战方提供军队。公元前197年，罗马人开始把战争赢得的土地占为己有。到了公元前146年，随着科林斯和迦太基的衰落，希腊变成了罗马的属地。

罗马帝国不断扩张，它需要一个成熟的规划框架把征服的众多城市整合进帝国。公元前1世纪，维特鲁威开始为军队设计作战机械，他撰写的《建筑十书》为接下来几个世纪的罗马城市奠定了发展框架。按照罗马人的规划，淡水、废水和雨水要通过基础设施集中起来，网状道路与内城公路相连接，街区易于分割，市政和商业区集中，根据用途和阶级分区，设立标准保护居民安全，设置码头、仓库及其他经贸所需的资源，建设用于娱乐的圆形露天剧场，建造多座庙宇让整座城市充满宗教和文化气息。罗马制度将城市的所有组成部分融合成高度运转的整体，将从不列颠群岛到巴比伦的诸多城市整合进这个大帝国之中。

维特鲁威最为人称道的是他关于最重要的建筑属性的论述——结构力量、整体性以及美感。维特鲁威认为，只有真正理解自然，城市建造者才能理解美感。维特鲁威总结出的这几个属性时至今日仍被万千建筑师奉为圭臬。

东西方思想系统

从文明早期开始，对于世界以及人类在其中扮演的角色，人类就有两种截然不同的理解：西方和东方。这两种方式上升为两种截然不同的城市规划方式，时至今日依然深深影响我们的城市观。西方世界观诞生在美索不达米亚，形成于巴比伦，经由希腊哲学家进一步深化，最后被罗马人系统化地传播到世界各地。

东方世界观则最早诞生于印度河谷和中国，之后向东进一步传播至日本和朝鲜，向南传到东南亚及太平洋。

希腊人认为世界是由名为原子的基本元素构成，原子按照宇宙统一的组合方式进行组合。这种世界观最终衍生出物理学、天文学、逻辑学、理性哲学，以及奠定西方城市规划基础的几何学。在政治上，这种世界观带来的是民主制。在这种制度中，具有自由意志的个体可以选择单独行动还是协调一致。公民道德也是由诸多个体定下的社会契约衍生而来，而不是来自更高的统治层。（事实上，他们的神并不是道德的典范。）

与之相反，中国人相信集体意志而非自由意志。所有个体在社会和宗族责任的牵绊下形成互相依存的整体，而世界通过平衡五种关键元素的能量达到和谐。这五种元素是：金、木、水、火、土。这种思想并未阻碍中国发展先进技术，比如改变战争的马镫和火药、带有水闸的运河、为中国航海者开辟航道的造船技术和航海系统、地图测绘、免疫、深井钻机等，不过它也为中国人信仰集体命运而蔑视个人主义埋下了种子。

希腊思想认为，物体和行为可以独立存在，从这一点出发，人类与自然相互关联却各自独立，它们都受拟人神的控制，大自然也拥有类似于人的特点，比如不屈不挠和变化无常。相反，中国人认为，物体和行为与大环境息息相关，因此人类只是大自然的一部分，而文明的最高目标是要实现两者之间的和谐。

东西方城市规划心智模式之寓意

西方世界观认为独立的个体遵循某种抽象的规则，以规则体系为基础的城市规划讲究清晰的用途分割。街道网络由此形成，为建筑物的独立发展提供了框架。通过建造热销的房屋，西方城市的房地产业获利良多。把世界看作独立的组成部分按照模块化方式组成的整体，也是工业革命爆发的根源。然而，这种西方价值观是割裂的，把所有不在其范围之内的事物界定为外部事物。

西方的城市规划曾长期在个体的权利自由与集体责任之间寻求平衡，因为他们认为这两者完全对立。东方世界观则更加包容多元，城市规划从宇宙出发，统筹安排。于是形成了一种合乎人心但鲜有变化的秩序，以使悉心维护的和谐免遭破坏。中国城市往往把宫殿，也就是权力中心，置于城市的中心。皇帝代表着统治的伦理中心，拥有至高无上的权力。

汉谟拉比和周公的目标大体一致，即确立能将各地民众融合成民族整体的发展框架。两人都声称受上天庇佑，也都以天下兴亡与民众福祉为己任。不过汉谟拉比是通过制定一系列规则，将其子民看作辽阔领域内的独立个体来实现融合；而周公则想通过将领土范围内的大小群落纳入一个统一的模式中来实现融合。

这两种世界观各有优劣。要解决21世纪我们所面对的问题，需要综合这两种世界观。为实现繁荣并适应变化，城市需要在个体和集体两个方面同时提升。这也是平均律的含义，每个音符既能独立发声，又能在框架内组合成和谐的音乐。

轴心时代

公元前800—前200年，东西方世界观发生了巨大的改变，德国哲学家卡尔·雅斯贝尔斯称这段时期为"轴心时代"。这一时期，中国诞生了孔子和老子，印度涌现出印度教、耆那教和佛教，中东出现犹太教和拜火教，毕达哥拉斯、赫拉克利特、巴门尼德还有阿那克萨哥拉在希腊发展理性主义。大部分宗教的基本教义在这一时期写就——《希伯来圣经》《论语》《道德经》《薄伽梵歌》，以及佛经。

轴心时代的思想家们地域及文化背景各不相同，但却同为宇宙真理而上下求索。他们探索智慧、悲悯和人类心智的本性，提出如下的问题：个体与整体究竟如何相互关联？到底什么才是道义行为？伦理道德又如何渗透社会？

这些问题，恰恰反映了横扫欧亚的科技所带来的暴力和物质主义增长。首先是战车弓箭手的出现，在此基础上，高机动性的大规模军队在公元前1700年应运而生。500年后，铁器时代迎来了更多强有力且极具破坏性的武器。渴望更多土地和权力的君主，发动了绵延千年的持续战争。与此同时，硬币的发明和大规模使用大大推动了商业的发展，加速了财富、物质和贫富差距的增长。

这两种技术发展致使战争频仍，民众备受苦楚。因此，这一时代的圣人们寻求新的平衡。他们把目光投向自己内心，钻研深度冥想的方法。沉浸于冥想的圣人们发展出了全新的思想体系，发扬自律和悲悯，以及对更广阔世界的探索之心。

轴心时代涌现的宗教和哲学思想与当时愈加复杂的城市主义

相得益彰，进而形成道德规范，让更加复杂的社会得以运行。这些思想加强了人与人之间的信任，而信任是人们一起生活、互相贸易的关键。这些思想增强了人们的同情心，而这对于打造更加平等的社会来说至关重要。思想家有能力去思考超越，能够感知宇宙的终极本质。超越的存在，让人们无须再依靠天命君主去了解自然的本质或充当智慧与公正的裁决者。这些全新的世界观沿着贸易之路进行传播，灌溉了城市的土壤。

伊斯兰城市的兴起

轴心时代发生的这种世界观的巨大变革源于混乱。千年之后，随着罗马帝国的衰落，混乱局面延续了下来。这个有着统一的政治力量、基础设施和新陈代谢的伟大的统一帝国开始崩塌。混乱往往会带来另一种极端——法西斯主义和衰落。公元 570 年，东罗马帝国皇帝查士丁尼强制推行《查士丁尼法典》，进一步加速了帝国的衰落。罗马帝国城市的方方面面都变得僵化而专制，无论是物质形态还是基督教义。教皇格里高利写道："一片废墟……元老院在哪？民众在哪？所有世俗尊严被摧毁殆尽……而仅存的我们，每天都受尽折磨和煎熬。"4

罗马帝国没能适应变化的大环境，以至于迅速衰落或灭亡，欧洲的黑暗时代也随之开始。不过，另一种文明也从罗马帝国的废墟中诞生。公元 570 年，当罗马帝国深陷泥潭之时，先知穆罕默德在麦加诞生。622 年，穆罕默德带领追随者从麦加跋涉到麦地那，宣扬作为伊斯兰教信仰基础的启示。在去世前十年左右，穆罕默德将整个阿拉伯半岛统一在伊斯兰的统治之下。到636年，伊斯兰信徒占领了东罗马帝国东部，第二年又征服了今天的伊朗和伊拉克地区。640年前后，伊斯兰统治了罗马、叙利亚和巴勒斯坦，到642年，埃及、亚美尼亚也被纳入其势力范围。到718年，伊斯兰教统治了从西班牙到北非再到北印度的广阔地域。

伊斯兰教的发展当然得益于东罗马帝国的衰落，即便如此，其发展速度仍然快得惊人。伊斯兰教为所有域内城市提供了一种统一的、团结的愿景，辅以经济和宗教自由，促进了多样性和繁荣。伊斯兰教出现之前，从拜占庭到波斯帝国的犹太教徒和基督徒都被课以重税以支付军费。而伊斯兰哈里发每征服一个城市便会减税，并通过征收财产税而不是所得税来鼓励贸易。穆罕默德的《麦地那宪章》允许犹太教徒和基督徒在其领地接受各自法律、法院和法官的管理。因此，犹太教徒和基督徒也支持伊斯兰教的传播。伊斯兰教用一种灵活、强适应性、一致、充满活力和稳定的制度取代了之前的僵化和混乱。西班牙科尔多瓦这样的城市蓬勃发展，基督教、犹太教和伊斯兰教思想在这里碰撞，彼此包容、欣赏和协作。

伊斯兰教在很长一段时间里都自认为是城市宗教。伊斯兰的城市与严格遵循既定形式的中国城市不同，它们采用一种带有鲜明伊斯兰教特色的组织形式，但这种形式足够灵活，能够适应当地情形。大清真寺总是占据城市的中心位置，伊斯兰学校，也就是教授宗教和科学科目的学校，就设在清真寺的旁边。清真寺所在地一般还设有社会服务机构、医院、公共浴池和旅馆。与其相邻的则是市场，贩卖各种商品的小摊依次排开。焚香、蜡烛、香水和书摊最靠近清真寺，接着便是卖衣服、食物和香料的，剥皮、屠宰动物、生产陶器的场所一般离清真寺最远，往往位于城墙之外。

伊斯兰城市对自然环境有很强的适应性。它们的街道一般都很窄，可以减少阳光的暴晒和大风的侵袭，并能随着自然地势起伏蜿蜒。在伊斯兰教的道德体系中，个体要对外谦虚谨慎，精神世界又要丰富灿烂。因此，伊斯兰教徒的家往往都是一面空墙临街，只留几扇窄窄的窗户。临街的墙要高于骑骆驼者眼睛的水平线，这是为了保护女性的隐私。按照伊斯兰教法和传统，女性一生的绝大部分时间都在室内度过。[5] 房屋有一条小门，通往宽敞精致的内部庭院，那里一般都是家庭活动的中心。根据主人的财富情况，伊斯兰家庭的内部装饰可能相当精致。

公元 9 世纪是伊斯兰教的黄金时代，举足轻重的宗教及科学思想家阿布·纳斯尔·穆罕默德·法拉比最早提出了科学真空理论，这对城市排水系统工程的发展起到了很大的推动作用。他还写下了伊斯兰著作《论完美城邦》，书中描写了三种城市。[6] 最好的是道德之城，居住其中的人们追求知识、美德、幸福和人性。其次是无知之城，居住其中的人追求财富、荣誉、自由和享乐，并不追求更高层次的幸福和真正的快乐。最末乃邪恶之城，里面的人自欺欺人，明知智慧是最高的追求，却又为自己追求权力和享乐寻找冠冕堂皇的理由，试图将自私自利的行为合理化。

尽管法拉比吸收了柏拉图和亚里士多德哲学思想的精华，他的思想并非与他们完全一致。希腊人信仰纯粹的形式，信仰某种永恒的、绝对的真理，比如城市的理念。然而法拉比与现代社会科学一样，相信世俗行为的集体性，认为理想城市的领导者应该怀有崇高理想，引导整个社会共同追求智慧和同情。

伊斯兰城市的知识

在这段增长的黄金时期，伊斯兰的思想家们在数学、科学、医学和文学方面都取得了瞩目的成就。造纸术这种关键技术，很有可能是阿拉伯人从他们在公元751年撒马尔罕战役中俘虏的一名懂造纸术的中国人的口中获悉的。公元795年，这项技术传到了巴格达，巴格达也因此成了世界纸都和西方最大的城市，仅次于中国的长安。

知识的普及，以及帮助知识传播的技术，是城市兴旺的关键所在。当时欧洲可以用作书写的材料主要是羊皮纸，但羊皮纸价格昂贵，无论制作、书写，还是存储都不方便，只能用来书写最珍贵的文件。因此，欧洲当时的书面知识大都仅限于宗教主题，而且只有在偏远的乡村修道院才可以看到。而伊斯兰城市的纸却很便宜，哪怕用来写购物清单都可以。纸的普及为工程学、会计、地图编制、诗歌、文学和数学的发展提供了动力。以纸为基础的知识信息也很容易随贸易传播，进入城市，尤其是进入各城市的大学。

公元859年，富商之女法蒂玛·菲赫利（Fatima al-Fihri）建立了世界上历史最悠久，至今仍在运行的卡鲁因大学（位于摩洛哥非斯）。课程以宗教为核心，但也包括数学、自然科学和医学。大学教育很快传播到其他伊斯兰城市，形成世界知名的知识网络。欧亚贵族纷纷把自己的儿子送到这些大学接受教育，这进一步扩大了伊斯兰文化的影响力。

伊斯兰城市的黄金时代在很多方面都展现了 9C 的关键特质。这些城市是贸易和知识网络的中心节点，其中有众多机构在实践中推动科学和医学知识的发展，欢迎文化背景不同的人们。这提升了城市的精细度和多样性，城市本身的贸易网络也随之发展。这些城市还建立了广泛的管理体系，在不过度侵犯自由、创意和创业潜力的情况下来规范道德。伊斯兰文化运用灵活的规划结构来确保凝聚，用谦逊、精神信仰及利他主义来平衡机会和享乐。这些也是当今城市繁荣兴旺的关键。

21 世纪的现代伊斯兰城市几乎站在了传统伊斯兰城市的对立面。迪拜的中心建筑高耸入云，引人注目，商业性极强。街道设计的出发点主要是便于车辆行驶，而不考虑为行人遮阳庇荫。封闭式社区一直延伸到城市郊区。尽管现代伊斯兰城市通过低税策略来吸引投资，也大力建设大学，却缺少能呼应人性、智慧和同情的文化，后者正是法拉比定义良性发展城市的关键所在。

当这些伊斯兰城市通过自由的文化和商业往来形成紧密网络时，奉行基督教的欧洲却变得支离破碎，欧洲城市互相割裂，知识资本的积累也大大受限。不过公元 1157 年，狮子亨利向这一切提出了挑战。

汉萨同盟

1142 年，狮子亨利（Heinrich der Löwe）出生在神圣罗马帝国的石勒苏益格-荷尔斯泰因，它位于今天的德国北部。狮子亨利是黑亨利之孙，骄傲的亨利之子。这个雄心勃勃的王子通过武力和经济、政治联盟建立了自己的统治领域。他深知繁华城市的重要性，因而集中力量建设城市，与大城市建立联系，甚至直接出兵征服。1157年，狮子亨利建立了慕尼黑，1159年，他建立了吕贝克，之后是施塔德、吕内堡和布伦瑞克，后者也成为他的首都。不过狮子亨利意图开创经济特区并让区域经济得到转型的想法，其实是在波罗的海城市吕贝克设想出来的。

吕贝克本是一个小城，经常受到斯拉夫掠夺者侵袭。狮子亨利的军队与海盗尼克拉特浴血奋战，最终控制了小城，使其成为能够下达命令的主教教区，并清理出城市中心来开设大型市场。为吸引商人，狮子亨利设立了欧洲最早的经济开发区，给城市以高度的经济和政治自由，管理制度清晰明了。因此，所有在吕贝克定居的商人都能在狮子亨利的领地进行贸易，不必支付进出口关税。

吕贝克设立了造币厂，提供可在狮子亨利控制的领土内通用的稳定货币。另外还选举出20位商人领导市政委员会，初定任期两年，其中很多人都会在选举中连任。若父亲当选，其子女兄弟便不能同时任职，以避免家族权力过大。先由委员会选出四位城市主理人，执行团队再从中选出一个来担任市长（一般为最年长者）。这项管理制度还被写入城市宪章加以保护。

为推进新贸易区的发展，狮子亨利还派人出使波罗的海各国，宣传工具就是新宪章的副本，以及低廉的土地价格。结果，自由和机会吸引了大量俄罗斯、丹麦、挪威和瑞典商人在城中定居。这些商人与家乡进行贸易，建立了一个受保护的波罗的海贸易网络，该网络覆盖了从伦敦到俄罗斯诺夫哥罗德的大片区域。

吕贝克的宪章也就是著名的《吕贝克法》，对于应用此法的城市取得成功起着关键作用。为加速贸易伙伴的发展，吕贝克将这些法规传播到波罗的海沿岸。随着时间的推移，最终约有 100 个城市应用此法。1358 年，这些城市组成汉萨同盟，这是一个强大的跨国贸易联盟，吕贝克也因此成为波罗的海沿岸最发达的城市。[7] 查理四世称其为"帝国五大荣光"之一，另外四个获此殊荣的城市是威尼斯、罗马、比萨和佛罗伦萨。《吕贝克法》为阿姆斯特丹的发展打下了基础。1653 年，作为征服者的荷兰人将民主和商业文化带到了新阿姆斯特丹 —— 如今的纽约。美国许多用来平衡个人自由与集体责任的民主原则都能追溯到吕贝克。

吕贝克的成功展示了创建发达城市所需的重要工具，它们直到今日仍可使用。即便在数字时代，商人们还是喜欢聚在一起交换信息、做生意、竞争与合作。城市需要经济发展策略、恰当的激励措施、及时的反应、公平公正的管理制度、稳定可靠的货币、公平的纳税政策，税收取之于民用之于民，此外还要保持与合作方的联系。汉萨同盟发展为一个相互作用圈，跟激活奥贝德城镇的关系网络属于同一种。狮子亨利给变幻不定的竞争世界传递了一条重要信息。他通过广泛传播多元城市的管理规则扩大了统治领域。如若和谐的系统能够发展为强大的网络，这就是城市规划管理的最佳方式。

阿姆斯特丹：保护、自由和增长

阿姆斯特丹位于荷兰北海之滨，它从汉萨同盟的贸易中受益匿浅，城市中的商人也逐渐变得富庶强大。17世纪的欧洲并不太平。频发的战争和变幻不定的盟约威胁着多数新兴国家。荷兰的主要对手是西班牙，两国为争夺土地和海洋屡次交兵。西班牙的天主教义逐渐转向专制的宗教激进主义，而荷兰人迫于打压只好忍气吞声。阿姆斯特丹作为荷兰的核心贸易城市，敞开怀抱吸纳所有前来寻找机会的欧洲商人，也欢迎来自西班牙和葡萄牙的富庶犹太人、来自安特卫普的商人，以及来自法国的胡格诺派教徒。

1602年，荷兰将东方贸易的垄断权授予一众阿姆斯特丹的商业领导者，成立了荷兰东印度公司，它也是全世界最早公开发行股票的公司之一。政府要员面临双重挑战：他们需要制定计划，既要保护城市免遭天主教入侵者的军事威胁，又要满足新兴全球贸易带来的巨大人口增长和经济繁荣的需求。1610年，阿姆斯特丹的木匠亨德里克·雅各布斯·斯塔特（Hendrick Jacobsz Staets）接受任命开始制订计划。首先他沿着城市及海滨划了一个半圆，作为城市的外部边界。斯塔特选择这个半圆是出于很简单的经济考虑：圆形能覆盖最多空间，但所占的长度最小，而这一理念也衍生出了世界最美的一种城市规划。城市的直边面朝大海，半圆形则由城墙保护抗敌。城墙之外是一大片半圆形的开阔土地，放眼望去就能发现前来攻击的敌军。在城墙之内，斯塔特还修筑了三条水道，这样从海上运来的货物就可以通过水道送抵全城各处的仓库和商店。城市中心向四周延伸，安排了一系列宽窄不一的街道。这一扇形布局可谓城市发展的匠心之作。

阿姆斯特丹完成蓝图用了超过半个世纪的时间，但蜂拥而至的移民可没有这么好的耐心。就像今日很多发展中国家城市被非正式居民区包围一样，阿姆斯特丹的移民也在城墙之外的开阔地带建起了贫民窟，他们也知道一旦发生战争他们只能另寻他处，但在此之前他们至少可以获得自由生活和贸易的容身之所。城墙之外的城市不断拓展，社会阶级也发生了变化，王公贵族、士绅公子和工人阶级彼此分地而居。随着时间的推移，移民聚居的城郊也被并入城市，一并享受着城市的公共设施。

斯塔特的规划布局不仅提供了保护和效率，也考量了生活的便利舒适。修建运河时，城市委员会下令运河沿岸必须种植榆树

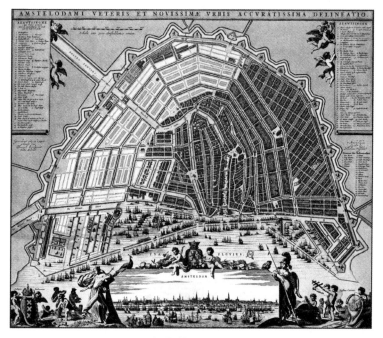

阿姆斯特丹，1662.

（来源：*Daniel Stalpaert, published by Nicolaus Visscher, University of Amsterdam Library, via Wikimedia Commons.*）

和椴树，为民众提供鸟语花香、赏心悦目的风景。如今的阿姆斯特丹，仍然是全世界最宜人的城市之一。

维也纳推倒城墙

受工业化和全球化的推动，18 世纪和 19 世纪的欧洲城市发展十分迅速。随着人们逐渐认识到互相连通比彼此防御更为重要，各大城市也开始推倒围在四周的城墙。最早迈出这一步的城市就包括哈布斯堡王朝的首都维也纳。1857 年，弗朗茨·约瑟夫一世将围绕城市的堡垒夷为平地，并将穿插其间的阅兵场并入城市。约瑟夫一世利用这些新空间建设了环绕大道——环绕维也纳历史核心区的绿荫大道，用绿意盎然的城郊社区和空气新鲜的宽阔街道实现了城市的扩张。与此同时，弗朗茨·约瑟夫还投资发展现代市政，并建设文化基础设施。环城大道及纵横交错的林荫大道将新博物馆、歌剧院、市政厅、法院、公园和大学串联起来。在周边，开发商又为新兴商人阶级、教授、音乐家，以及与文化机构和大学有着千丝万缕关系的知识分子兴建了住宅。

推倒城墙反映的不仅仅是更加开放的城市规划，更重要的是愈加开放、自由的态度。跟阿姆斯特丹一样，维也纳也欢迎来自欧洲各地的人们。环城大道周边的城市社区很多都是大户型公寓，它们对那些被孤立又受过教育的犹太人格外具有吸引力。从1084 年开始，犹太人在欧洲各国就只能住犹太人隔离区。传统的犹太教育鼓励深入分析，追根问底，追寻人生更高意义。而维也纳的新大学也鼓励类似的探索，比如西格蒙德·弗洛伊德和古斯塔夫·马勒的工作。

环城大道区域很快成为那个时代新兴思想蓬勃发展的热土。维也纳的多样化人口、市政和文化机构的发展，与欧洲主要城市的互联，以及规模日渐庞大的中产阶级共同形成了一股庞大的创新力量。到20世纪之初，这个文化融合的城市被认为是地球上最具生产力的地方。

欧洲规划落地美国

北美的原住民拥有自己的市民文化。西南部的阿那萨吉人（Anasazi）建造了令人惊叹的城市群，与冬至的太阳对齐。易洛魁人（Iroquois）住在长330英尺的长屋中。公元14世纪，卡霍吉亚发展为城市，该城市位于今天的圣路易斯附近，是当时北美最大的城市，人口多达4万。直到1780年费城扩张，都没有其他北美城市达到这一规模。

随着西班牙人、法国人、荷兰人和英国人纷纷入侵美洲大陆，城市规划制度也随之传入美洲。西班牙城市比如圣·奥古斯丁 —— 欧洲人在美国最古老的长居地 —— 是按照《印第安人法》建造的。《印第安人法》是一部指导征服者如何打造新社区，包括街道网络的设置的法典。城市广场毗邻重要的市政建筑，有害或危险区域则安排在城镇的边缘。该法典同时规定，所有城镇建筑采用相同的外观，好让城镇呈现出统一和令人愉悦的观感。[8]

随着美国的诞生，1785年联邦法令规定，美国最初13块殖民地以西的土地要按照网格法进行测量，便于将其分割成矩形。阿巴拉契亚山脉以西的所有城镇和城市都以网格街道系统为中心规划而成，打造出统一的美国城市模样，这些城市不像欧洲的自然城市那样，街道依自然地势起伏。天普大学（Temple University）的政治科学教授丹尼尔·艾乐扎（Daniel Elazar）称之为"历史上最大的国家规划单一法案"[9]。

美国最初以乡村经济为出发点，财富主要来自农业、动物皮毛和自然资源。1820年，全国仅有7%的人口生活在城市。工业革命改变了这种人口组成：到1870年，约有四分之一的人口为城市人口；到20世纪初，这一比例上升到40%。美国快速增长的城市急需规划，五种变革便应运而生。

第一种是卫生改革运动，集中改造城市的水利、污水和垃圾等基础设施，以应对伦敦霍乱和其他疫病。第二种变革同样始于伦敦：奥姆斯特德兄弟领导下的美国城市公园运动，这两兄弟不仅设计公园，还设计出相互连通的城市公园网络。第三种是花园城市运动，也是从英国开始，该运动提出城市应当将住宅区均衡地设在小公园、工业区、农业区的附近，并在周围铺设永久绿化带。第四种是纽约的住宅改革运动，以应对移民涌入造成的公寓拥挤、居民健康恶化、社区安全性下降。第五种是城市美化运动，推崇城市按照经典比例进行规划，市政建筑面朝林荫大道，并在四周建造公园和花园。其目的在于激发城市灵感，在各阶层之间营造和谐的氛围，吸引富有阶级，改善贫苦阶级的生活，同时滋润中产阶级。美国迅速发展起来的城市迫切地拥抱这些运动，成就了一些城市化的最佳范例。

丹尼尔·博纳姆的《1909年芝加哥规划》是美国最早的城市

美化计划。一些游历广泛并推崇欧洲城市规划的商人委任博纳姆来规划城市。尽管其规划本质上只是咨询参考，但却在很大程度上塑造了人们的城市开发理念。该规划提出，市政中心由一系列市政建筑构成，这些建筑由一系列公共大道相连接，对角线街道将城市连接起来，配以众多公园和区域道路，连通城市与外围区域。规划的核心还在于收回芝加哥在密歇根湖的临湖地带。"湖滨地带从权利上来说属于民众，"博纳姆写道，"任何一寸土地都不能将民众排除在外。"¹⁰

博纳姆规划的成功反映出城市形成共同愿景的重要性，这一愿景可以加强城市统治，让所有居民享受城市的便利美好，同时激发企业家精神。该愿景还展现了独立的城市领导者群体的价值，他们可以突破政治和官僚主义的限制，实现共同目标。

20 世纪早期，汽车数量不断增加，美国城市开始从核心地带往外延伸。规划者开始因地制宜地进行规划，这一潮流源于克拉伦斯·斯坦（Clarence Stein）、本顿·马卡耶（Benton McKaye）、刘易斯·芒福德（Lewis Mumford）等人为纽约都市圈所提出的方案。与博纳姆的芝加哥规划一样，纽约区域规划也只是作为咨询参考，后面其他城市提出的区域规划也属于这一种类型。不过有一点十分清晰：城市规划必须有法律撑腰。美国城市最早规定土地用途的综合性法律和执行制度是"区划法"。不过就跟埃及的伟大首都孟菲斯一样，区划只是一个手段。没有综合规划作为指引，区划仅能管理土地用途，并不能激发新的活力。随着超过 22,000 个美国城市、城镇和乡村获得自主区划权，事实证明，要将它们再融合成紧密凝聚的地区就不是一件容易的事了。

19 世纪中期，纽约成为移民的乐土：先是爱尔兰和意大利的移民，再后来是来自全世界的移民。为了以较低成本安置这些移民，开发商建造了一系列造价低、卫生和安全条件差的附属建筑。受到房屋改革运动的压力，纽约州在 1867 年通过了《第一住宅法案》，要求所有公寓都要有安全出口，每个房间都要有一扇窗。

1879 年的《第二住宅法案》则要求房间窗户必须面朝新鲜空气和自然采光。于是开发商便把内部卧室开向通风井这样的狭窄天井，从而获得所需的空气和采光。然而，住户们却把垃圾丢到天井，使得天井成为老鼠和细菌繁殖的乐土。为了解决这个问题，1901 年的终极法案，也就是我们常说的"新法"，要求庭院必须保持干燥通风，易于清理，而且所有住户都要接入自来水系统。时至今日，纽约城的下东区仍然住着上千的"新法"住户，这些时髦人士的祖辈一个世纪前就住在这里，十几个人挤一间小屋。

20 世纪早期，钢结构、电梯、电动水泵等建造技术突飞猛进，让建筑高度得以彻底突破先前的工程限制。不过，随着纽约的建筑越来越高，街道也变得越来越暗。所以纽约在 1916 年出台了分区决议，以限制建筑物的高度和间距，保证街道能获取更多自然光线。纽约还严格限制工业区向住宅区和商业区扩张。

纯住宅区自此应运而生，它最大的特色就是限高——决议规定非防火建筑最高不能超过六层。再后来，纽约的新区划法规解除了对开发商的限制，布朗克斯、布鲁克林及皇后区到处都是一排排的六层公寓，即便是工薪阶层也住得起。

纽约的区划法很快被其他面对同样问题的城市借鉴。这种区划法标志性地规定了土地开发的物理形态——一栋建筑如何适应区块规划、满足停车场要求以及用途分区。尽管区划法最开始是针对私有领域，规定了建筑物与主干道的距离，但是渐渐也开始蔓延到公共领域。不过，与城市美化运动所规划的宽阔林荫路不同，美国大部分的公共区域都是私人开发余下的土地。直到21世纪初，大多数美国城市才开始把街道当作公共空间来设计。

美国的分区

纽约最早的分区法为其他城市奠定了基础，促进了美国的快速发展。但分区制真正腾飞是在1922年，联邦商业部部长赫伯特·胡佛带领由高级专家组成的委员会制定《标准区划授权法案》（SZEA），为地方政府制定区划法案确立了标准。胡佛部长对规划设计兴趣浓厚。"未能充分考虑现代生活条件的城市规划，会给人类幸福和财产造成巨大损失，"胡佛部长写道，"缺少足够的开阔空间、游乐场和公园，拥挤的街道和痛苦的租住生活，及其对下一代造成的压迫，是对美国生活的巨大挑战。我们的城市没能为美国生活和美国精神贡献足够的力量。当前的道德和社会问题只能通过城市建筑的新概念来解决。"[11]

在胡佛部长的领导下，商务部积极推进区划系统的标准化，美国各大城镇也积极响应。截至1926年，美国48个州中已有43个州采用不同形式的《标准区划授权法案》。可惜，用户分区仍是各大社区的主要组织结构，人们并不能为了更大的愿景凝聚成团结的社区。

随着规划者采用区域划分制，他们的角色也逐渐从设计者转向管理者。他们没有时间再去完成"避免对人类幸福造成损失"这种远大理想。他们要规划出能让新型汽车驰骋的道路，细分出划给美国正在蓬勃发展的独户家庭的土地。

一场经济危机和一场战争让几乎所有的新趋势戛然而止。第二次世界大战以后，美国迎来了爆发式的发展，汽车、按揭贷款让住宅建筑行业将发展方向转向了郊区。

20 世纪 60 年代，美国城区的污染越来越严重，而郊区的交通拥堵形势也很严峻，人们开始投身环境运动来寻求解决方案。然而，这并未让我们设计出能够提升人类幸福并改善自然系统的居住社区。

环境律师力挽狂澜？

1969 年，美国议会通过第一项重大环境立法，也就是《国家环境政策法案》（NEPA），由尼克松总统签署。该法案目标远大，这一点从开场语便可见一斑：

> 议会认识到人类活动与自然环境各组成部分的相互影响，尤其是人口增长、高密度城市化、工业扩张、资源掠夺、新技术发展的重大影响，从而进一步认识到恢复并保持环境质量对于人类整体福祉和发展的重要性。我们在此宣布，联邦政府将持续出台政策……创造并维护人与自然和谐共处的条件，实现当今美国人及后代在社会、经济及其他方面的需求。[12]

但差不多40年过去了，"创造并维护人与自然和谐共处的条件，实现当今及后代美国人在社会、经济及其他方面的需求"这个目标没有离我们更近，反倒离我们更远了。

在接下来的几年，美国《国家环境政策法案》及其在各州市的引申法案在法律层面取得了不少胜利。《国家环境政策法案》成了推动政府考虑环境影响的重要工具。政府随后又分别在1970年和1972年颁布了《清洁空气法案》和《清洁水源法案》。这些法案推行之后，美国的空气和水干净了许多，尽管空气和水源还是时常受到提出法案时未曾想到的有毒物质商业化使用的威胁。总体上看，美国的环境安全情况趋于恶化，气候变化、物种大灭绝、城市扩张所造成的系统威胁更加严重。如果说《国家环境政策法案》的目标是为环境保护人士提供法律武器，它还称得上取得了成功；但要说打造人与自然和谐共处的整体条件，它并没有做到。自其推行以来，无论采取何种措施，《国家环境政策法案》列出的人类与环境整体健康条件都在恶化。分隔式生活所造成的疾病（比如肥胖、癌症、心脏病）的发生率不断增长，交通拥堵情况也更加严重，生态多样性和土壤健康状况恶化，温室气体排放量明显增加。

由环境律师起草的美国《国家环境政策法案》把"人类活动与自然环境各组成部分相互作用造成的严重影响"看作一个法律问题，提出了法律方面的解决之道。之后起草的环境影响评价制度（EIS）旨在分析重大项目提案，为环保人士通过起诉阻止项目进行提供了法律保障。但EIS的流程中并不包括形成共同愿景或统一规划。它并未把城市或地区看作一个整体。相反，跟区域划分一样，EIS旨在把整体割裂成部分，而不是让割裂的部分实现融合。EIS承袭了古希腊的思维方式，把整体系统分成独立的组成部分以简化分析过程，但缺少中国人和谐统一的共同愿景。也就是说，EIS没有任何东西可以增加社区的灵活性、适应性或凝聚力。它只是在分析案例所造成的环境影响，然后判定该案例是符合还是违背具体的法规。

在规划美国《国家环境政策法案》时，参议员亨利·杰克森（Henry Jackson）及议员莫瑞斯·阿达尔（Morris Vdall）提出了《土地使用规划法案》，进一步确保美国土地的使用目标是"创造并维护人与自然和谐共处的条件，实现当今美国人及后代在社会、经济及其他方面的需求"[13]。可惜水门丑闻让尼克松政府的政治权力大大受挫，这项法案差点在右翼约翰·伯奇协会所领导的活动下被否决，后者把规划等同于共产主义。

回望埃及的孟菲斯，我们可以看到社区分化是城市发展的重要推动力。分区规划本身并不是问题，可追溯到希波丹姆斯的街道网络也不是问题。当代城市所面临的问题其实还是由缺少共同的幸福生活愿景所引起的，再加上缺少实际的制度规划来实现美好愿景。纵观人类历史，全世界最伟大的城市都是在城市文化繁荣的文明中出现的，这些城市既尊重多样性又注重团结统一，被伟大愿景所描绘的目标感所引导。

乌鲁克城市因meh而联结，巴比伦的城市奉行"强不凌弱……创造更多人类福祉"的共同原则。希波丹姆斯要设计的城市是民主的、有尊严的、美丽的。亚历山大城设计初衷则是要为渊博的学者提供支持，并培养出拥有更多知识的下一代学者。维特鲁威指出，城市建造所有的复杂问题都可以在力量、统一和美感中实现统一。法拉比眼中的理想城市，可以让人们在知识、美德和幸福中成长。狮子亨利意识到城市的力量在于由信任和共同制度形成的网络。弗朗茨·约瑟夫皇帝则为多样化的中产阶级打造了花园平台。

显然，21世纪的人类和大自然都面临着更大的压力。20世纪的城市规划工具的设计初衷并不在应对气候变化、人口增长、资源枯竭和其他全球性大趋势。VUCA时代需要我们的城市更灵活地适应快速变化的外部环境。不过，分区制和环境影响评价制度只是推动城市向郊区发展的众多因素中的两个而已。

第3章

城市的无限扩张

交通和郊区发展

　　自从形成了城市，便有了郊区。郊区这个词本身就取自拉丁语的suburbium，意思是"城市之下"。肯尼斯·T.杰克逊（Kenneth T. Jackson）在其关于郊区的著作《马唐草边疆》（*Crabgrass Frontier*）一书中引用了公元前539年一封写给波斯皇帝的充满感情的信。这封信写在泥片上，描绘的是乌尔郊区的生活。"在我看来，我们居住的地方是全世界最美丽的。它靠近巴比伦，所以我们能享受城市的便利，但当我们回到家，又可以远离喧嚣。"[1]

　　进入19世纪以后，美国开始高速发展，城市化水平显著提高。受高生产率和开放性移民政策的推动，美国的人口蓬勃增长。以创新为基础，美国的工业也发展强劲。城市电力设施的发展给成千上万的家庭送去了光明、便利和舒适。加上快速铺开的铁路线、电报机和电话，美国的城市更高效地连接在了一起。留声机、电影以及打字机都促进了美国文化的整合，而邮购商品目录更将美国变成一个巨大的消费者市场。美国成为了全世界最大的商业融合区域。

19世纪晚期，快速发展的铁路网让城市之间的互联成为可能，不过当时主要的跨城市交通还是骑马。每天，纽约市的10万匹马会产生250万磅①的粪便，这严重影响了市民的生活质量。马拉车的速度只比人步行的速度快50%，所以马车并没有让城市的扩张脚步加快多少，欧美大部分郊区还只局限在城市周围的那一点地方。尽管当时欧洲已经试验性地铺设了几条有轨电车线，但并没能产生重大影响。

然而，到了1888年，美国发明家弗兰克·J.斯普拉格（Frank J. Sprague）彻底改变了城市发展的形态。借助于斯普拉格改进的电动机和发明的弹簧加压高空吊运杆，覆盖全城的第一代架空电车线路系统应运而生。在弗吉尼亚州多山的里士满取得成功后，短短两年时间内，数个州的110座城市全都签订协议采用斯普拉格的电车系统。可以说，斯普拉格的电动有轨电车改变了美国发展中城市的形态。有轨电车线路为长期线性的住宅开发搭造了基本框架。另一方面，更密集的步行村庄雨后春笋般出现在了通勤火车站周围。典型的通电车郊区的房屋建造在小块土地上，大约宽40或45英尺，面朝车来车往的街道。无论电车在哪里停下，你都会看到几家相连的零售商店，商店的楼上便是供商店老板及其职员居住的公寓。这种便于步行和换乘的社区，对私人交通没有多大需求。买得起的小房子和做小生意的机会，让这些地方成为发展中的中产阶级的理想居所。

———————————
① 1磅≈453.59克。

很快，地产开发商也看到了在电车站和通勤火车站周围开发大项目的机会。1893 年，罗兰德公园公司买下巴尔的摩约翰霍普金斯大学相邻的一块地。在爱德华·H. 博尔顿（Edward H. Boulton）的带领下，罗兰德公园公司开发出了巴尔的摩最漂亮的三个花园社区：罗兰德公园、吉尔福德、家园。公司聘请弗雷德里克·劳·奥姆斯特德（Frederick Law Olmsted）负责设计景观建筑。结果很成功，奥姆斯特德的建筑与景观设计称得上走在了时代的前列，其中设置了绿树成荫的街道和最早的购物中心。可惜，罗兰德公园公司也推出了美国最可耻的住宅政策之一——禁止向黑人或犹太家庭出售房屋。限制条件甚至还包括禁止非裔美国人来访。

博尔顿通过以城市规划为主题的美国全国会议及高端住宅开发年度会议积极宣传自己的理念。罗兰德公园公司成为美国花园式郊区建设的一个典范，其开发举措也成了花园城市开发者们可资借鉴的原型，这些城市包括克利夫兰外围的夏克海茨、长岛的花园城市、堪萨斯州的乡村俱乐部区、加利福尼亚的帕洛斯弗迪斯等。这些社区雅致、绿色、限制重重。在弗兰克·斯普拉格的电车推动美国郊区形成紧密整体之时，人们入住这些社区的机会并不均等。

此外，斯普拉格还改进了机械系统，这让纽约地铁系统、芝加哥 E1、伦敦地铁的构建成为可能。他的超凡技术让城市周边地区迅速扩大。这些城市不再依赖煤炭发动机，城市中央车站（比如纽约中央车站）也发展起来。在斯普拉格改革平行交通技术之后，他又把目光投向垂直方向，并最终与查尔斯·普拉特（Charles Platt）一道，发明了电梯的关键元件，为摩天大楼的开发奠定坚实的基础。

因为有了斯普拉格的发明，延续五千年的城市形态在短短几十年内发生了改变，高楼大厦拔地而起。大部分家庭都不再需要住到工作地附近，而是住在更干净、更绿色的郊区，然后乘坐地铁或火车前往建有摩天大厦的市中心上班。

到 1907 年，也就是有轨电车发明之后的 19 年，美国各城市的有轨电车线路已突破 34,000 英里。[3] 尽管每条电车线路都由私营公司运营，但它们形成了彼此联通的大网络。E.L. 多克托罗（E.L.Doctorow）的小说《拉格泰姆时代》把背景设在 20 世纪初，书中主角乘坐电车从纽约到波士顿，途径一个又一座城镇。不过亨利·福特的量产廉价轿车将很快为人们提供难以想象的出行自由。1924 年，汽车在美国普及开来，有轨电车逐渐衰落。

汽车和公路的铺设进一步推动了郊区的发展。1929 年股票市场崩溃时，每六个美国人中就有一个住在郊区。[4] 之后的大萧条时期和紧接而来的战争让美国的发展速度有所减缓。"二战"之后，一种新兴的美国模式再次大大改变了城市与郊区之间的平衡。

美国住宅政策的基础

美国最早的国家性经济适用房政策是 1862 年的《宅地法》，其中规定任何不曾武力对抗过美国政府、年龄在 20 岁以上且同意在该地工作和生活 5 年以上的人（包括女人和获释奴隶）都可以获得 160 英亩[①]的土地。这个前所未有的机会遭到参加过内战的士

---

① 1 英亩≈4046.86 平方米≈6.07 市亩。

兵的激烈反对。想想也确实讽刺,曾经在战争中付出鲜血的南方白人和被解放的黑人奴隶,在获得家园主权的问题上遭到了同样的歧视。1862—1934 年,联邦政府通过一系列法案又让 160 万人获得了宅地,这些土地超过美国土地的 10%。直到 20 世纪 30 年代,美国人不再满足于住在乡下的小农场,他们才开始向城市迁移。

第一次世界大战期间,欧洲的许多住宅损毁严重。因此,欧洲许多国家都启动了大规模的住房开发项目,不仅为贫困工人阶级,同时也为中产阶级建造房屋。这些住房项目吸引了欧洲各大创新设计学校最聪明、最年轻、最有想法的一批建筑师,其中就包括包豪斯。包豪斯实验性地开始了全新的公寓设计,把不同家庭组成生活、工作和艺术彼此融合的社区。

但是美国的住宅政策却在姓资还是姓社的问题上产生了巨大的争论。地点和组织成了政治争论分歧的写照:欧洲城区不按收入划分的租赁及合作住宅是典型的"社会主义",而郊区的单独家庭产权则是"资本主义"。1938 年,社会科学家 W.W. 詹宁斯写道:"房屋产权是抵御共产主义、社会主义以及其他各种形式的'坏主义'的最佳保证。虽然不能说是绝对可靠的保证,但我觉得一般而言房屋所有者相比租客对于保护国家历史更有热情。"[5]

1934 年,联邦政府最终选择走资本主义道路,并将大萧条时期停滞的住房市场描述成金融问题。政府出台了美国《国家住房法案》,意图通过发放贷款让更多人买得起独栋房屋。根据这一法案,国家成立了联邦住房管理局(FHA),并使用联邦信用为民众提供低息贷款。美国联邦存款保险公司(FDIC)也应运而生,专门为本地存贷款银行的经营稳定性保驾护航，增强其向购房者发放贷款的能力。1938 年，《住房法案》进一步扩充，联邦国民抵押贷款协会（Fannie Mae，俗称房利美）成立了。这一协会从当地银行购买 FHA 担保的贷款，再把贷款项返还给银行，以便再次贷出。讽刺的是，旨在减轻抵押品赎回权丧失和社区银行倒闭压力的联邦国民抵押贷款协会，70 年后却因为购买次级贷款造成了上述问题。

联邦住房金融体系的种族歧视

1935 年，联邦政府进入住房金融领域的一年后，美国联邦住房贷款银行委员会要求住宅所有者贷款公司（Home Owners Loan Corporation）为 239 个城市创建"住宅安全地图"。保险公司不是单独评估房屋购买者的经济收入，而是首先对其住宅所在地进行评估。最新或最富庶的地区——一般都是郊区或城市豪华社区——用蓝笔圈出，列为 A 类资产，视为首选借贷区。B 类社区则用绿笔圈出，为理想借贷区。C 类社区多在大众认为衰落的城区，用黄色圈出。D 类社区用红色圈出，意为借贷风险较大。

非裔美国人社区一直都被标为红色，此外还有许多犹太人社区、意大利人社区，以及其他工人阶级聚居的社区。这就意味着住在这些社区的非裔医生或犹太律师，无论收入有多高，都无法获得贷款购买或翻新房屋。联邦房屋管理局 1938 年的保险手册进一步扩大了这一限制，鼓励社区颁布具有种族隔离性质的分区条例，以保障房屋价值，并以各种排斥黑人、犹太人及其他可能造成房产贬值的种族的限制性条例作为支撑。保险手册上写明："建议限制措施应包含下列条款：严禁非接纳种族入住房屋……学校应适当满足新社区的要求，且不应大量接纳不和谐种族入读。"[6]

美国住房金融体系建立不到一年，体系中就充斥着地域和种族歧视举措，加剧了美国的分裂。这类事件并非孤立的。

联邦贷款援助计划推出时，美国的住房和汽车产业也很快意识到，联邦政策越偏向郊区的独户住宅而非城市的公寓，他们的盈利空间就越大。所以，全美房屋建造协会、美国房地产经纪人协会、美国国民抵押贷款经纪人协会和汽车行业均积极响应联邦住房政策以攫取更多利益。他们把城市中的租户和共有产权所有者看作流失客户，竭尽所能影响制订住房金融规则的人，使其罔顾城市居民的利益。

有轨电车系统分崩离析

汽车行业也把使用公共交通的人看作流失客户。为了阻止人们乘坐有轨电车，1938 年，通用汽车、凡士通轮胎、美孚石油公司、菲利普石油和麦克货车公司纷纷组建虚假的电车公司，买断资金紧张的城市有轨电车线路并将其关闭，随后转为公交车线路。洛杉矶、圣地亚哥、圣路易斯、奥克兰和其他很多城市，都经历了有轨电车系统被彻底摧毁的悲剧。这一计划确实奏效了，城市与郊区的相互连通越来越依赖于小汽车和巴士。

联邦政府应对住房短缺

"二战"结束后，美国的服役军人面临着自大萧条时期便开始酝酿的住房短缺问题。600万老兵无处安置，只能与家人朋友同宿一室，他们的沮丧可想而知。为了避免1932年老兵游行抗议事件重演，国会通过GI法案（《1944年军人安置法案》），为归国老兵慷慨提供健康、住房、失业、教育福利。其中住宅福利包括可零首付低利率贷款在绿区和蓝区购买独户住宅。然而，共和党控制下的国会不允许老兵福利延伸到城市公寓及合作型公寓的租赁，于是大多数军人及其亲属都搬到了郊区，那里是唯一能享受到住房福利的地方。

意识到美国城市的复兴需要资金后，俄亥俄州共和党参议员罗伯特·塔夫特（Robert Taft）和一位公寓及城市投资的倡导者联合了一批两党议员，大力推进美国住房法案。作为回应，建造商、房地产经纪人、抵押房贷者的游说集团则出资支持威斯康星州一位激烈反对塔夫特的法案的共和党议员约瑟夫·麦卡锡（Joseph McCarthy）。游说集团鼓动麦卡锡公开反对建造公寓，并在全美巡回宣讲，而演讲的稿子则由公关公司提供。该演讲稿宣称，住公寓就是在鼓励社会主义。获得反共阵营的热烈欢迎后，麦卡锡又采用更尖刻的言辞进行宣传。麦卡锡凭借自己的手段——据说他后来抓捕传说中的共产主义者也是靠着这一手段——成立并领导了美国议员住宅研究调查联合委员会，1947—1948年横跨全美举办了33场高曝光度的听证会，同时还参观了纽约皇后区雷哥公园的老兵临时住房项目。而麦卡锡声称这一项目是"用联邦政府的钱故意造出的难民区……是共产主义者的滋生地"。[7]

面对巨大的住房需求和被共和党把控的众议院，愤怒的杜鲁门总统不得不接受现实，于1948年签发了《美国公共法案846号》，以牺牲公寓的代价推动独户住宅的发展——这是国会唯一能通过的住宅法案。在签署这一法案的新闻招待会上，杜鲁门总统说："这一次，国会再次罔顾美国民众最迫切的需求……完全不管当前如此庞大的廉价租住房需求……国会拒绝通过光明正大的住房法案，让迫切需要房屋的百万民众深感失望。一小部分人要把好的住宅法案扼杀在摇篮中，而通过这项法案也让很多与这一小部分人抗争的国会议员寒心。"[8]

《公共住宅法案》终于在1949年通过，但共和党却禁止混合收入社区的存在，硬性规定公共住宅只可以出租给穷人。共和党赢了，因此中产阶级家庭唯一可以获得联邦政府资助的方式就只剩按揭贷款购买郊区独户住宅了。这一规定对公寓社区的影响可以说是毁灭性的：公寓社区没有变成健康、多元的混合收入社区，反倒成了集中的贫民区。

国会1949年的城区改造重点就是清除贫民区。政府为各大城市提供资金，拆除大片贫民区。普鲁蒂-艾戈这种过于追求功能性的社区在原地建造起来，而更多的情况是整个社区被摧毁，要么不再重建，要么就建造得很烂，从而拉低房价并赶走中产阶层。也难怪这一城市更新计划被人戏称为"清除黑人运动"。时至今日，时间过去了大半个世纪，美国许多城市仍存在20世纪五六十年代贫民窟清除计划遗留下的空置的城市更新地。许多被摧毁的社区曾经保有许多历史建筑，只需翻新一下即可焕然一新。

现在，联邦政府向独户住宅所有者提供约 1200 亿美元的资助资金，这差不多是联邦政府对于中低收入租赁住宅资助资金的 3 倍，[9]而这还没有算上次贷危机期间美国在不良郊区扩张中所损失的几万亿美元。

即便是这些房屋所有者，他们得到的补贴资金分配得也相当不公平。根据美国预算与政策优先中心的数据，一位收入 675,000 美元贷款 100 万美元的高管每年可以获得 14,000 美元的补贴，其中只有 35% 的贷款利息成本由纳税人承担。而年收入为 45,000 美元贷款 25 万美元的学校老师每年却只有 1500 美元的补贴，利息补贴也只有 15%。[10]

1947—1953 年，美国人口增长了 11%，郊区人口则增长了 43%。正是杜鲁门总统口中的"小部分人"决定了美国的城郊发展道路。

塑造美国郊区的全球大趋势

美国战后的婴儿潮和充分就业让住房需求大涨。对开发商而言，城市太过复杂不利于建设，而城郊却可以让他们拥抱期待的繁荣与发展。分区制度赋予了各社区决定自身特色的权力。大多数城郊社区都选择独户住宅，一般都禁止工业建筑、公寓以及其他他们认为可能拉低房产价值的密集使用土地的建筑。这些社区缺乏远见，埋下了就业岗位、住房、购物不平衡的种子，令郊区住户不得不花大力气通勤。

郊区的区划法有利于发展地区性住宅。所谓地区性住宅就是指最早由威廉·莱维特（William Levitt）构想出来的大规模廉价住房用地。威廉·莱维特是长岛莱维敦的开发者，他的成功被广泛借鉴。地区性住宅的开发商充分利用了联邦资助的新高速公路以及贷款计划，从农民手上低价购入土地，并将其规划为住宅用地。直到 20 世纪 50 年代，许多这类开发仍然存在种族限制。就连自己就是犹太人的威廉·莱维特一开始也拒绝向犹太人出售房屋，而且仅仅在法院强制执行时才愿意向黑人出售。

1956 年，艾森豪威尔总统签署《联邦高速公路法案》，大规模增加对连接城市与郊区公路网的资金支持。到 2010 年，这一公路网里程已达 47,182 英里，连接了全美绝大部分的城市。然而，州际公路网却拒绝所有试图把高速公路与货运、客运、通勤、电车轨道连接起来的努力，甚至不愿在公路护栏下面或公路沿线为未来的线路建设附属建筑。而且州际公路网完全由联邦政府出资，私人出资建造的铁路和电车系统根本无法与之竞争。

州际高速公路项目修建的公路会直穿城市。因为没人想住在高速公路附近，所以公路一般设在建设阻力最小的地方，或者平行于水道以便服务于码头，或者穿过政治影响力较弱的贫困社区和工人社区，这进一步割裂了该群体与城市其他地区的联系。有能力搬走的居民都会选择离开分裂、嘈杂、污染严重的社区，前往郊区。而那些留下的人只能眼看着社区迅速衰落。

20 世纪 60 年代，随着工业制造往成本相对低廉的地方迁移（先是不被工会承认的南方，然后是海滨地区），良好的城市工作机会吸引了众多非裔美国人和移民前往城市，而他们身后留下的是空旷有毒的工业点。这些工业点周围也不安全。越南战争让美国很多年轻人在战争中受到严重的心理创伤，继而染上硬性毒品。他们回到美国却发现找不到工作，未来的希望也无处可寻。所以难怪城市暴力与日俱增，而这又进一步推动普通家庭往更安全一些的城郊搬迁。

美国城市的衰落

20 世纪 70 年代对于美国各大城市来说都很艰难。尽管每个城市多多少少都受到了影响，但其中最严重的还属纽约。当纽约市长亚伯·比姆（Abe Beame）向联邦政府寻求贷款援助以解救纽约的金融危机时，福特总统亲自飞到纽约发表讲话。福特总统在讲话中表示："美国的人民不会被吓倒。他们不会因为几位走投无路的纽约官员和银行家要他们承担纽约的债务而惊慌失措。"[11] 第二天，《纽约每日新闻》的大标题是"福特对城市说：去死吧"。尽管福特总统并没有亲口说这些话，但他的意思表达得很明确：联邦政府没兴趣援助美国城市。

在之后的 20 年中，大部分美国城市都有不少的人口流失，而环境和城市规划专家面对这种迁移潮却不甚作为。城市规划者们已经被训练成只会关注发展的调节问题，却不懂如何应对衰落。而环境主义者都是一些反发展的人，他们根本就没意识到生命力其实是健康生态的本质特征。1921 年的底特律人口突破了百万大关，到了 1990 年底特律人口却缩减到百万以下。然而底特律既缺少有效应对人口萎缩的工具手段，也没有这种目标愿景。

尼克松总统在 1970 年的国情咨文中表示："大都市暴力横

行、衰退腐朽的中心城区是当代美国最大的失败明证。我提议在这些问题发展到无法解决之前，国家要尽快制定全国性的发展政策……如果我们能抓住机会勇于挑战，就能通过清醒明智的选择让70年代的美国变成我们想要的土地。"[12]然而，美国最终还是没有采取尼克松总统提议的全国性规划法案，也没有形成理想的城市愿景。1916—1990年期间形成的关键规划手段已无法应对20世纪下半叶所面临的挑战。就拿分区制来说，这一制度形成于20世纪早期，解决的是19世纪的问题——城市工业化对环境的不利影响。把有毒物品和无毒物品分开使用是很古老的方法，但在此前五千年的城市建设过程中，人们仍然可以生活在购物和工作地点附近。把工作和生活分开，用居住面积及其他指标将不同收入的人群区隔开来，单一文化分区在很大程度上造成了20世纪的郊区扩张、交通拥堵、生活-工作-娱乐一体化社区缺乏、可利用土地不足、环境严重恶化等问题。

20世纪70年代旨在连接城市学校的"校车接送计划"促使更多白人家庭搬到郊区。而中产阶级搬离城市，税收收入就大幅缩减了。70年代的经济衰退和停滞性通货膨胀也让城市大受打击，许多城市都在破产边缘徘徊。企业开始把总部从高端的市中心写字楼搬到靠近高尔夫球场的郊区办公花园，工作机会自然也跟着转移了过去。所有这些因素又因联邦政府对独户住宅、汽车和卡车的补贴政策而持续加强。

70年代还见证了颠覆整个美国的重大文化变迁，这一变迁主要源于女性进入职场。新一轮婴儿潮和战后婴儿潮一样推动了住房市场，但两者又存在差别。此时家庭有了两份收入来源，一对夫妻有能力购买更大的房屋，购买更多的消费用品。从 1960 年到 2010 年，普通美国家庭数量翻了一倍；2010 年，一般的美国家庭拥有的电视机数量超过了家庭成员数量。伴随这一消费热潮的是郊区购物中心数量的急剧增长。1960 年，美国人均零售面积为 4 平方英尺[①]，而这一数字到 2010 年已经达到 46.6 平方英尺[13]，这差不多是澳大利亚人均 6.5 平方英尺的 6 倍多，法国人均 2.3 平方英尺的 20 倍。[14]购物中心区域提供了更大的零售空间，比旧城区火车站附近或郊区电车站所提供的零售空间还要大。这些配备大停车场的新场地在零售行业掀起一股扩张化和标准化的浪潮。从 1960 年到 2009 年，个人消费从占美国经济的 62% 上升到 77%，掌握着美国四分之三的金融资源、关注度和创新资源。

郊区贫困程度上升

1940 年，美国只有 13.4% 的人口居住在郊区。到 1970 年，这一比例上升到 37.1%。2012 年，尽管郊区人口增长速度大幅下降，但已有将近一半的人口在郊区生活。而 1947 年的郊区和 2012 年的郊区并不完全相同。根据布鲁金斯研究院的报告，到 2008 年，超过一半的美国贫困人口生活在郊区而非城市。郊区的贫困人口增长率是城区的 5 倍，而纽约、普罗维登斯、华盛顿哥伦比亚特区等城区每年的贫困率却在下降。如今的联邦政府救济计划，如食品救济券、失业保险、孤儿资助等，资金还是更多地

---

① 1 平方英尺 ≈ 0.09 平方米。

向郊区倾斜。[15]

与此同时，美国也在经历着郊区化，这将进一步加剧美国经济的贫富分化。斯坦福大学研究员肖恩·里尔登（Sean Reardon）和肯德拉·比肖夫（Kendra Bischoff）2010年发表的一项研究报告指出，1970年还只有15%的美国人生活在极富或极穷的社区中，但到2007年，这一数字翻倍升至31.7%。[16]低收入的城郊社区缺乏教育、社会服务、警察、公共健康等配套基础设施，而城市却不得不帮穷人解决这些问题。随着税基的减少，这些生活在城郊的穷人会越来越被甩在后头。也就是说，不仅贫穷的郊区民众在挣扎，他们所在的城镇社区也在苦苦挣扎。

郊区贫困和地区收入分化问题是全球性现象。在法国，穷人一般是来自阿尔及利亚及其他法国前殖民地的第一、二代移民，他们住在贫民窟（bidonville）、棚户区，或保障性住房区（banlieues）。严格意义上说，banlieue的意思就是"郊区"，但在法国它是政府建造的低收入社会保障性混凝土住房的一个委婉说法，位于靠近城市的郊区，官方称其为"城市敏感地带"[17]。法国城市像这样的社区群有731个。法国郊区的失业率是城市的2倍，贫困率更是城市的4倍，而单亲家庭数量也是城市的2倍。[18]在郊区，年轻人的失业率超过40%。与美国的犹太社区类似，这些区域与城市中心之间通常被纵横交错的高速公路阻隔，连通性很差。

克里希苏布瓦就是这样一个郊区城镇。它属于塞纳-圣但尼省，位于巴黎外围一块被围起来的地方，面积约100平方英里①。

---

① 1平方英里≈2.59平方千米。

"二战"之后，克里希原本打算建成一个新的中上等城镇，可惜提议的铁路线一直没能落成，法国本地居民纷纷搬离，穆斯林移民不断涌入。时至今日，社区可以提供的就业机会少得可怜，各项基础设施很不健全。"我们没有电影院，没有游泳池，没有失业办公室，也没有任何咖啡厅或者可供消遣的地方，"从小在法国圣殿大厦（Bois du Temple Towers）公寓长大的儿童中心负责人约瑟夫·斯巴耶（Youssef Sbai）表示："2005 年暴乱之后，他们倒是在这设置了一个很大的新警察局。"[19]

意大利的穷人和工人阶级移民都住在城市外围（periferie），也就是城市的郊区。维也纳的穷人住在城郊地区，比如费沃利腾、西梅林、麦德林等，租赁指南对这些地方的描述是"主要由公寓组成的不甚引人注意的工人阶级郊区，从 20 世纪 20 年代的经济公寓到 80 和 90 年代的大型项目街区都在里面"。[20] 至少欧洲的贫困区还有自来水管道系统、垃圾站、电力保障和一些公共交通服务。尽管我不太认可柯布西耶风格的规划，但这种规划至少还是一种规划。而拉丁美洲、非洲、亚洲城市边缘的贫民区数量很多，却缺乏基本的服务和配套设施，比如洁净的水、下水道、电力、垃圾站等。

如果移民最终能够获得土地或廉价住房，并能做小生意、接受最新教育、获得政治及经济制度给予的机会，就像阿姆斯特丹、纽约和巴塞罗那那样，城市便能实现繁荣。在 21 世纪，试图为包括移民在内的所有居民提供机会的城市，相比那些脱离群众或者连群众基本需求都无法满足的城市，发展情况要好得多。后者无疑会埋下公众不满的祸根，剧烈的社会动荡也无可避免。

郊区和环境

全世界所有郊区化的城市不仅面临着社会问题，同时还要面对严峻的环境问题，其中包括土地生产力流失、生物多样性减少、自然资源的低效利用等。

世界很多城市都位于靠近河流和河口的地方，这种地方拥有最肥沃的农业土壤。随着城市扩张到周边的农业用地，城市发展的经济价值自然远超过土地的农业价值。在美国，从1967年起，超过2500万英亩的土地因城市扩张而流失[21]，相当于每分钟就有超过两英亩的农业用地被占用。[22]

这种现象并不仅仅存在于美国。中国科学院地理科学与资源研究所的一份报告指出，中国有近1000万英亩的农业用地被用于城市开发，5000万农民因此成为城市人[23]。

城郊最初被视为城市的完美延伸，可现在郊区的效率却极其低下。在这个资源越来越紧缺的世界，人们渴望更加公平地分配财富，但这种发展形式已经举步维艰。市区比郊区人口更为密集，因而资源利用效率更高。一个典型的城市街区每英亩所覆盖的家庭是典型城郊街区所覆盖家庭的3～100倍。要服务这么多人，城市就必须利用好每条街道，包括街道下面的地下水、下水道、供电、供气、电话线路和电缆，而且为了降低成本要尽可能提高利用效率。旧金山每位住户每天要消耗45.7加仑①水，然而附近郊区希尔斯堡的住户每天却要用掉290加仑水，几乎是城市住户的6倍。这是因为美国超过一半的居民把水用在灌溉草坪上，而草坪

---

① 1加仑（美制）≈3.79升。

在郊区更加普遍。缺乏公共交通的郊区民众在汽车的使用方面也是城市居民近两倍，所消耗的燃料和产生的温室气体自然也更多。

郊区潮的转变

20 世纪 70 年代，当美国各大城市都在流失人口，还是有一群坚定的城市先锋留了下来，守护着他们所在的社区。随着轨道交通向汽车交通转变，许多产业开始搬到郊区以靠近高速公路，而城市工业社区则人去楼空。艺术家们搬进了廉价的旧厂房，并将其改造成工作和生活空间，时尚艺术画廊、酒吧、饭店也紧随其后。在贫穷的工人社区，城市定居者购买便宜的独立洋房，或者直接接手被人抛弃的房子，然后自己动手重建。他们成立社区开发组织，针对未来社区开展规划设计，建造经济适用房。他们将堆满垃圾的无主之地成功改造为社区花园。

20 世纪 90 年代，郊区化潮流开始转向。婴儿潮期间出生的孩子们厌倦了郊区生活，纷纷回到城市，尤其回到那些走在时代前沿的新兴社区。如今的城市比以前更安全，而且能提供一些很有意思的工作机会。在技术融合、市场营销、金融发展的基础上，90 年代的互联网热潮在城市兴起。从那时起，美国的就业率大幅提升，而且这些就业机会存在于与全球互联、24 小时营业、步行即达、适合生活的城市。走出 2008 经济危机之后，波特兰、俄勒冈等时尚城市的 GDP 增长是其他城市的 3 倍。[24] 过去，人总是跟着工作走，但到 2010 年新的就业机会布局已然清晰：公司很乐意把办公室搬到最聪明、最富创业精神、受过最好教育的年轻人想要生活、工作和玩乐的地方——利用公共交通把大学、艺术、音乐、文化、公园紧密联系在一起的城市。

与此同时，美国对于汽车的钟爱也有所减退。交通是被提及最多的一个原因，尤其是无法预测、令人烦恼的、走走停停的那种。正如哈佛教授丹尼尔·吉尔伯特（Daniel Gilbert）所说："你每天的出行，都是一场新的噩梦。"研究表明，人们最不喜欢的日常活动就是通勤。[25] 瑞士经济学家布鲁诺·弗雷（Bruno Frey）和阿诺伊思·斯塔茨勒（Alois Stutzer）曾描述过一种名为"通勤者悖论"的认知偏差。他们的研究表明，人们选择一个地方居住，往往就会高估大房子的价值。于是，人们选择跨越很远的距离去上班，只为能多一个卧室或者拥有更大的庭院，却低估长时间通勤的弊端。他们写道："然而，我们的主要研究结果表明，长时间通勤的人往往在各方面处于劣势，而且主观幸福感要低很多。对经济学家而言，通勤的结果则是充满矛盾的。"[26]

以汽车为主导的交通方式确实改善了生活质量，在 20 世纪让人们产生了一种获得自由的兴奋感。可到了 21 世纪，这种生活质量的改善却由于土地使用模式单一和交通方式缺乏多样性而逐渐消失。2014 年，交通拥堵让美国汽车驾驶者的出行时间增加了 69 亿小时，原本 20 分钟即可到达的地方平均需要花 48 分钟的时间，浪费的燃料成本高达 1600 亿美元。[27] 一辆汽车每天的使用时间不过只占 5%，剩下的时间全都停在停车场。对于绝大部分把车子当作除房子之外第二大昂贵投资的人来说，这种利用率实在是不高。[28,29] 因此，汽车的使用率正在逐步下降。2004—2013 年，美国的总车辆行程（VMT）每年都在降低。[30]

令人惊讶的是，汽车使用率下降得最厉害的地方倒不是美国城市人口最密集的中心区，而是亚特兰大这种无序扩张最严重的地方，该市人均驾驶里程下降了 10.1%，而休斯敦下降了 15.2%。[31] 住在郊区的美国工人阶级和中等收入家庭把总收入的 30% 用于购车、保险、烧油、汽车维护等。渐渐地，这种开支越来越让他们难以承受。汽车使用率的下降在年轻人中间愈发明显。1990 年，75% 的美国 70 岁以上老人拥有驾驶证；到 2010 年，这一比例已跌至不到 50%。

所以，随着城市里有趣的工作、刺激的社交生活、生机勃勃社区带来的快乐不断增加，人们开始出于生活幸福和经济理性而选择在城市生活。20 世纪 90 年代手工业社区的复兴已成功打造出了让更多人想要在其中生活和工作的地方。截至 2012 年，美国城市土地协会在房地产投资调查报告"房地产新兴趋势"中指出："越来越多的人想要更合理地分配家庭开支，他们愿意住在小一点的地方，离工作地近一点，最好能靠近公共交通，这种地方对人们的吸引力越来越大。写字楼在市场中遇冷，尤其是郊区的办公园区，越来越多的公司把重心放在城市，以吸引想生活在 24 小时便利环境中的 Y 世代[①] 人才。"[32]

欧洲城市在解决城市汽车问题方面更为成功。"二战"之后，欧洲的汽车使用量大幅增加，但欧洲的老城市在设计之初并未预留汽车停车场的空间。1960 年，哥本哈根所有公共广场都变成了停车场。而现在，随着自行车道网络的延伸，骑自行车上下班的哥

---

① 又称"千禧一代"，指 1980—1995 年出生的一代。

本哈根上班族比开车的更多。[33] 公共广场也变成了步行公园。[34]

现代化的亚历山大

不过，发展中国家的汽车使用却逐步攀升。现代的亚历山大城，是埃及第二大城市、地中海最大的海港，也是连接欧洲、非洲和中东的重要枢纽。亚历山大的地中海沿岸长达 20 英里，人口增长迅速，目前已超过 400 万。埃及 80% 的进出口都要经过亚历山大，所以这座城市的健康发展对于整个埃及至关重要。亚历山大是一座被长岭包围的带状城市，一边是海滨，另一边则是低洼的沼泽和开垦地。

20 世纪中期，汽车成为亚历山大的主要代步工具。发展至今，早于汽车很久便设计建造完成的城市中心区面临着车辆多和停车场少的困境。随着城市从历史中心向外扩张，就连原先的沼泽地都停满了汽车。2006 年，亚历山大更进一步，铺设了一条 25 千米的八车道滨海高速，将海滩与城市分隔开来。"要了解亚历山大为保障自身运转而采取的措施，这条滨海高速就是第一步。"世界银行的城市专家东尼·比吉奥（Anthony Bigio）说，"然而这一行动，却让城市更易受到气候变化的打击。"

新的高速公路隔开了城区与海滨，却无法阻断城市与大海之间的联系。以前，沼泽地可以在退潮和涨潮时为生物多样性提供过渡，可这条高速路摧毁了这种过渡，所以以高速公路相邻的海床便受到了侵蚀。没有珊瑚和海洋植物对波涛的缓冲，地势低洼的亚历山大更容易遭受风暴潮的侵袭。近年来，亚历山大刚刚完成高速公路基础设施的投资，没有太多财政资源再去投资建设风暴屏障。

高速公路占据了本可以建成海滨缓冲带的空间，恢复自然湿地则可以减小风暴潮和海平面上升的影响。更糟糕的是，亚历山大城的主要疏散路线现在就位于最容易受影响的地域，与威胁性最大的海滨相邻。很不幸，亚历山大选用 20 世纪的工程来解决这一问题，而不是采用 21 世纪的先进方法同时解决多重问题。

在亚历山大忙着沿海滨修建新高速公路时，很多美国城市却开始拆毁高速路。比如旧金山，1989 年的洛马普列塔地震对同样隔开了城市和海滨的滨海高速公路造成了严重的结构性损毁。重建这条高速公路需要高昂的费用，旧金山最后决定用欧洲的林荫大道来取代滨海高速，以刺激滨海区的复兴。同年，纽约市也拆除了高高架起且年久失修的西侧高速公路，代之以哈德逊河沿岸带有葱郁公园的林荫大道。与哈德逊河平行而设的一条废弃高架铁路也被改造成高架索，新落成的带状公园成为纽约最热门的旅游景点之一。而在韩国，接下来我们会在第 7 章中着重讲到，首尔清除了之前覆盖清溪川的高速路并重新整修河滨地区，打造了引人注目的新公园。2010 年后，如果你想走路上班，或者在充满大自然气息的环境中慢跑，城市比城郊更容易实现这个愿望。

公共交通的回归

随着高速公路的拆除，城市开始利用联邦、州和本地资金重建公共交通网络，电车重新流行起来，通勤轻轨系统和共享单车也增多了。这让城市更加宜居和公平，同时也减少了对环境的不良影响。这个做法甚至能让选择继续开车的人生活得更好，因为路上的车少了很多。一条新的轻轨线路的运力是一条高速公路高峰期运力的 8 倍，所以城市规划者鼓励在全美国建立新的交通网络，尽管这些建设集中在洛杉矶、波特兰、圣地亚哥、达拉斯、丹佛、盐湖城、凤凰城和圣何塞等西部城市。在所有城市，公共交通乘客流量都超过预期。这些城市和郊区都在围绕交通站点加大发展密度，积极吸取老火车站社区的成功经验，打造新的城镇中心。

新的轻轨系统是作为连接机场和城市中心火车站的更大区域网的一部分来规划设计的。这种大规模的交通网络将整个丹佛地区连接了起来。老联合车站被改造成为交通枢纽，连接美国铁路公司系统、区域轻轨系统、当地购物商场的摆渡电瓶车、巴士系统以及机场。郊区社区也增加选择的多样性和密度，以吸引年轻的家庭。丹佛地区的多种交通方式为居民提供了不同选择，加大了城市的吸引力。通勤者可以在工作日乘坐火车去上班，傍晚走路去餐馆享用晚餐，周末开车到乡下，所有这些都可以自由切换选择。

不过这种庞大网络需要几十年如一日的政治支持。丹佛的区域交通网络在 20 世纪 80 年代由市长费德里克·佩纳（Federico Peña）构思，90 年代由威灵顿·韦伯（Wellington Webb）市长着手建设，2000 年再由市长约翰·希肯卢伯（John Hickenlooper）联合 52 位地区领导人大规模建设成为大范围的区域网络，2016 年在迈克尔·汉考克（Michael Hancock）手上实现了交通网络与机场的对接。

交通技术的不断革新让美国取得了瞩目的成就 —— 一开始是

蒸汽船，然后是铁路、电车、汽车、卡车和飞机。现在有两种新的技术能够帮助各地区联系得更紧密、更繁荣。无人驾驶汽车将解放现有的交通网络，使其自由通畅而没有任何负担。客户无须购买车辆，却可以随时随地预约或者呼叫车辆，之后让车辆自动行驶在高速车道（车与车之间的距离可以更近）上，到达目的地后自动放下他们——客户也无须担心要找停车场停车。高铁可以把中等规模的城市联结起来形成更大区域。举个例子来说，如果锡拉丘兹、水牛城、罗契斯特市、纽约州能与蒙特利尔、多伦多、纽约市和费城建立高速连接，形成两小时生活圈，这些城市的人力资本定然可以更好地促进当地经济发展。

次级贷款刺激扩张

尽管郊区缺少工作机会、交通拥堵情况严重，20 世纪头十年美国的郊区仍在扩张。但这种扩张并非源于自然需求的推动，而是资本盈余的结果。房利美和房地美（联邦住房贷款抵押公司，Freddie Mac）通过向华尔街各大银行发售贷款以确保资金不断流入住宅市场，然后根据信用质量对贷款进行评级，再打包出售给投资者。信用历史糟糕或没有稳定工作的高风险借款人的贷款被称为次级贷款。2000 年，美国约有 8% 的贷款属于次级贷款。2002年，为应对"9·11"事件后住宅市场的滑坡，布什领导下的政府力推更自由的贷款承销以促进国内生产。结果，从 2004 到 2006 年，次级贷款的比例增长至所有贷款的 20%。[35]

金融系统则对次级贷款计划表现出了更贪婪的欲望。为满足这一需求，房地产开发商将建设的重点放在了易于建造的住宅上，大部分都在地价便宜、服从区划的郊区边缘，而且由于移民劳动力多，郊区的建造成本也相对更低。这些房屋一般都距离工作地点或大学较远，并非受过良好教育的年轻家庭理想的居住地，也不适合老年人退休之后颐养天年，所以只要有人愿意申请按揭贷款，开发商就卖房给他，只要有人想申请，贷款会发放。也就是说在美国，有上百万套的郊区房屋面对的是不良市场，这同时也掩盖了郊区住宅需求下降的这个事实。很多家庭花费了20%~30%的收入用于购车、加油、上保险，结果却发现总价不贵的房子却需要付出昂贵的交通成本。2007年，一加仑汽油价格飚至4美元以上，很多次级贷款者必须在工作成本和偿还贷款之间进行艰难选择。越来越多的人开始拖欠还款，次级债务过多的贷款金融系统开始崩溃，最终导致房利美和房地美宣布破产，引发了全球性的金融危机。当贷款人开始拍卖房屋以偿还贷款时，却发现那些房子根本没人愿意买或者买得起。

美国的住宅和发展政策再一次被金融目标支配，而不是遵守紧密、连贯的公共政策。美国政府问责局估计危机造成的经济损失高达22万亿美元。这就是国家的运转方式吗？

城市和郊区形成地区网络

20世纪80年代，在大部分美国中心城市开始衰落，工作机会向郊区转移时，时任阿尔伯克基市市长的大卫·鲁斯科（David Rusk）对50座美国城市进行了调查，他的研究数据表明中心城市的健康与否很大程度上决定了地区的健康度。即便郊区曾试图摆脱中心城市"单飞",但数据显示城市和郊区的命运是紧密联系在一起的。没有人可以撇开其中一个单独解决城市或郊区的问题。城市和郊区共同构成了大都市圈。

研究了市场疲软的美国城市之后,社会科学家玛纽尔·帕斯特(Manuel Pastor)和克里斯·本纳(Chris Benner)发现1980年城郊收入差距最大的大都市圈在之后的数十年中工作机会的增长率也最低。城市中心越弱,就越欠缺推动地区发展的能力。城市及其郊区形成高度依存的系统,其生态、经济和社会系统都是共生整体的一部分。地区不仅需要强大、联系紧密的一个或多个中心,同时还需要健康发展的郊区。

20世纪90年代早期,新规划运动"新城市主义"在美国兴起,由一群致力于打造宜居地的年轻规划者引领。这一运动主要受到走路或骑自行车便可到达目的地的欧洲城市启发,也借鉴了20世纪早期美国伟大的火车站社区。新城市主义者意识到郊区大规模扩张存在的问题,他们没有选择逃避而是深入郊区,不断完善发展愿景并调整发展方向,将目标定为打造混合用途、混合收入、更适合步行的城镇中心。事实证明,这不仅更好地适应了地区所面对的问题,而且增大了市场吸引力。

新城市主义者还得到了一个有意思的发现。应用希波丹姆斯网状系统的城市,其组织形式适应力特别强。大部分战后郊区配备的都是弯曲、彼此不相连的街道死路,远离学校、工作地和购物场所,以至于住在购物中心旁边的家庭需要开车绕过一条长长的环形道路才能到达目的地。绝大多数郊区的适应性都很差。

和谐地区

奥贝德能成功改头换面，并非因为它是第一个拥有大量城镇的文明，而是因为它是最早将城镇连成网络的文明。而汉萨同盟的力量也来自关系网络的影响。这些网络拥有一个共同的特征，即拥有多个中心。

某个区域内最早的城市往往都是单中心的——中心区只有一个，周围被郊区包围。随着自然系统的发展，逐渐形成多中心集聚群。当前，世界上绝大多数高速发展的国家都属于多中心国家，拥有多个"中心区"。20 世纪的郊区划分最大的问题就在于，它无法推动形成混合用途、混合收入、适合步行的城镇中心——而这正是过分依赖交通、没事找事、破坏环境的盲目扩张所带来的恶果。

解决办法就是前面讲过的 9C。这些元素对于城市的再生相当重要，尤其是这三点：集中，也就是增加密度；连接，可通过多种公共交通和私人交通网络手段实现；复杂，即通过混合用途和混合收入实现多样性。

集中、连接和复杂这三个要素，将以其在推动组织集群相互连接时所做的那样，推动社区的紧密结合。

想象一群鸟儿，排成完美的"人"字形飞行。几百上千只鸟儿，每一只都有自己的位置，飞跃几千英里仍不偏离轨道，哪怕遭遇大风和洋流的改向、猛兽的袭击。其实，这些鸟儿并非被限定了位置，而是像乐队中的演奏者那样，每个动作都跟随指挥的指引。

1987 年，早期的电脑动画师克雷格·雷诺兹（Craig Reynolds）

接受挑战，为电影《蝙蝠侠归来》模拟群体性场景。他没有那么多时间画出人群中每个人的样子，于是他想到了一个办法，就是利用电脑来模拟人的动作。经过多次试验之后，克雷格摸索出了制作写实群体动作的三条基本原则。

这三条原则就是分离、对准和结合。套用到鸟儿飞翔的例子中，分离就意味着飞行过程中每两只鸟儿之间保持适当的距离，确保不能太过拥挤或者彼此相撞。如果某只鸟儿飞向其他方向，相邻的鸟儿就要与其拉开距离。这也称为短期互斥。对准是指每只鸟儿要跟前面鸟儿基本保持同一条线。更深一步的研究表明，社会网络间的潮流也是通过这种方式彼此融合的。每个人都与所在团队保持协同，每个团队又与相邻团队保持协同，如此整个队伍就达到了令人惊叹的融合，并通过不断调整队形来实现更大的目标。

结成队伍还有其他好处 —— 所有参与者都能享受到集体智慧、能量效率，并在猛兽袭击时得到保护。雷诺兹的三项原则也得到了多项科学研究的佐证，除了鸟群，针对鱼群、昆虫群以及人类群体行为的深入研究也得出了类似的结论。

集中、连接和复杂是实现城镇中心繁荣的集群原则。就单独的社区而言，每个社区的表现可能都有所不同，但这些基本原则的应用将提升郊区社区及其所在地区的凝聚力。而这也正是实现和谐的关键所在。

第 4 章

动态平衡的城市

　　公元前 1036 年，周公决心打造成周，他综合考虑中国文化中的哲学、科学和宗教因素，以实现人与自然的和谐。在这一点上，他坚持己见。

　　亚历山大大帝和狄洛克拉底建造亚历山大城时也怀抱着同样的愿景。亚历山大大帝和狄洛克拉底很快认识到，他们打造的城市既需要满足农民的生活需求，又要适合学者居住。

　　然而，在周公和亚历山大大帝打造城市的时期，环境还相对简单。21 世纪的状况比那时复杂多变：如今的城市更大，受到更多力量和潮流的影响。今天，要打造一座伟大的城市，既需要伟大的领导，还需要广泛的参与。

　　20 世纪美国普遍使用的几种城市规划工具促成了城市的迅速发展，效果差强人意。到了 20 世纪后半期，新的工具开始涌现。各大社区借助这些工具形成了一致的目标，并对系统进行管理以实现目标。

智慧型增长

1996 年冬天，克林顿新政府环境保护局的一名年轻职员哈里特·托戈宁（Harriet Tregoning）召集了一群城市思想家和实干家，共同讨论应该采用何种政策来引导解决当前城市扩张造成的环境和社会问题。我也是其中的一员。我们把该政策称作"智慧型增长"。大城市地区无须再在迅猛增长或停滞不前之间做出选择，现在有了第三种可能 —— 在发展过程中应用智能科技。

20 世纪 90 年代，接受了良好教育且经济条件较好的劳动力、强大的职业伦理、有吸引力的自然环境（覆盖四个滑雪胜地）、犹他州大学的智慧资本及其在基因和健康科学领域强大的研究项目，推动着盐湖城郊区迅速扩张。然而这座城市的中心城区却在衰落。随着郊区的发展，引人流连的自然风景也被逐步蚕食，而交通状况更是令人抓狂。1997 年，公私合营组织"展望犹他"（Envision Utah）成立，与制约盐湖城及其周围区域健康发展的过快增长相角力。其目标是要保持犹他州的"美丽、繁荣，为下一代创造宜居环境"[1]。跟博纳姆规划一样，"展望犹他"的组织者对该地区并无法定权力，只不过要为沃萨奇岭附近的大块区域设置统一愿景，从而获得道德上的影响力。

"展望犹他"把政府官员、开发商、环境保护主义者、商业领袖和城市郊区的男女老少聚集在一起，探讨要将社区质量维持在何种水平。在两年的时间里，"展望犹他"组织公共价值调研，举办了超过两百个研讨会，听取了超过 2 万名居民的意见。

"展望犹他"与地区规划者彼得·卡尔索普（Peter Calthorpe）

一道设想了几种未来场景。其中一个极端场景是，如果按照现有的无序扩张模式发展，未来的犹他州会是怎样的。另一个场景是发展几个未来高人口密度交通互联中心。第三种场景则介于上述两种之间。每一种场景都有相应的模型，可以展示之后地区的具体情况，包括经济情况和环境后果。每个计划的优势和限制都得到了具体量化，量化指标包括附加交通时间（分钟）、流失土地面积（英亩）和受保护的公共空间面积等。

在这个过程中，犹他州居民纷纷表达出对山野自然的留恋，以及对交通和扩张破坏自然资源的忧虑。了解了不同方案及其现实表现之后，民众逐渐了解了智慧型增长和公共交通对经济和环境的好处。他们还用特定的词语来描绘这些愿景，比如"3%策略"，就是把未来发展33%的资源集中在3%的土地上，同时打造世界级的公共交通网络，把不同地区连接起来。[2]

"展望犹他"从未发表环境影响公告。因为它没有区划权、纳税权以及调节增长的能力——这些仍然是沃萨奇岭一百多个社区应当肩负的责任。不过事实证明，群体愿景的力量相当引人注目。在接下去15年的时间里，该地区的发展模式迅速转变。犹他州建成了轻轨网络，并在轻轨周围形成了新的高人口密度发展区。1995—2005年，城市居住单元的数量增加了80%，如今仍在快速增长。与此同时，更多自然环境得到了有效保护，经济增长、地区繁荣、居民对未来的愿景完美地实现了。盐湖城及其郊区多次名列美国十大最佳居住地榜单。[3] 2014年，米尔肯研究中心把欧仁市选为全美经济表现最佳区域的第三名，那里也是美国收入最平均的社区之一。

康奈尔大学法学教授格拉尔德·托瑞斯（Gerald Torres）注意到，政客们也开始紧随其后。如果你能够改变方向，他们便会跟随。[4] "展望犹他"成功改变了风向。

社区参与

18世纪下半叶成立的美利坚合众国是一个无与伦比的试验，这个试验挑战了当时占主导地位的专制独裁、中央集权的统治制度。美国民主制度提出权力应赋予民众，由民众选举组成政府，为公众谋取共同的福祉，以实现《独立宣言》中"安乐幸福"的目标。

只有当最广泛的民众为成功而努力并负起责任，民主才能达到最佳效果。19世纪，美国开始推行统一的公立教育，认为受过教育的民众能成为更好的公民，从而形成更明智的管理制度。美国接纳来自不同国家和地区的移民，教他们用通用语言听说读写，同时提供完整的民主接纳制度。随着20世纪的发展和规划更注重技术性，真正明白选择的意义并参与规划的民众大幅减少，只剩下少数几种话语还存有较大的影响力，其中就包括"NIMBY邻居"和那些想要争取经济利益的民众。规划委员会通常由志愿者组成，它以公正的态度接纳各种观点，以期实现社区的最高利益。

"展望犹他"计划创造了公众参与的新形式，以更广泛的民众参与为基础，更形象地展示出社区所面临的选择。卡尔索普参观了数十个社区，他随身带着一张区域地图和装满积木的箱子，积木代表区域内不同类型的发展项目——大地块、小地块、多栋联建房、公寓项目、商业中心、主街零售等。每个积木代表一平方英里的范围。每平方英里的独栋住房街区能容纳约 500 户家庭，若是联排住房和公寓街区，则可容纳 15,000 户家庭。居民面对的挑战是，他们要让区域的发展按照理想的土地利用模式来进行。唯一的要求是：必须把所有预期的发展标示在地图上。

起初，民众采用最熟悉的低密度发展模式，区域内别墅、酒店、办公楼和商场零星分布。然而，把它们建设在适于徒步的山区，会使交通愈发拥堵，最终导致住户离开。于是，人们尝试移动代表各种发展类型的积木，打造出人口密度更大的混合用途城区。他们还在大学周围开辟了更新、更具活力、人口更稠密的步行社区，吸引智慧型的年轻员工。

"展望犹他"将这些公共规划任务所面对的选择发表在周日版的《盐湖城论坛报》上，让那些未参加社区研讨会的民众也能了解情况。视觉化的模型和呈现方式，能让人们轻易地理解所面临的选择。每一种未来设想场景的经济、环境和生活质量结果，都可以通过关键指标得以量化。如此一来，得到授权的公众掌握了各项信息，不仅能理解社区需要的分区方式，还能理解高密度的居民支付得起的住宅和公共交通的好处。通过展望另一种未来场景，居民能在知晓各种可能性的前提下选择未来。事实证明，民众并不需要某位君主来实现发展和自然之间的最佳平衡：民众的智慧才是最可靠的。

社区健康指标

场景规划通常能定义出社区和环境健康的关键指标。规划者可以跟踪过去和现在的状况并预测发展趋势，用数据来说明不同的结果。"展望犹他"计划不仅是基于广泛社区参与形成的共识，也是在深度了解基础事实之后做出的决定。彼得·卡尔索普说："'展望犹他'定义了广泛的指标——土地消费、空气质量、经济发展、基础设施成本、能源使用、水消耗、住宅成本和健康等。这种多维度分析将不同的利益群体凝聚到一起。环境保护主义者、财政保守派、宗教团体、开发商和城市官员都能找到数据，解决各自关切的问题。"[5]

为了帮助城市完成更具动态的规划，卡尔索普又开发了"城市足印"。这是一个以数据为基础的规划工具，计算区划和规划选择的具体结果。"城市足印"库涵盖了35种不同的土地类型（如主要街道、百货商业中心和郊区地块）以及50种建筑类型，每种类型都以现实例子为基础。该项目将与土地类型相关的经济、交通、气候和其他影响因素信息纳入考量。社区因此可以把不同的计划、激励机制和管理方式提炼成模式，再加入可变的燃料和用水成本等，根据具体模式预测出相应的场景结果。

2001年，经济学家马克·阿尼尔斯基（Mark Anielski）和同事为加拿大阿尔伯塔州埃德蒙顿市的发展制定了一系列指标。该项目追踪有关社区和自然生态系统健康的28项指标，分为人力资本（人）、社会资本（关系）、自然资本（环境）、建筑资本（基础设施）、金融资本（资金）五大类。人类和社会指标涵盖从个人消费到犯罪，从癌症发病率到智慧和知识资本的提高等；环境指标则包括湿地健康和多样性、城市温室气体排放量等。[6]

结合"展望犹他"的可视化技术和埃德蒙顿社区健康指标，

埃德蒙顿幸福指数

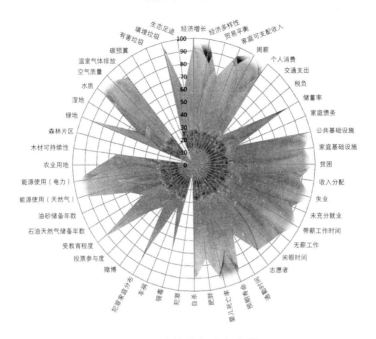

2008 年埃德蒙顿幸福指数

（来源：Mark Anielski, Anielski Management Inc., 2009）

社区就有了规划未来的强大工具，而且还能追踪进程并根据计划
做出调整。

PlaNYC

2007 年，纽约市长迈克尔·布鲁姆伯格（Michael Bloomberg）
见到了繁荣的纽约城。历经数十年的萎缩，直至 21 世纪初期，纽

约的发展终于开始重启。到 2030 年，纽约预计还会增加百万人口，可目前并没有相应的计划来应对爆发式的人口增长。事实上，布鲁姆伯格意识到，尽管纽约制订了资本计划、公共交通计划、住宅计划和其他许多计划，却没有综合性的战略计划。于是，布鲁姆伯格市长委托副市长丹·多克托洛夫着手制订。

在此过程中，25 个城市的代表汇聚一堂，商量如何把分散的领域整合到一起，提出了生态可持续城市的愿景。尽管布鲁姆伯格最开始想要的是战略计划而非绿色规划，但他对这个创新举措还是相当支持。计划的绿色框架立刻赢得了纽约多家环境类非政府组织的支持（如果是促进经济增长的计划，定然得不到他们的支持）。

PlaNYC 项目把 127 项举措分为十个门类：住宅和居民区、公园和公共空间、棕色地带、水路、水供给、交通、能源、空气质量、固体垃圾和气候变化。这是第一次有城市明确所有这些领域彼此互通，并设定可度量的方式进行追踪，使其更加符合生态利益。比如，PlaNYC 计划种植 100 万棵新树，并对每棵新树进行地理编码，以便居民在城市地图上看到它们的位置，并追踪到当天、当月、当年的植树数量。这些新树将帮助纽约吸收多余降水、清洁大气微粒分子、降低夏季环境温度，并增加居民的幸福感。数据让目标变得具体可测，同时也能把责任落实到负责部门，有助于提高所有人的效率。

大数据

现在，城市对于未来有了清晰的蓝图并能用一系列指标来进行检验，下一步就是要实地测量，引导人们争取更好的结果。

"物联网"是英国科学家兼 MIT 自动-ID 中心联合创始人凯文·阿什顿（Kevin Ashton）创造的新词。阿什顿在自动-ID 中心针对无线电频率识别（FRID）及其他感应器开发建立了全球性的通信标准。将微型电子元件植入"物"中，就可以传输巨量信息，包括所在地、天气等周边情况以及网络中装置的工作情况。

物联网从大量遥控感应装置中提取数据，包括水下、能源系统、移动手机、车辆、天气和空气质量监测站的数据，并将这些数据整合纳入一个无处不在的巨型信息网络。这个巨型网络甚至还会接收医院、社会保险办公室、员工中心、学校的信息，以及个人手机、非现金交易、社交网络登录的数据。物联网和人联网连接到一起，将为城市提供浩瀚的信息，也就是我们通常说的"大数据"。

大数据最先由高德纳咨询公司的研究副主席道格·莱尼（Doug Laney）提出，指的是任何一部电脑都无法容纳的巨量数据，以拍字节或艾字节为计。当前，唯一可以处理大数据的是巨型电脑系统。这些系统可以分解数据、分析信息、得出趋势，并实时向城市运作系统进行反馈，为城市战略提供瞬时的反馈环路。运用大数据，城市就能将实时状况与社区健康指标进行比对，从而调整管理、投资和运作，支持有利于人类和自然的行为，阻止不利于长远发展的举措。适应了真实需求，能源系统就能更加高效。水系统可以及时发现泄露和浪费，采取措施干预矫正。交通系统能根据运动会、天气、自行车使用和汽车共享来调整供给。社会服务系统可以为个人提供定制化服务。健康护理系统也能推动社区健康，减少人们对高成本医疗的依赖。

管理手段

引导城市发展和运作，共有七种主要手段：为城市发展确定理想愿景；实现愿景的总体规划和具体指标；收集数据以详尽了解实际状况，并创设反馈机制，调整实现愿景的步骤；立法，比如区划法和建筑法规；实施激励措施，包括税收抵免和贷款担保；投资基础设施，比如交通和净污水管道系统。另外，城市发展愿景必须传达给市民。所有工具只有合为一体，成为城市社会和文化基因的一部分，才能最终带来成功。

20 世纪的区划和环境审查制度现已无法应对变化多端的复杂世界所面临的挑战，因为之前的制度僵化且分散。现在的城市有能力用更有活力、更一致的制度来替代以前的制度，应用上面提到的管理的七种手段，并利用人类和自然系统的健康指标打造反馈回路。

智慧控制系统

纽约市长布鲁姆伯格对数据的力量深有感触。毕竟，他的财富就来自收集尽可能多的金融数据并以不同方式将有用的数据传递给客户。在布鲁姆伯格初任市长的 2002 年，纽约向各类机构提供有用数据的能力顶多只能算作原始，于是布鲁姆伯格专门开设了一个数据分析部门，并任命迈克·弗劳尔斯（Mike Flowers）为第一任负责人。

弗劳尔斯的目标是从城市数据中提炼出可执行的建议。他首先要解决的就是非法公寓改造。有屋主把地下室改造成公寓，或者把现有公寓拆分成一个个小房间并配置了上下铺，出租给穷人和初来乍到的移民。这种非法改造的房屋通常都缺少窗户和卫生设备，而且失火的发生率很高。因为在改造的过程中，屋主并不会遵守防火条例，也不会设置自动灭火系统和安全出口，住在里面的人被火烧伤甚至烧死的概率要比普通房屋高出 15 倍。这些非法改造的房屋还成了毒品交易的热土。[7]不幸的是，纽约对于这些毒品交易的追踪打击成效不大，派出检查员查访，找到罪证的只有 13%。这无疑是人力的巨大浪费。于是，弗劳尔斯打算利用城市数据来提高破案率。比如，人员拥挤的公寓自然用水量也会奇高。通过交叉比对正常公寓的用水账单信息，便可以找出过度拥挤的公寓。如果顺便摸查出水泄露的情况，就是一举两得了。

弗劳尔斯的团队从纽约 90 万栋建筑物的数据入手，研究了来自 19 个不同组织的数据，包括丧失抵押品赎回权的记录、鼠患投诉、救护车到访率、犯罪率，以及失火率等。不过，在整合这些数据之前，弗劳尔斯需要先针对数据建立一种通用语言。麻烦的是，每家信息机构可能使用不同的格式来保存信息。对于建筑物地址，税务部门是以市镇、街区和地段编号进行划分，警察部门则采用笛卡尔坐标，消防部门甚至用的还是老式的根据与相邻电话亭的距离来推测位置的系统，即便电话亭本身已经不存在了。

弗劳尔斯为所有这些城市部门设置了统一的建筑物识别系统，

然后实地倾听负责巡视的房屋检查员的意见，根据多年经验尽可能地将范围量化。根据这些数据，弗劳尔斯研发出一种算法，能够识别出最有可能出现过度拥挤、不安全、违法行为的地方。在短短几个月的时间里，检查员对于非法改造的识别率攀升到70%以上。弗劳尔斯的这种切实可行的分析算法保障了居民的生命安全。

分享大数据

社区参与有助于改进规划，也能更多地利用大数据让城市变得更美好。政府通常并不是最具创意的组织，却可以集中最好、最多的资源。一旦政府分享数据，社会企业家就可以利用这些信息做出改变。2011年，华盛顿把GPS应答机的数据在巴士顶上的显示器上公布出来。紧接着，NextBus等初创企业就研发了智能手机应用，通知乘客下一班公共汽车何时到站，还要多长时间到达目的地。现在，这个系统还能引导乘客尝试其他路线，防止交通拥堵和意外事故。下雨天，App用户可以坐在家中或附近的咖啡店悠闲等待，直到巴士抵达。开通NextBus的每一个城市的巴士乘坐量都有所提升，路上的汽车少了，空气质量提升了，交通拥堵也有所减少，关键是乘客心情也更加愉快。

这些能让城市更好的信息甚至不一定来自政府。位智（Waze）就是这样一个实时地图路线程序，它从数百万用户的智能手机中获取移动速度、事故报告、路况，以及其他交通信息，为司机计算出最佳路线。因为数据由一个大群体提供，用户在使用的过程中会有一种与其他用户联通的感觉，这会鼓励用户为了公众利益贡献更多数据。Streetbump.com 也是一个类似的应用,只要有司机经过坑洼地并向城市交通部门发送修路信息,应用就会自动记录,同时提醒用户前方某处存在可能毁坏轮胎的坑洼。

智慧城市

智慧城市用数字科技,也就是信息及通信技术来提升城市服务的质量,降低成本并减少资源消耗,同时更高效、更主动地贴近民众。

尽管智慧城市的核心思想最初来自英国和美国,但其最先进的应用却发生在发展中国家迅速扩张的城市。韩国先前计划打造 15 个"无所不在的城市",这个名字取自作为智慧城市之本的无所不在的计算机系统。第一个"U-城市"华城市东滩于 2007 年开放,以 U-交通、U-停车、U-防止犯罪系统为特点。韩国的松岛新城(首尔外围一片 1500 英亩的地方)则应用 FRID 标志和无线网络把所有建筑、商业、医疗和政府信息系统连接起来。城中所有建筑的环保表现都经过 LEED 认证,并有智慧建筑系统进行管理。[8]

里约热内卢则与 IBM 合作开发了一个超大规模的城市运营中心来进行大规模投资。该中心最初的目的是增加里约的安保摄像头,提升警察通讯系统和交通管控能力。城市运营中心接收手机、广播、电子邮件、短信信息,同时存储和分析历史数据。发生交通事故、洪水或犯罪时,系统不仅能协调跨部门协作,还能基于不同的场景设想给出建设性的意见。

智慧城市能更有效地使用资源，减少对环境的影响，同时提升服务质量和服务覆盖率。有了数据分析，管理者就能更容易地找出空气质量和健康的关系模式，追踪严格的环境监管带来的经济效益。明确不同因素之间的关联，则可以更精确地收费，比如，明确汽车污染可能影响健康之后，就可以根据车辆造成的污染量和驾驶英里数来收取附加费。

预见到设备和服务市场会迅速增长的企业，推动了智慧城市在全球范围内发展。各个城市愿意与彼此分享经验。不过这股智慧热潮除了带来机会之外，也应引起警惕。每种用来分析数据的算法其实都不可避免地带有创造者的偏见，而且这些偏见不会被明确地展示出来。随着城市运作系统电脑化程度越来越高，它也更加容易陷入瘫痪。2006年，控制旧金山BART系统的软件发生故障，致使BART车站72小时内关闭3次。智慧城市更容易受到网络和黑客攻击，软件代码的固有缺陷也容易造成个人电脑在不合时宜的时候死机。智慧城市还容易出现系统性问题，比如网络中断。万一全球卫星定位系统出现问题，想想会造成怎样的混乱。解决方案就是所有智能系统自带人工模式、机械模式或自动防故障模式。比如，急救服务需要配备步话机、移动电话、指南针、地图和GPS装置。即便只靠人工操作，城市也要能够正常运转。

基于主体的建模

城市及其附属区域通常情况复杂，多层系统的各个部分都能对整体造成影响。随着计算机技术的进步，现在规划者不仅可以针对人口增长等大规模趋势建模，而且能对单独群体或者说"主体"的行为建模，比如购房者、通勤者、店主、小公司等。每种主体的行为模式都在某个特定范围内，视具体情况而定。有了这样的系统，规划者就可以更真实地预测七种管理手段的应用结果，从而更好地实现目标。

2012 年，经济学家约翰·基纳科普罗斯（John Geanakoplos）及其同事打造了一个代理人基模型（agent-based model，ABM）来测试不同的住宅金融政策，试图从中找出可以改变 2008 年世界金融危机的政策。他们创造了一种覆盖华盛顿州全部按揭购房者的模型。计算机化的主体代表的是可能面临多种情况的独立家庭，有些能偿还贷款，有些无法负担。有些选择固定利率贷款，有些选择可调节利率贷款。有些家庭在利率下降时把房子拿去再融资，有些则不为所动。基纳科普罗斯和他的团队预设了一系列情形，分析各个主体的集体性行为。一开始他们提高利率，结果造成了经济发展放缓甚至崩溃。而当他们把条件设置成降低利率时，又有太多的人开始借款，造成系统的动荡。只有当他们适当收紧信贷资格标准，系统的各个方面才表现出最佳结果。通过调节各主体的集体行为，基纳科普罗斯的团队找到了扭转经济危机的办法。

使用代理人基模型，规划者可以测试不同管理政策、激励措施和投资计划的效果，帮助城市更好地实现愿景。规划者也可以试行备选预设场景，判断其对人与自然的影响。比如，遭受旱灾的城市可以试行组合策略，比如提高水费、投资兴建污水回收厂、鼓励居民种植旱生园艺植物（低耗水量的植物景观）、禁止洗车等，从而找出成效最好的方式。玛雅文明之所以衰落，就是因为人们没能明白群体行为经过时间的积累足以改变一切。智慧城市则可以迅速适应这个 VUCA 的世界。

自我组织

当一个系统中的单独主体彼此互联，便开始自我组织成更大的社区群体，集体行为让这个更大的群体发挥聚合作用。在这种情况中，简单的元素结合在一起可能演化成复杂成熟的能力，这也是打造社会集群的基础。个人组成家庭，家庭组成邻里，邻里组成社区，社区组成城市，城市组成大都市区。不管哪一层级，相互关联所形成的力量都是单独个体所无法达到的。

"系统"的英文（system）来自古希腊的一个词 sunistemi，意思是"联合或聚到一起"。跟社区一样，系统也有界限，会有一些框架来界定什么在范围内什么在范围外，什么又属于更大的环境系统。然而，因为一切都相互依存，系统和社区的界限很大程度都是为了便于进行身份认定。尽管理论上存在孤立的系统，真正的系统永远都处在与周边环境交换能量、信息和物质的过程中。

生物复杂性

当人类刚开始打造信息回路以引导城市这种复杂创造物的发展时，大自然其实已经这么做很久了。而且自然的反馈过程比我们人类的更加优美、统一和复杂。生命体系中的组件向一个更大系统融入，就叫作生物复杂性。

生物复杂性是自然凝聚的关键，也是大自然在经历森林大火或地震等巨大灾害之后自我愈合的关键，它还显示了大自然面对压力的适应性。研究这种模式，我们可以知道如何将这些特质引入城市的发展中。

印第安纳大学生物复杂性学院把生物复杂性定义为："针对许多简单主体互相融合后出现的自组织、复杂行为的研究。这种自然出现的复杂性是生命的特点——生命就是从分子组织发展为细胞，然后通过细胞组织形成纤维，再形成个体乃至社区的。生物复杂性的另一个关键就在于，大小不一的个体的出现是不可避免的。很多时候，个体融合形成更大的结构，而这些结构再组织形成更大的结构，以此类推。"[9]

生物复杂性是生命循环融合的基础。基因决定了蛋白质的形态和位置，正是在此过程中，新陈代谢深受网络中其他生物影响的有机体形成了，通过这样的方式，个体生物和更大的生命系统便"懂得了"什么行得通什么行不通，从而完成了生命的进化。

生命复杂性源自生物系统的集体行为。这种整体性得益于基因物质的共享，基因物质主要由系统的环境决定。

地球上的生命是一个宏大的生物复杂性系统，通过共享的DNA融合成一个整体。共享基因信息是生命循环的关键所在。由于一个物种的输出刚好能成被另一个物种吸收，所以自然界根本不存在资源浪费。而且这些资源可以再生，因而能永葆活力并形成内生的熵系统。

在博茨瓦纳的奥卡万戈三角洲，土狼捕食羚羊，吃得连骨头都不剩。羚羊在土狼的消化系统中被分解，然后转化为富含钙质的白色排泄物排出。而这种富含钙质的白色排泄物就是陆龟龟壳的主要来源。蜣螂又以陆龟的排泄物为食，蜣螂的排泄物则被土壤中的细菌分解，成为植物生长的重要元素。而最终这些植物会被羚羊吃掉。营养物质在这个系统中从羚羊流向土壤，结构变得越来越简单，能量和信息含量也会降低。然后这些营养被植物的根吸收并传输到树叶，植物的叶绿素捕捉阳光能量，重新将生命元素升华成更高级别的复杂个体、信息和能量。

我们的城市就是在模仿这一复杂的系统。每个居民、每个公司、每栋建筑物、每辆车都是城市的组成部分；跟大自然的各种元素一样，当这些东西组合在一起，便形成了更复杂的整体系统。只是城市并不完全具备大自然的再生能力。相信未来最好的城市可以做到。

个体生物 DNA 的完整组合被称作基因组。宏基因组就是社区或系统中所有生物基因信息的组合，决定这一系统的走向和运作方式。这种宏基因组并非存在某一个中心区域，而是分散在系统各处。从河流的环境 DNA 中取一个样本，也就是通常所说的 eDNA，就能知道河中的鱼、植物、水藻和其他组成这一完整生态微生物的信息。

我们的城市也有这样的宏基因组，它集合了城市所有的知识、流程和社会系统。这也是为什么每个城市都有自己独一无二的声音、味道和感觉。收集和分析大数据，就可以慢慢看清城市的轮廓。

宏基因组由基因组成，而基因则由一串串的 DNA 组成。试着把 DNA 看作建筑物、街道和城市其他所有组成部分的蓝图。建筑规范就是城市的基因，由 DNA 汇总而成。城市的宏基因组就相当于城市的总体规划，是城市的区划法，是城市中所有社会、经济和环境系统的总和。或许这也正是古代 meh 概念的题中之义。

从本质上来说，生物的基因包含许多蓝图，但并非蓝图中的每条信息都能被表达出来。人类只有 1.5% 的 DNA 在人体的蛋白质结构中表达出来。同样地，尽管城市法规允许社区建造三层楼建筑，但这并不意味着所有建筑物都会有三层楼那么高。

就健康系统的生物复杂性而言，整体系统的宏基因组通常都受到个体组成部分进化情况的影响，同时整体也会影响部分。这个过程是通过表观遗传，也就是基因的交换系统实现的。压力或其他环境信息可能被监测到并反馈至基因组，然后通过关闭某些通道然后又打开其他通道来改变 DNA 的表达。这种变化接下来又会通过基因传递给下一代。这种系统的适应性需求和个体或集体 DNA 之间的持续性的反馈回路是生命不断进化的动力所在。

生命通过三种高分子得以展现：DNA，包含系统所有的信息；RNA，对信息进行转录；蛋白质，生命系统的物理组成。蛋白质组就是生命系统中由 DNA 设计而成的所有蛋白质。一个城市的物理表达——建筑物、街道、基础设施，就是它的蛋白质组。只是蛋白质的生长不仅需要信息，还需要能量、物质和水。它们要由生物的新陈代谢来供应。系统的全部新陈代谢组成代谢组学（metabolomics，可以把这想象成经济的新陈代谢）。下一章，我们将探讨城市的新陈代谢，以及新陈代谢对于一个城市生命力的重要性。我们将探讨个体生物的基因，组成生命的蛋白质，为生命提供动力且让能量、信息和复杂性再生的新陈代谢，以及监测生命周期流程结果的反馈环路。地球生命的生物复杂性就通过这一普遍的运作方式构成，并将我们所有人联系在一起。每一种生物都对地球生命的基因池贡献了自己的基因。正是这个无限演进的基因池帮助生态系统适应环境的变化。

生物复杂性为城市规划并打造能够适应世界变化的发展制度提供了最好的范例。这需要城市的规划和管理更具活力，从数据感知和反馈系统开始，不断学习，进而灵活利用管理工具来实时调整城市的发展和新陈代谢。城市也必须鼓励大规模的创新——解决方案的基因池越丰富，城市的适应力就越强。要实现这些，城市必须具备随机应变的意愿和能力。

大自然无须思考，无须决定具体选择哪一条进路。但人类必须思考和决策。我们的城市就代表着我们的意识和意图，我们的期望，我们的认知偏差，以及我们的恐惧。这些将会决定我们最终从浩瀚的可能性中选择打造哪一种城市。

凝聚

和谐的五种特质中的第一种就是凝聚，这种凝聚是从信息整合、反馈系统、目标或方向发展而来的。绝大多数城市的运行制度都跟毕达哥拉斯的分离音阶一样零散。而和谐的音乐系统则会把所有音阶统一到一个更大的创作世界，把城市所有信息整合进一个单独的系统，从而提高其适应力。因为城市各组成部分的信息都对整体的宏基因组有所影响，所以城市可以不断学习和进步，并实现更有效的进化。而这种适应力是形成高效、有活力的城市的关键，也是应对变化着的复杂世界所需要的再生能力和适应能力的关键。

只是整合和凝聚还不够。我们的城市必须要朝着一致的愿景前行。城市愿景需要考虑所有生命的利益，包括人类和大自然的健康。现实中，这两者并不是割裂的——人类和大自然彼此依存。只是我们人类经常无视这一点。

动态平衡的城市

如果意识止步于观察，就不能做到真正的适应。不过，如果一个系统有能力意识到自己的意识，能够认清自身，就能够顺理成章且机智多变地适应所处环境。这种对于意识的意识标志着人类认知的颠覆性革命，世界上的第一批城市也因此诞生。

乌鲁克、孟菲斯、中国的九宫格是打造初期城市的杰出理念，但它们无法继续满足现代城市发展的任务。尽管每种计划的终极目的都是要实现人与自然的平衡且实现毕达哥拉斯式的纯粹，但教条的理念与大自然并不和谐。在一个节奏缓慢的世界，这些规划是持久有效的。然而在如今这个充满不确定性的世界，传统的规划就不可能成功，因为它们无法迅速适应变化的环境。

在这样一个风云变幻、彼此联结的世界，每一种针对城市问题的多样且具体的解决方案都对整体的宏基因起到了正面作用。亚历山大对于应用多样化知识的渴望让它繁荣了几百年，而伊斯兰接受多样的宗教和文化，也因此让各大城市充满活力。汉萨同盟走得就更远了，其普遍原则为鼓励成员间的联结贡献了基因密码。汉萨同盟的扩张有理念支撑但并未受到特定指引，所以整个系统得以灵活又有秩序地展开，避免了统一控制所带来的僵化。阿姆斯特丹也是因为鼓励多样化、反对宗教激进主义、拥抱企业家精神，以及创办股份有限公司以便与城市及其居民更广泛地分享，才发达起来的。

到21世纪20年代初，世界的主要城市很可能会被5G网络覆盖，城市连接一切事物和人的能力大大增强。动态平衡的城市将继续感知其经济、环境、社会和经济条件，并以此调整管理手段让市民、企业、文化、健康系统和环境的利益最大化。比如，受社区健康指数的指引，城市可能会因地制宜地改变区划法、基础设施投资和激励措施，鼓励经济适用住宅和混合用途住宅的发展，减轻交通压力，并减少对更多公共空间的需求。

在这样一个变化多端的复杂世界，城市领导者的作用大大提升。首先就是要创造条件以实现城市愿景。我们不再依赖君主为城市规划愿景。城市的共同愿景可能源自多方——强势的市长、睿智的领导班子、久居于此的居民，以及新来的移民。其次，城市领导者必须加强城市快速适应瞬息万变的环境的能力。有了统一的愿景和适应能力，城市便能兴旺发达。国家的范围太大，关注点在于统一其治下各个组成部分，州郡距离民众的日常生活也十分遥远。只有城市，既有联邦政府和州政府的充分授权，规模又刚好能快速适应环境。但要做到这一点，城市还需要有资源。在丹麦，国家公共开支的60%用于市政建设。布鲁金斯研究所的布鲁斯·凯兹（Bruce Katz）认为，正因为如此，哥本哈根才可以成为"全世界幸福度最高、最健康、最宜居的城市"。[10]

9C 特性缔造了城市，今天它们依然同等重要。因为有了信息科技，如今的城市可以更好地实现互联，不仅促进了商业贸易，而且能相互借鉴。全球城市信息网络的兴起让解决方案的 DNA 迅速传播到各个城市的生态之中。

大都市地区已经意识到 20 世纪的扩张模式让效率受损，所以将多个集中发展的城市和郊区中心改进为多中心的大区。人类的天才让我们的生活更丰富精彩。

在后面的章节里，我们将讨论丰富的社会网络对于城市活力和生命力的重要性。不过下一步我们主要来看看和谐城市的第二个特点 —— 循环。它主要依赖于能量、水和食物在城市新陈代谢过程中的运动。

—— 第二部分 ——

循环

　　和谐城市的第二个关键元素来自五度循环,这是《十二平均律曲集》从音阶到音阶的和声通路。五度循环在起音之上利用第五音作为与下一个音阶的连接点,如此循环往复直至回到起点。只有平均律才可以实现这个过程。这也正是循环性新陈代谢、生物复杂性和韧性所依据的模式。循环让线性系统转变为可再生的生态。它是 21 世纪城市繁荣的关键策略,也是应对气候变化和资源紧缺等挑战的出路。随着世界人口越来越多、资源消耗量越来越大,一座各方平衡的城市必须在这平均律的第二方面做到出类拔萃,打造出高效、适应性强、统一的新陈代谢系统,按照大自然的自有循环模式进行循环,也就是说,一种系统的废物能够被另一种系统吸收再利用。

　　这样一来,我们也就能更好地了解,一个完整自足的社区新陈代谢系统为何看上去十分简单。在青藏高原一处海拔大约15,000 英尺的地方,坐落着一个名叫雪伊的村庄,以藏传佛教著名修行者密勒日巴曾经停留过的洞穴而闻名于世。雪伊村在那壮

雪伊，拉达克藏区，密勒日巴的洞穴

观又恶劣的自然环境中顽强伫立了近 1000 年。

　　雪伊基本可以做到自给自足，满足村民几乎所有的生活需求。村子的形态相当完整，密布的建筑与周围的田地有着清晰的分界线。仔细观察成功有机体的结构，就会发现这两者的组织形式十分相似。

青藏高原是全世界最干旱的地区之一，有的地方年均降水量只有76毫米左右，所以雨水都得小心地收集起来，用以维持日常生活。藏区人民还学会了从溪流中取水，利用灌溉渠储存并引流至农田。

雪伊的人口不多不少，刚好可以维持村子与粮食生产力之间的动态平衡。种植大麦和蔬菜的灌溉用地也刚好足够，可以保证全村人的生活。人和动物的粪便可以用来堆肥，既可以滋养粮食作物又能避免排泄物堆积，引发疾病。跟大多数山区一样，雪伊村的所有建筑也都由石头建造，屋顶用柳树树枝铺就，最上面再覆盖一层黏土。灌溉渠两边种满柳树，既能遮阴又能减少水渠中的水在途中蒸发。很久以前，村民们就计算出了全村需要种植多少棵柳树，才能每十年左右为所有建筑物更换屋顶提供足够的树枝。砍掉旧的树枝之后，柳树又会发出新芽。柳树树桩可以四百年不死，所以即便很长的时间后再种植新树也能维持树枝的供给量。跟古代的灌溉系统一样，雪伊的灌溉和柳树生态系统也是由集体管理，由村民推选出的备受信任的水渠负责人决定用水和劳动力的分配。

这片高海拔的不毛之地只能养活一定数量的人，所以那里实行一妻多夫制，也就是说每位女子与一个家庭中所有兄弟结婚，作为人口控制的一种自然手段。每个家庭都会送一个孩子到寺庙接受教育，这同样有助于控制人口增长，并让村庄的佛学教育后继有人。雪伊就靠着这些柳树和肥沃的灌溉地，在大片荒芜贫瘠的土地中脱颖而出。这也显示出藏区人民能让这个村庄的生物复杂性提升到何种程度。村民们在气候比较暖和的月份里忙着耕种和收割，共用犏牛（牦牛和普通牛的杂交种，用来耕地）、犁和其他成本较高的农业用品，秋天则互相帮忙收割农作物。收割完成后，冬天大部分时间他们都在休息放松，日常最多的活动是冥想、交谈和庆祝佛教节日。

尽管自给自足，雪伊还是会通过过往的旅人——游牧民、朝圣者、商人——与外面更大的世界保持联系。游牧民用牦牛酥油、肉和牦牛皮跟与村民们交换大麦，商人用海盐同他们交换酥油和大麦，而朝圣者则为他们带来祈祷以及佛教大师的教诲箴言。所以即便是如此荒僻的小村庄，也能接触到外面的商品、思想和文化。旅行者偶尔也会带来新的种子，让当地作物禽畜的基因品种更加多样。同样重要的是，他们也带来了让文化取长补短的新思想。

雪伊的农业社区是一个很好的例子，让我们看到了人类与自然之间应该如何实现健康的动态平衡。不过与藏区村民相比，我们的任务还要复杂艰巨得多，毕竟在这样一个错综复杂的世界，我们还有许多必须应对的大趋势。绝大多数现代人都不想住在那样偏远的地方，没有电也没有网，但我们确实能从这些雪伊人身上学到可以推而广之的东西：如何更谨慎且高效地利用水这种生产资源，如何通过完整的回收再利用链避免浪费，如何实现社区规模与可用资源之间的适配，以及如何对生态健康进行长期投资。这些都是新陈代谢平衡的有机体所具备的特质。

第 5 章

城市的新陈代谢

　　1965 年的马里兰州巴尔的摩是一座转型中的城市。跟亚历山大城一样，巴尔的摩也是重要港口 —— 美国大西洋沿岸第二大港口，也是美国中西部制造商们出口货物最便捷的通道。巴尔的摩本身也生产产品。伯利恒钢铁公司的雀点钢厂是全世界规模最大的钢厂，厂房绵延将近 4 英里。可以说，雀点钢厂承包了全美国的基础设施，包括旧金山金门大桥的大梁、乔治华盛顿大桥的钢缆。雀点钢厂生产的钢铁同时还用在相邻的雀点船坞，那里是全美最活跃的船舶制造地，在 20 世纪 70 年代以前就建造出全世界最大的巨型油轮。[1] 生产钢铁和制造船舶是特别繁重的工作，雀点提供了大量待遇优厚的工作，这些工作严格按照种族划分，非裔美国人被排除在管理层之外。

　　巴尔的摩迅猛发展的工业掩盖了其存在的问题 —— 人口连同零售活动和更好的工作机会都在向城郊转移。贫穷、毒品、犯罪、失业开始增加。这些不仅让巴尔的摩的中产阶级白人纷纷搬到郊区，中产阶级的非裔美国人也避之唯恐不及。城市学者马克·来维恩称巴尔的摩是第一世界国家中的第三世界城市。[2] 与很多第三世界的城市一样，巴尔的摩的污染特别严重。

1973 年的石油危机和经济衰退之后，美国钢铁业在 20 世纪 70 年代遭受重创，巴尔的摩应对和解决问题的能力欠缺也因此暴露出来。

20 世纪 20 年代，巴尔的摩的人口处于增长态势，城市的耗水量惊人。阿波尔·沃尔曼在 1922—1939 年担任巴尔的摩首席工程师，他为氯化公共用水开发出了第一个值得信赖的、世界领先的系统。沃尔曼是一位目光长远的思想家，他设计的供水和污水处理系统直到 21 世纪依然可以正常使用。不过沃尔曼最大的贡献并非他所建造的东西，而是他的思维方式。对各大城市应对干旱和水污染的反应措施进行了多年深入研究后，沃尔曼在 1965 年的《科学美国人》（*Scientific American*）发表一篇名为"城市的新陈代谢"（The Metabolism of Cities）的文章，影响深远。他的目标是让城市规划者着眼长远，打造出可以跨越世纪的供水系统和其他城市系统。为了达成这个目标，沃尔曼鼓励城市和区域规划者模拟水、能源和食物流入城市的途径，以及废物等的流出途径，因为废物残渣最终往往会造成水污染，对城市的供水形成严重威胁。为了论证自己的观点，沃尔曼提出：城市也有自己的新陈代谢系统。

沃尔曼写道："城市的新陈代谢需求，可以定义为城中所有居民从事各种活动所需的全部物质和物品。经过一段时间的发展，这些需求甚至包括建设和重建城市所需要的建筑材料。所有日常活动的废物残渣以危害最小的方式排出并处理，城市的新陈代谢循环才算完成一次。随着人们开始意识到地球是一个闭环的生态系统，以前那种貌似合适的废弃品处理办法如今已不可行。人们的眼睛和鼻子会告诉他们，如果人类继续肆无忌惮地排放未经处理的垃圾或废弃物，地球将无法承受。[3]

限于当时的计算工具水平，针对城市的水、食物、燃料输入，和污水、固体废弃物、空气污染输出，沃尔曼只能建立简单的线性模型。不过，他为几种重要的理念埋下了种子：城市跟生物有机体一样，也有新陈代谢，而地球实际上相当于一个封闭系统，要消化所有城市的新陈代谢产物。沃尔曼的工作上升到了工业生态学的高度，不仅关注更大范围的物质及能量在城市内的流动，还关注城市彼此之间的交流互动。

有两种主要活动推动了生物的新陈代谢。首先，分解代谢活动对物质进行分解，释放能量，为生物提供动力；合成代谢活动则利用分解代谢释放的能量以及生物 DNA 提供的模式，形成复杂的蛋白质并组成生物体。分解代谢和合成代谢的过程都会产生废物，这些废物需要排出体外。有意思的是，在地球的生态系统中，一种生态过程的废弃物会成为另一种过程的输入性资源或食物来源。所以复杂的自然系统不会被污染，相反，由于宏基因的平衡，生物体能够以一种精妙的方式彼此依存，每种生物寄存于更大的整体系统之中，既为其提供营养，又吸收系统中废物。我们的城市要想兴旺发达，也需要发展出这种生物复杂性。

计算一座城市流入的营养、能量等物质是一件特别复杂的事情。事实上，即便要算出建造一座房子要耗费的能量和材料都很困难的。加拿大学者托马斯·荷马-迪克森（Thomas Homer-

Dixon）曾决心算出建造罗马斗兽场所要消耗的热量，他的努力最终也让我们得以一窥罗马帝国的衰落真相。

建造一座罗马斗兽场，需要多少热量？

这座罗马帝国最宏伟的公共建筑始建于公元前 72 年，历时 7 年完成。为得出建造过程所耗费的热量，荷马–迪克森不仅要算出参与建造的人数，而且要算出相关采石场、工厂及制造其他所需材料的工人人数，还有运输这些建筑物料所耗费的能量。荷马–迪克森在《颠覆：灾难、创造力及文明变革》（*The Upside of Down: Catastrophe, Creativity, and the Renewal of Civilization*）一书中写道："建造罗马斗兽场需要耗费超过 440 亿千卡热量。超过 340 亿千卡热量用于喂食 1806 头参与运输物料的公牛。超过 100 亿千卡的热量用来供给熟练或不熟练的人工，相当于 2135 名劳工一年工作 220 天，连续工作 5 年所需要的热量。"

这些数字还不包括采伐木料以制作脚手架、烧制火砖和建造装饰建筑的劳工数量。罗马斗兽场的装饰建筑包括超过 150 个喷泉，数不胜数的雕像、壁画，以及额外耗时三年才完成的马赛克装饰。荷马–迪克森的计算确实覆盖了参与斗兽场建设所需要耗费的热量。在那个年代，一个典型罗马男人每天要摄入不同种类的谷物、水果，特别是橄榄、无花果、豆类、蔬菜、葡萄酒和少量肉。用来运输建筑材料的公牛则主要喂给干草、三叶草、麦糠、豆壳和其他植物。荷马–迪克森最后得出，总共需要 55 平方千米的土地——差不多是曼哈顿的面积——才能提供建设罗马斗兽场一年所需要的能量。一个建筑的新陈代谢边界远远超过其物理边界。

在罗马帝国的早期，其城市主要由小规模的独立农场供给，随着帝国越来越大，所需要的食物也越来越多。公元前2世纪，罗马帝国达到顶峰，总人口超过6000万。罗马，作为罗马帝国的首都，人口超过100万。为了增加食物产出，罗马支持大农场式庄园，吸收奴隶从事劳动。这成为被罗马征服的地区典型的生产模式，这些庄园的所有权属于罗马元老院成员。元老们只被允许从这种大农场式庄园获得收入，所以他们自然而然就想利用手中权力来免除庄园的所得税。（很多事情随着时间的推移都有所变化，但政权的自私属性从未改变。）

随着农场式庄园网络逐渐延伸到帝国的边缘，这一系统也变得愈加脆弱。身在外地的土地主常常无能又专制，奴隶们拒绝工作。此外，从地中海到罗马沿岸海盗肆虐，他们会在沿途抢夺食物。由于这套制度本身的目的就是让盈利最大化，所以庄园所有者和负责人在土地的长期肥力方面投入很小。

随着土壤肥力越来越低，罗马必须征服更多的土地才能养活它的人民。为了镇压被征服者，并保持对这些土地的控制，同时保护中心城市的供应链，罗马必须建设更庞大的军队，为他们提供衣食住行。为了安抚大量聚集的城市工人，罗马的领导者必须提供"面包和马戏"，利用免费的食物和娱乐活动来掩盖巨大的贫富差距，正是这种贫富差距导致罗马帝国从内部开始分裂。在罗马的鼎盛时期，城中超过一半的居民都在领取免费食物。

要统治罗马广阔的疆域，必须要有四通八达、设计精妙的通信和控制系统。慢慢地，帝国不仅对边缘地区的控制力越来越弱，缺乏统一的领导也让核心地区纷争不断。最后，荷马-迪克森总结道，当罗马帝国无法再去掠夺其他富庶王国时，罗马农业制度对于行政管理、物流交通、军队建设的要求已经超过其能力，它已经无法提供文明所需要的能量。当罗马的食物供给系统崩溃，整个帝国也就陷入了风雨飘摇之中。

罗马帝国衰落后，罗马城也跟着衰败了近千年。到5世纪末，罗马的人口减少到5万，之前宏伟的基础设施——包括道路和水利系统，也全都变得破败不堪。失去了扩大化的食物供给系统，罗马无力再支撑复杂的文明。到公元1000年，罗马的人口缩减至不足1万人，他们聚居在台伯河周围的茅屋中，生活条件相当原始。直到1980年，罗马的人口才再次恢复到100万。

猪的帝国

今天，食物供给系统的全球化程度比罗马帝国时期要高上许多。

猪肉一直是中国人餐桌上备受重视的菜品，但所占比例并不大。在1949年中华人民共和国成立以前，只有3%的中国人一日三餐能吃到肉。猪一般养在小农家庭，与当地的食物生态密切相连——猪吃根类植物的菜叶和弃置部分，猪粪又被回收作为菜的肥料。到现在，中国已形成巨型的产业化农场来养殖肉猪，以满足这个超级庞大的需求市场。[4] 然而数十亿吨的猪粪对中国珍贵的水资源造成了污染。为喂养这些猪，中国的大豆进口量占全球进口量的一半以上。而为了满足中国对于大豆的需求，巴西有超过6200万英亩的雨林土地开发成了农地，专门种植大豆。2013年，中国收购了美国史密斯菲尔德公司——全世界最大的猪肉生产商，看中的就是它在密苏里和得克萨斯占有的大片土地。截至2014年，阿根廷几乎所有的大豆都出口到中国——每年大豆有23个作物周期，使用的除草剂可能引发癌症和新生儿缺陷。中国还在非洲买下大片土地种植大豆。除大豆之外，中国人也会用玉米喂猪。按照当前的增长率，到2022年，中国的猪将吃掉全世界三分之一的玉米。[5]

到2050年，全世界人口或将达到90～100亿，甚至更多。随着人们生活条件越来越好、人口越来越多，消耗的热量也会越来越多。与此同时，由于城市化、气候变化、土地侵蚀、地下水枯竭，全世界的可耕种土地正在不断减少。而养活全世界这么多城市的唯一办法就是提高食品生产效率，并在系统输入物和输出物之间建立自然循环以减少垃圾的产生。不然，就像人类学家杰瑞德·戴尔蒙德用罗马、玛雅和其他伟大文明所证明的那样，过度扩张、脆弱的食物链、薄弱的土壤管理以及严重的经济不平等终将让文明陷入衰落和崩溃。

能源的投资回报率

对效率做出衡量是管理城市以及帝国新陈代谢最重要的一种手段。能量效率的一个衡量标准是能源投资回报率（EROI），即某个系统生产的可用能源总量除以生产能源所耗费的能源量。EROI值越高，说明系统的效率也越高。比如，1859年，宾斯法尼亚西部第一个现代化油井每开掘、生产和运送 100 桶石油需耗费 1 桶石油，所以 EROI 值是 100。时至今日，大多数石油生产的 EROI 已经降低到 4，在开采难度特别大的地方，比如加拿大的沥青砂地，EROI 值甚至是负数。

EROI 的公式可以用于计算城市所有输入的投资回报，包括食物、水、建筑材料等。事实上，城市化过程与 EROI 的飞跃紧密相连。中东最早的城市就是在灌溉产生的热能上建立起来的。中国人早在公元前 470—前 221 年的战国时期就已开始烧煤取暖，大量小城市联合形成大的城邦。詹姆斯·瓦特 1789 年发明的蒸汽机为工业革命和随后的制造业城市的急速发展提供了最大动力。建立在廉价电力基础上的照明、电梯、地铁、有轨电车和火车，刺激了 1900 年开始的全球城市化增长，那时全世界 10 亿人口中只有 13% 居住在城市。"二战"之后，电力空调进一步推动了潮湿炎热地区城市的发展。

EROI 的提高会让文明变得更加复杂，但如果 EROI 不增长，城市又往往会陷入衰落。犹他州立大学的人类学家约瑟夫·泰恩特（Joseph Tainter）认为，当一个社会开始不自觉地降低复杂度，就意味着衰退开始了。通过研究玛雅文明、阿纳萨奇和罗马文明，泰恩特发现了一种模式：社会会为了解决越来越多的复杂问题而变得愈加复杂——社会需要社会和经济的专门化，需要专门的组织来管理和协调其引发的信息和行为。管理对社会有益，但管理本身并不产生能量，必须通过系统的剩余能量来支持。

一般来说，当文明面临 EROI 降低，比如土壤变得贫瘠的罗马，往往会通过增加复杂性来应对。罗马试图通过征服新的土地来解决问题，而要想征服更多土地，就需要更加复杂的通信和管理制度。当前，中国就是通过从其他国家大量购买能源来应对EROI下降的。然而伸长触手所需要的管理又会进一步增加EROI的负担。另一种做法就是本地化，像自然系统那样，通过更高效的方式把城市的输入和输出融合到更加欣欣向荣的生态中。那么，推动效率的是什么呢？好的管理、智能化的基础设施，以及创新。

更具韧性的城市代谢

城市要提升其代谢韧性，需要五个步骤。

第一步，要认识到新陈代谢对于城市存亡的重要性，从头到尾追踪代谢性的输入和输出。自然系统会持续感知系统内的代谢条件，并不断做出调整。作为复杂系统的城市，同样需要做到这一点。大数据可以让我们掌握有关城市新陈代谢的海量信息。关键是要开发能抓取有价值数据（比如EROI趋势）的分析工具，并找出存在代谢机会和较为薄弱的部分，让城市提前布局以适应未来变化。

第二步，是要更高效地使用输入的资源，从而减少需求量。

第三步，城市需要让食物源、水源、能量源和材料源多样化，避免过度依赖某一种。在一个全球互联的世界，美国或中国对某一种商品的需求量减少或增加，都将对该商品的供给量及价格造成巨大影响。

第四步，让更多资源在城市内部生产，如此还能创造更多就业机会。

最后也是最重要的是，形成均衡的城市循环，并尽可能对垃圾废物进行回收利用。这不仅能减少垃圾处置成本，还能提供低成本的本地资源。

五管齐下，这些策略将帮助城市打造更高效、更有韧性的新陈代谢。而这同样可以利用城市管理的七种手段加以实现，包括：引导性的愿景、数据采集及分析、规划、管理、激励、投资和沟通。

城市的代谢过程

信息可以帮助城市更加清晰地掌握自身状况，规划的作用则在于为未来有意识地制订策略。它们构成了城市系统的DNA。引导实现规划的管理、激励、投资和沟通等手段相当于RNA，负责把DNA落实成行动，在实际层面打造城市。

如果城市想让新陈代谢的效率更高，首先需要评估自己，找出支点来增加自身适应力。比如，纽约PlaNYC计划的关键因素就是记录能源和水消耗量等输入，以及二氧化碳和固体废物等输出。统计数据显示，纽约市80%的矿物燃料用于城市建设，所以打造节能建筑便是减少城市矿物燃料使用的关键支点。这还将强化城市对矿物燃料价格波动的适应力，减少二氧化碳等污染物的排放。为实现这一目标，纽约要求大型建筑业主评测能源使用量，同时采取措施鼓励业主把加热系统从使用石油转为使用天然气，减少碳足迹。

此外，纽约城的计算显示，有80%的食物是通过纽约农产品交易市场流入城市的。如果超级飓风珊迪再晚3小时到达，飓风就会在最强劲的时刻席卷附近所有的燃料和化学品仓库，将有毒垃圾冲入下游。于是，整个地区将失去可靠的食物供应，也没有别的替代选择能够满足日常的饮食需求。亨茨波因特等大型食品批发中心效率很高，但是相比更分散的食品系统，也更容易被摧毁。加利福尼亚科技学院的控制及动态系统教授约翰·多伊尔（John Doyle）认为这种中心系统既强大又脆弱。随着系统不断壮大，就会自然而然地吸引资源到该系统最好的地方，同时摒弃其他替代资源。这就减少了多样化的选择，为系统的脆弱性埋下了种子。当一个看似坚不可摧的强大系统面临挑战，偌大的城市却没有别的什么替代性资源可供选择，整个系统就会处于岌岌可危的状态。

在纽约开始认真追踪人口及房屋数量的变化，并计算现在和未来的代谢需求的同时，尼日利亚首都，大城市拉各斯却无法弄清城市里到底住了多少人。"拉各斯不断吞并周围的小城市，所以我们已经无法划出清晰的界限。"拉各斯城市区域和总规划部部长阿约·阿迪迪兰（Ayo Adediran）表示。拉各斯大学城市与地区规划系副讲师萨缪尔·O. 狄克罗（Samuel O. Dekolo）这样描述拉各斯城市的数据采集能力："可悲……在城市发展与智能管理之间制造了信息鸿沟。"[6]

底特律的情况差不多介于拉各斯和纽约之间。《响应的城市》（*The Responsive City*）的合著作者苏珊·克罗福德（Susan Crawford）说："前不久，一直困扰底特律的城市病因为人们对问题缺乏了解而日益严重。没有人知道底特律到底有多少建筑需要修缮或拆除，或者城市服务是否覆盖到这些地区或者覆盖的程度有多高。时至今日，凭借奋进的小企业、精通技术的城市领导者和慈善事业的大力支持，问题才逐步厘清。"[7]财政收入是一个城市新陈代谢系统的关键组成部分，而拉各斯和底特律面临的问题是一样的。无法清晰地界定城市边界，城市管理者就无法有效收税，财政也会因此遭受严重损失。而这两个城市又迫切需要财政收入来保障基本的城市服务。[8]

在底特律深陷破产危机的时候，旧金山一位年轻的技术移植专家杰瑞·帕芬多夫（Jerry Paffendorf）及其公司热土科技提出要对城市中所有建筑物进行测绘和拍照，并记录其特点和属性。为了完成这个任务，热土科技发明了一个与智能手机应用相连接的地理数据系统。司机和测绘员每两人一组，热土公司一共派出50组员工，在9周内记录了底特律共计385,000栋建筑的情况，总花费超过150万美元。帕芬多夫把这份地图称为"城市的基因组"。

数十年来，底特律第一次有了可以用作纳税依据的数据，填补了每年高达45亿美元的财政收入漏洞，成功将政府从破产的边缘拉了回来。帕芬多夫的数据还显示，城市里不断涌现的社区花园，也有助于城市食物源的多样化。

1999年，拉各斯一个月的税收收入只有60亿奈拉，仅相当于370万美元。这是因为拉各斯缺少足够的数据，不清楚需要催缴哪些居民的税单。决定将征税业务外包之后，拉各斯2013年每月的税收收入增长了3400%，每月纳税额达到了12亿美元（税率保持不变）。如此，拉各斯才有资金兴建公共汽车站、轻轨系统和其他能让拉各斯更有活力的基础设施，这个长期以来经济集中在石油出口的城市也借此实现了经济多样化。

阿波尔·沃尔曼的故乡巴尔的摩，是最能体现城市收集、使用、分享代谢性数据的重要性的城市之一。2000 年马丁·O. 马利当选巴尔的摩市长之后，立刻启动了 CitiStat 计划，这个计划其实是一个对外开放的城市数据系统，旨在让政府更加负责、更易追责，同时也能节约成本。马利以纽约警察局打击犯罪时使用过的系统为基础，开发出一套新的系统，将原有的理念拓展到全部的市政功能。

在与市长办公室的例会中，每位代理人都必须分析工作表现低于标准的项目，并提出针对性的解决方案。马利的首要目标是要降低市政工作者的旷工率。每周，CitiStat 会公开通报旷工人员名单，并给出具体事由。在 3 年的时间里，旷工率减少了 50%，加班率也降低了 40%。利用 CitiStat 数据和 GIS 地图，巴尔的摩重新设计了垃圾收集路线，使垃圾的回收率提高了 53%。仅仅是修整中央分隔带的草坪这一项，每年就可以节约 150 万美元的成本。[9] 截至 2007 年，CitiStat 每年能为巴尔的摩节约成本 35 亿美元，并大大提高了城市服务水平。几年之后，CitiStat 被用于根据社区目标而非根据部门惯性来确定城市预算，后者正是造成政府工作僵化的主要原因之一。

2004 年，CitiStat 获得哈佛肯尼迪政府学院创新大奖，并在其他十几个城市推广。时至今日，CitiStat 不仅可以将巴尔的摩的居民目标与城市预算联系起来还有助于高效利用城市资源来实现这些目标。此外，它还帮助巴尔的摩制订食品政策，让居民能够获得新鲜、健康和低成本食品。信息让城市掌握更多情况，帮助城市成为更团结、反应更迅速、更高效的整体。

更高效地利用资源

平均来算，每个美国人每天要吃掉 3770 卡路里热量的食物，这比地球上任何一个国家都要高。美国的食品生产和配送系统极其复杂，从工厂到终端用户需要经过多个步骤，影响了效率也增加了能量耗费成本。可想而知，食品消费者住得越远，所耗费的交通成本自然也会越高。要知道，把 1 卡路里的莴苣用飞机从美国运到英国需要耗费 127 卡路里，而从智利每进口 1 卡路里的芦笋需要耗费 97 卡路里，从南非每进口 1 卡路里的萝卜则需要耗费 66 卡路里。[10]

食品加工和冷藏储运同样会消耗大量能量。瑞典食品与生物科技组织从 20 世纪 90 年代开始就在分析食品生产周期。其中一个典型案例就是分析制作一罐瑞典番茄酱所需要耗费的能量。[11]研究员记录在意大利种植番茄并将其压酱，然后添加来自西班牙的香草、辣椒等香料，再在瑞典加工、打包，然后储存、装船并最终出售所需要的全部能量、水和原材料。研究表明，整个过程需要 52 道运输和加工步骤，涉及的产品来自欧洲各地。研究完番茄酱之后，研究院接着又调查了制作一个麦当劳巨无霸所需的能量——肉、奶酪、腌菜、洋葱、生菜、面包、番茄酱。结论是，制作一个巨无霸所耗费的能量是汉堡包本身能提供的热量的 7 倍。

美国食品系统的 EROI 值实际甚至比这还要低，因为有太多食物被浪费掉了。在 2011 年的一份报告中，美国食品与农业组织计算出全球每年种植或养殖的食品接近 40 亿吨，而其中有近三分之一，也就是 13 亿吨被丢弃了。[12] 在美国，这个比例更高，约有 40% 生产或种植出来的食物并没有进到人的肚子里。事实上，食物是市政固体垃圾最大的组成部分。美国只有 3% 的食品垃圾用于堆肥。而在建造罗马斗兽场的年代，人类和动物每摄入 1 卡路里热量便能生产出 12 卡路里的食物。今天，工业化的美国食品生产系统每生产 1 卡路里的热量就需要消耗 10～20 卡路里，也就是说相较于最终崩溃了的古罗马系统，当今美国食品系统的 EROI 效率仅为前者的一百二十分之一。

对于这个问题，其实存在更智能的解决方案。美国的私有企业就找到了一些效率更高的案例。美国全国连锁餐饮企业奶酪蛋糕工厂（The Cheesecake Factory）每年为 8000 万人提供服务。为了最大限度地利用食物，该公司开发出了 Net Chef 程序，追踪消费者各个方面的喜好，相应地调整食物菜单。Net Chef 会根据天气、经济、时节、汽油价格，甚至是运动盛会的转播来调整菜单，以求效率最大化。[14] 凭借这个工具，奶酪蛋糕工厂的食物利用率高达 97.5%，只有 2.5% 被丢弃。

城市还为学校、监狱、医院、娱乐中心和其他机构提供食物。借助上述系统，可以更高效地利用食物，控制食品质量，提供更健康的食品，并为当地农民创造更广阔的市场。同样，城市还可以利用这些数据和管理手段鼓励更多本地企业投入食品生产行业。

在城市里生产资源：城市农业

纵观历史，如果一个城市无法为其居民提供充足的食物，这个城市终将消亡。时至今日，已经没有任何一座城市可以生产出满足所有居民生活需求的食物。即便是全世界生产食品最多的城市河内和哈瓦那，其生产的食物也只能满足其居民的一半所需。大部分城市并不从事农业生产，而是从商家购买食品。河内60%的新鲜蔬菜，50%的猪肉、家禽肉、淡水鱼，以及40%的鸡蛋来自城乡交界地，也就是所谓的城郊。而在拉各斯，城市和城郊农业都呈上升势头[15]，农民开始种植非洲菠菜、水叶菜、凹槽南瓜、生菜、卷心菜和其他蔬菜。人们无法在城市里找到工作，就只能自力更生种植作物，既满足生活所需又能赚点钱。农民们占用政府用地，然后将作物卖给一些妇人，借此将产品流向市场。

在美国，尽管有些食物来自本地，但平均每样食品从农场到餐桌要跨越1500英里的距离。[16]我们餐桌上的食物来自各地：西红柿来自加利福尼亚，蘑菇产自宾夕法尼亚，橘子来自佛罗里达或巴西，樱桃来自智利，大米来自泰国，等等。美国80%的海鲜要从其他国家进口[17]，同理还有85%的苹果汁，大多数都是从中国进口。[18]消费者与生产者之间是一张庞大、复杂的生产与分销网络。两者相距越远，生产链就越容易受到运输成本及其他相关因素的影响。

底特律建立在富饶的冲积土壤之上，特别适合发展农业。事实上，世界上大多数城市都横跨河流两岸或背靠自然海港，建立在最适合农业种植的土地之上。1841年，底特律建成第一个农贸市场。1891 年，该农贸市场搬迁至现址，成为底特律的三大农贸市场之一，更名为东部市场。1893 年，底特律遭受经济危机重挫，随即提出美国第一个由政府支持的城市菜园项目。市长哈森·S. 平格里（Hazen S. Pingree）要求土地所有者允许穷困民众使用空地种植蔬菜，这一方面能帮助民众解决温饱问题，同时也能让他们保住生活尊严。后来，这些菜地被戏称为"平格里的土豆地"。

经济危机之后的 20 世纪初，底特律成了欣欣向荣、百花齐放的制造业中心。随着亨利·福特的 T 型车在 1908 年取得巨大成功，汽车产业逐渐成为底特律的经济支柱。然而在能源危机、全球化、劳工合同僵化，以及 20 世纪 70 年代重创巴尔的摩钢铁产业的通货膨胀等因素的共同作用下，底特律的汽车产业衰落了。底特律没有选择生产客户想要的优质、节能的汽车，也没有采用灵活的劳工政策和供应链，反而在固守旧的制度和做事方式。这种制度性的不思进取渐渐让其无力对抗创新的日本和欧洲汽车公司带来的挑战，后者生产的汽车效率更高，加装一加仑汽油能走得更远。

一方面要面对威胁美国工业经济的大趋势，一方面底特律的商业和政治领导者又无法改变汽车产业主导经济的局面，所以底特律没能一步步实现产业多元化，投资教育并发展公共交通。于是，底特律逐步陷入长期衰退，工作机会减少，居民生活水平下降。

在过去的半个多世纪里，底特律的衰落可谓触目惊心——如今的底特律已是满目疮痍。城市里大片地区被大火夷为平地或者废弃，之前蓝领工人的住宅和砖石结构的厂房变得杂草丛生。1950 年，处于巅峰期的底特律曾经有 184.9 万人居住。而在随后

60 年，原本人口规模跟旧金山相当的底特律人口却减少到不足后者的五分之一。2013 年第一家全食小超市在底特律开业时，城里已经没有一家大超市，甚至连沃尔玛或好市多都没有，有的只是各处零星散布着的本地小超市。

城市地理学家把这种缺少新鲜、营养食品的地方称为"食品沙漠"。在这些"食品沙漠"，快餐或包装食品至少是新鲜食品的两倍以上，即便能找到水果或蔬菜，往往也不那么新鲜，而且价格很贵。食品沙漠在美国各地都有，包括农村地区以及很多有一定历史的旧城郊。生活在食品沙漠，唯一能够解决问题的工具就是汽车，人们只能开车去超市购买更便宜、更健康的食品。可是，底特律这种衰败城市的低收入居民甚至比城郊穷人更难买得起汽车。

一个人的身体健康程度其实与新鲜蔬菜、水果和坚果的摄入量息息相关。维生素 B、维生素 C、维生素 D 和维生素 E 水平低的人在认知测试中往往比维生素水平高的人表现更差。实验证明，Omega-3 脂肪酸对于儿童的认知能力发展至关重要。缺乏关键维生素和 omega-3 脂肪酸的人往往更容易抑郁。缺乏叶酸的老年人则更容易患阿兹海默症。而血液中反式脂肪含量高的人认知能力更差，甚至会出现大脑萎缩。[19, 20] 新鲜的蔬菜、水果和坚果含有丰富的能刺激认知能力发展的维生素及 omega-3 脂肪酸。而垃圾食品、快餐食品、煎炸食品则含有大量反式脂肪。对于底特律和其他食品沙漠地来说，食用快餐、煎炸食品已成为一种常态。糟糕的食品系统正严重制约着美国的国民认知能力和竞争力。

为了满足市内居民的营养需求，1989 年，底特律的社区发展组织开始培养城市农民。一开始这只是一项重点为植树的环保活动，但随着时间的推移，底特律的菜地运动逐渐变成了城市宜居性运动。1997年，一个天主教修道院建立了底特律最早的有机农场，最初目的是为了给施粥场所提供粮食。僧侣们在附近两个街区内开辟了七块菜地。2006年，城市菜地形成了品牌"底特律作物"，以城市农贸市场为特色。到2012年夏，底特律已有1200个这样的社区菜园，平均每平方英里就有9个，人均量超过美国任何一个城市。[21] 最初的环保运动，最终帮助底特律转变为一个绿色的再生城市。

如今的底特律有大量空地——有超过40平方英里的土地都是空的。那里还有大量的廉价劳动力，包括很多有农业背景的移民。在夏季，底特律的城市菜园已能为整个城市提供15%的食物。美国建筑师协会的一份研究显示，如果底特律能够把所有人员和建筑物安置在50平方英里的土地上，并为冬季作物增盖温室，那么它就可以利用剩下的19平方英里土地来养活整座城市。[22] 在底特律作为汽车制造中心的辉煌日子里，这可能不是它的目标，然而它很可能成为底特律未来远景的重要组成部分。

这样的城市并不止底特律一个。城市农业正在席卷美国。这项把废弃厂房变成食用蔬菜菜地的运动让城市居民有了一种强烈的目标感。城市园丁利用大自然的可再生力量改变城市面貌，同时追求人与自然的系统发展。当代城市食品运动从费城北部、布朗克斯南部、洛杉矶东部、奥克兰西部的废弃地带兴起，如今已蔓延到美国的各个社区。从农场到餐桌的食物如今就长在纽约工业建筑的屋顶上，由布鲁克林农庄等机构打理，而巴尔的摩

Clipper Mill 核心区伍德伯里厨房的老橡木桶里正在发酵着许多香醋。威尔·艾伦通过"种植力量"让密尔沃基改头换面，这是一个国民认可度极高的非营利组织，旨在促进城市农业、教育的发展并创造就业机会。尽管城市农业运动不太可能让城市实现食品自给自足，但它会让更多城市从新的角度来思考自身的代谢问题，包括在城市范围内兴建农场。

在很多发展中国家的城市，城郊地带的食物生产能力正面临无休止、无规划的城市扩张的挑战。在美国，得益于 21 世纪初次级贷款市场极易获得的贷款，城郊地区的房地产市场迅速发展。然而随着 2007 年大萧条的到来，城郊发展随之陷入停顿，短期内无望恢复。这就为农业的发展留出了空地。同时，随着城市农贸市场越来越受欢迎，城郊农场的经济效益也越来越高。GrowNYC，美国最大的农民、渔民、农贸市场协会，现在拥有54 个市场，维系着 230 个家庭农场的生计，覆盖土地达 3 万英亩，其中大部分分布在纽约不甚发达的分水岭地区。[23]

在城市农场发展的同时，屋顶农场也随之增多。纽约的屋顶农场数量超过美国任何一个城市。2012 年，纽约城市委员会通过一系列绿色区划修订案，进一步降低屋顶温室和屋顶花园的建设壁垒。布鲁克林农庄、哥谭镇蔬菜、光明农场等商业农场现在不仅向农贸市场出售产品，也为大型连锁超市供货。这些农场的业务正向多元化发展：布鲁克林农庄不仅种植蔬菜，还养鸡和蜜蜂，蜜蜂授粉对于纽约的生态十分重要。

美国城市有很多餐厅都开始在屋顶或相邻地块种植蔬菜和香草。水培系统，也就是在没有土壤的水里或矿质培养基中培育植物，大大增加了屋顶作物的产量。纽约各大餐厅的屋顶上种有超过 70 种香草、蔬菜和水果，顾客所需的蔬菜三分之二在此采摘。很多这样的农场把城市与乡村食品中心连到了一起。在距离城市 30 英里之外的风光优美的石仓农场中心，丹尼尔、大卫、劳伦·巴伯的蓝山餐厅不仅种植作物，而且还饲养了猪、羊和鸡。专门承接酒席的餐厅 Great Performances 则在 Katchkie 农场种植作物。

城市农业带来了多种好处。一方面它增加了美国食品生产的 EROI 值——要把 100 磅食物从农场运到 1500 英里以外的市场，需要消耗 1 加仑的柴油，[24] 另一方面也让城市的经济实现多元化发展，为非技术型工作者提供了就业岗位。城市农业还能吸纳雨水，减少暴雨造成洪灾的可能。屋顶的作物吸收并利用阳光，降低了整座城市的温度，又增加了本地新鲜食物的供应。社区菜园培育的不仅是食物，还有整个社区。

城市农业有望成为健康的城市新陈代谢的重要推动力，这个代谢系统不仅包括输入，还包括输出。其中最大的输出物就是垃圾，城市管理业称之为市政固体垃圾。

回收再利用

生态经济带给我们的一个重要启示就是要重视垃圾：垃圾越少，说明效率越高。在复杂系统中，每一种输出物都是另一个小系统的输入物。雪伊村那种小社区可以实现类似的循环，但我们尚未开发出适应现有文明规模的动态闭环系统。2014 年，人类一共产生了 40 亿吨废物垃圾，制造业和矿业每年要产生 16 亿吨无毒废物，还有 5 亿吨垃圾是对人体有害的。[25] 城镇产生的 19 亿吨固体垃圾中有 70% 最终被掩埋，19% 得以回收，剩下的 11% 则通过燃烧来再生能源。从全球范围来看，35 亿人不曾进行垃圾分类，垃圾通常被燃烧处理，塑料、电池及其他物品在燃烧中排放的有毒物质对空气造成了污染，还会逐渐渗入水中。2025 年，城市固体垃圾量预计是现在的 2 倍。[26] 这些垃圾要么对环境造成可怕的负担，要么进行适当的回收，以填补资源的不足。

2012 年，美国的城镇共产生了 2.51 亿吨城市固体垃圾，其中 34% 得以回收利用。直到 2010 年，底特律的回收率还是 0，仍然是全美最低的。1973 年能源危机之后，面对急剧上涨的能源成本，底特律开始建造全美最大的城市固体垃圾焚化装置，后来却无力承担，连合同带装置一并转让给了独立运营商。按照合同，2009 年底特律每处理 1 吨垃圾就需要耗费 150 美元。焚化炉每年要产生 1800 吨污染气体，其中含有铅、汞、一氧化二氮、二氧化硫等，严重影响附近低收入社区及其他城区居民的健康。[27] 直到 2014 年，维权者才通过游说让底特律关停了工厂，并回收可回收垃圾。直到现在，就连拉各斯的回收率都比底特律要高。

眼下，许多美国城市对垃圾回收格外重视。旧金山的垃圾回收率达到 80%，是全世界垃圾回收率最高的城市，西雅图等城市也紧随其后。旧金山之所以有如此耀眼的表现，得益于它最初制定的目标：对垃圾实行 100% 的回收再利用。1999 年，旧金山的垃圾回收公司"绿源再生"开始用可回收物、有机物等标签给垃圾桶分类。最容易回收的垃圾是玻璃、塑料瓶、罐子。绝大多数城市和州县都有专门的法律，要求所有产品定价时就加入可退还押金，赋予回收市场以价值。还有就是在全球市场上流通的纸，这类垃圾分得越仔细，价值就越高。

回收难度最大的就是食品。可惜，这恰恰又是城市垃圾中占比最高、最肮脏、人们最不愿意处理的部分。食品垃圾还会污染其他垃圾。比如，干净的纸张垃圾可以卖100美元每吨，可如果被食品垃圾污染，就必须花钱请人将其拖走。用报纸包鱼骨头丢弃，会让报纸的回收价值丧失殆尽，而鱼骨也无法用作堆肥。艾伦·赫斯考维茨（Allen Hershkowitz）教授是一名专门研究回收的企业科学家，他说："从生态方面来讲，每种垃圾都有最佳的处理方式。公共政策和私人投资机构都应当鼓励垃圾按照最佳方式进行处理。金属是回收最容易也最经济的材料。回收铝相比用铝土矿制铝能节约96%的能量。PET塑料可以重新回收制作成塑料瓶或衣服，HDPE也可以回收制成铁路枕轨等结构性塑料，或是更结实的塑料容器。橡胶和织物则可以再度回收，废纸能打成纸浆，重新用于纸的生产。"[28]

在旧金山，所有可回收垃圾都会放入蓝色垃圾箱，然后被使用生物柴油和天然气的"绿源再生"卡车转运到回收中心 —— 由居住在附近的湾景/猎人角社区居民持有并运营的占地185,000平方英尺的旧仓库。每天，会有750吨可回收垃圾经过分拣运送到各制造中心实现再利用。食物垃圾、庭院修整垃圾，以及被食物弄脏的纸张都放到绿色垃圾箱，这样的垃圾"绿源再生"每天可以运送600吨，进而加工成肥料，出售给本地农场，农场再将农产品卖给旧金山的商场和饭店。[29]剩下的垃圾全部送到掩埋场。现在，旧金山也在分析这些垃圾，设法再次回收利用。这既需要引入新技术，也需要改变旧金山居民的行为习惯。这正是藏区雪伊村废物循环系统的城市版，参照大自然的循环流程打造而成。

改变人类行为

人类行为是经过一系列认知偏差、习惯、社会暗示、背景文化的肯定或否定后形成的。有意思的是，对城市管理者至关重要的事实信息对于改变人类行为反而作用最小。比如，亚利桑那州曾经苦于无法让西班牙裔母亲在带小孩驾车时使用儿童座椅，即便大家都知道一旦发生意外，儿童座椅会大大降低儿童的死亡率。之所以存在这个问题，是因为很多西班牙裔母亲都是虔诚的天主教徒，他们认为孩子的安全掌握在上帝手中。州政府只好请求天主教教堂在当地为儿童座椅举行祈福仪式，于是婴儿座椅的使用率大大增高。

露丝·格林斯潘·贝尔（Ruth Greenspan Bell）教授是华盛顿州威尔逊国际学者中心的公共政治学者，她认为："无论我们是否愿意，生活中45%的日常行为决策并非由大脑做出，而是源于习惯。习惯会在潜移默化中影响我们的日常选择，比如是否要回收每天制造的垃圾。当然，社会经济、教育和政策都将起到一定作用，不过人类其实是'自动驾驶'的，这一点确实值得深思。"[30]

5万年前帮助人类幸存下来的很多认知偏差，到如今也有助于塑造正确的城市行为。比如，人类在进化的过程中始终保有强烈的群居本能——与群体共进退的心理偏差。回收计划如果能传递出"众人参与"的理念，并重点加强与其他已开始进行废物回收的邻居的关系，就会收到事半功倍的效果。人类还具有群体内偏差，会对与自己有相同背景的人产生格外的亲近感。如果西班牙裔认为回收利用只是白人中产阶级会做的事，他们就不愿意进行回收。如果他们把这看作是西班牙裔群体的共同职责，他们就自然乐意参与了。了解如何促进有利行为，是任何大型环境计划的重要组件。

为了鼓励食品垃圾回收，2014年，西雅图城市委员会通过了一项禁止在西雅图住宅区和商业区垃圾桶内丢弃食物的法令。2015年，西雅图要求清洁工人定期检查常规垃圾桶，确认里面是否存在有机食物残渣。如果居民在常规垃圾桶丢弃有机物，就用难以清除的亮红色胶纸标记出来，让所有邻居看到。同时还会罚款：私人住宅罚款1美元，复合建筑罚款50美元。西雅图的这种举措是建立在一种条件预设上：名誉损失加上1美元罚款所造成的不便，比大额罚款更能促进行为的改变。[31]红色标记也为我们提供另一种改变行为的策略——反馈。如果人们能实时收到外界的反馈，就更有可能做出改变。

与旧金山和西雅图一样，许多欧洲和亚洲现代城市也致力于打造零垃圾城市，不过他们更多是采取底特律那样的策略：焚烧。大部分垃圾被运到处理厂焚烧，作为发电或发热的能源。小岛国新加坡并没有多余的土地来处理垃圾，所以他们会把57%的垃圾回收或用来堆肥，41%的进行焚烧。焚烧后的残渣和少量不可回收垃圾就变成了填海材料。维也纳有63%的垃圾被焚烧，马尔摩有69%垃圾被焚烧，哥本哈根是25%，柏林为40%。[32]然而，焚烧垃圾并非可行策略，它不仅会造成污染，还需要人类开发出更多资源以供使用。

随着全球人口越来越多,世界越来越繁荣,人类消耗的资源越来越多,制造的垃圾也越变越多。说出来可能让人惊讶,98%流入城市代谢系统的东西会在6个月之内变为垃圾。一个世纪以前,我们还会对鞋子等物品修修补补,一双鞋常常要穿上好多年。现在我们更可能把穿坏的鞋直接扔掉,另买新鞋。2014年,英国有8900万台手机投入使用,更令人惊讶的是,除此之外还有8000万台能正常使用的手机被丢在抽屉里、柜子中,或汽车座椅下面!许多资源就这样被锁死在手机里。1吨手机能提取的纯金甚至要大于1吨金矿所能提取的纯金数量。[33]

在旧金山和一些亚欧城市集中力量打造零垃圾城市之时,很多中低收入的国家还在努力改善基础设施,动员国民积极参与集中所有垃圾。联合国人类居住项目预计低收入国家能集中全国30%～60%的垃圾,而中等收入国家的这一比例可以达到50%～80%。[34] 未集中处理的垃圾对于公共健康的影响,仅次于人类排泄物。垃圾会污染用来清洗或烹饪的河流水和池塘水。垃圾堆中老鼠、害虫和寄生虫丛生,这些鼠虫往往携带很多有毒物质,不用恰当的装备进行焚烧有可能引起呼吸道疾病。喜欢在垃圾堆里或垃圾堆旁玩耍的小孩,往往特别容易染病。

世界很多发展中地区,环卫工人需要在垃圾堆里辛苦翻找才可以找出能卖给二级市场的可回收塑料、金属、纸板和衣物。而工业世界中危害最大的物品,比如含有汞、铅和其他有毒化学物质的电子产品也被运到发展中国家,由工人们在并不规范的环境中进行拆卸。这种工作既辛苦又有害健康。

长期以来，拉各斯一直在与城市垃圾做斗争。截至 2014 年，拉各斯也只有 40% 的垃圾能够得到集中处理。拉各斯缺少足够的基础设施，无法有效触及不断扩张的贫民窟，垃圾回收也从来都不是贫民窟文化的一部分。为此，拉各斯引入了创新回收计划"我们回收"，允许小规模的独立企业参与回收，并为低成本的以单车为动力的回收中心提供资金支持，这个计划综合考虑了低成本科技、企业经营和行为改变策略。工作人员骑单车上门收取可回收垃圾。对于分类放好的垃圾，则按重量支付一定费用，并通过将回收装置标上亮色来推广这一理念。之后，"我们回收"会把回收到的东西卖给回收材料集运商。这个计划好处多多，其中一个就是社区街道的垃圾少了，排水管的堵塞也变少了，这意味着传播疾病的蚊虫也会减少。[35]

在即将到来的这个风云变幻的世界，全球化的供应链将变得越来越不可靠，城市所需的食品和能源将更多地依靠自力更生，原材料的韧性也会变得更大。而最有效的代谢性输入就是那些之前被丢弃但现在可以被回收再利用的东西。

生态经济

我们现有的经济制度完全忽略了物品生产或处理过程中的垃圾成本。这种制度一味追求利润的最大化，把社会和生态成本转嫁出去，这些社会福利性责任最后往往会落到政府头上。好的经济制度会密切关注能源和材料的流向，倡导全民健康，而不是帮助少数人获取利益。以这一想法为基础，德国率先提出把垃圾成本向生产者转移。

在 1991 年以前，德国垃圾掩埋场约有三分之一的垃圾来自物品包装。随着掩埋成本日益上涨，德国城市便开始推动政府颁布法令，将包装垃圾收集、分类、回收的工作从城市转移到生产和销售该产品的企业身上。于是就有了《包装废品废除法》。如今，产品价格已包含回收产品包装的成本，也就是说回收费用要从生产者的利润中扣除。不难想象，一旦让生产者为回收产品全权负责，他们自然有动力改变设计，减少包装的使用，并让包装材料更易于回收。

基于这个成功的做法，2000 年，欧盟通过《关于报废汽车的技术指令》[36]，要求所有汽车生产商要在 2006 年前召回、回收并再利用 85% 以上的汽车零件（按重量算），到 2015 年这一数字要达到 95%。面对整车回收的高昂成本，汽车设计师们必须重新思考如何设计产品。如今欧盟的汽车都更加便于拆卸，方便回收、再制造，或尽可能多地再利用旧有零件。毫无疑问，全世界最赚钱的汽车公司——保时捷、大众和丰田——都来自汽车回收要求高的国家。这些高要求成了控制资源成本并让设计更严谨的强大动力。

这种管理手段也帮助巴尔的摩的雀点钢铁厂成功活了下来。2013 年，雀点的冷轧厂出售给纽科钢铁公司——全美规模最大、利润率最高的钢铁公司。纽科的业务模式跟伯利恒钢铁厂正好相反。前者的钢铁大部分来自回收材料，多半是来自已损毁的汽车。纽科钢铁公司没有设立大型集中性工厂，而是在全美 43 个地区分散设立中小规模的工厂，并让自己的废钢代理人和加工商为工厂提供可供冶炼的回收材料。纽科公司的工人们并不属于工会，却手握大权，参与每个工厂的政策制定和实际运营。

循环经济

2012 年，全球日用品巨头联合利华主席保罗·波尔曼（Paul Polman）表示："毋庸置疑，不断加速攫取资源、不考虑所处环境和地球自然承载边界的经济无法长久。在一个消费者数量很快将达到 90 亿的世界，所有人都在大量购买工业制品。我们需要一种做生意的新方式。循环经济的理念或许是一条出路。"[37]

提高系统适应性最有效的方式就是把输入、输出和信息全部连接起来，并创造条件，让这些因素能够随时调整以应对外部变化。城市及整个大都市地区的大小应适于实现经济繁荣和幸福安宁，并让整个系统更加和谐完整，既可以享受多样化带来的好处，又方便管理，还能为高效循环提供信息。

熵，是指热力学系统从有序向无序的转变，主要通过两种方式来影响——让能量组织和信息从高级态转变为低级态。当系统能量减少、组织性变差，其适应力也会随之减弱。比如，罗马文明衰落时，就失去了为自身提供所需热量和信息的能力，其活力衰退，自我管理的能力也跟着减弱，无法跟得上文明本身的复杂度。罗马帝国一下子变成了一个简单且缺乏组织性的国家，最后人口下降到不足巅峰期的 0.5%。

没有任何经济制度可以克服熵的作用。熵就跟重力一样，是我们生存的这个宇宙中的一种无法抗拒的力量。循环经济把熵的作用纳入了考量，传统经济就从来没做到这一点。循环经济的可以提高 EROI 值，减少城市对外部能源、食物、原料等资源的需求。同时，这种模式也更容易获得持续性的反馈和信息，有助于提高城市系统的组织水平。循环经济让城市从线性产业系统转变为循环性可再生系统。当各大城市开始采用旧金山和西雅图那种食物垃圾堆肥的方式，并鼓励纽科工厂那样的再生产模式，这些城市系统将提高其对本国和国际动荡的抵御能力，收入也都会留在本社区内。

地区性循环经济有四种前进方向。第一种方向是保存制度和产品，而不是直接丢弃。想想"二战"前的设计潮和制造潮，那时商品坏了主要靠维修，而到了 21 世纪人们却是通过软件更新来提升硬件系统。

第二种方向是通过集体消费来减少使用，既增加商品的易得性，也可以降低成本和对环境的影响。比如，在 Zipcar 汽车共享计划中，每辆车可以满足 7 个人的使用需求，在方便生活的同时又大幅度降低汽车制造需求，从而减少垃圾。在接下来的十年，每一辆新的自动驾驶汽车预计将替代 10 辆汽车，制造汽车所耗费的资源将减少 90%。如果是电动汽车，耗油量和温室气体排放都将降低 71%。

第三种方向则是鼓励翻新和再造。比如巴塔哥尼亚，这个地区为出售的一切物品提供免费维修。第四种方向则是建立管理制度、激励措施和基础设施来发展市场和产业，回收所有未被使用或已废弃的材料。比如，旧的聚酯回收成新聚酯，其中 99.9% 的成分都将被重新利用。

城市系统的循环经济

　　试想，如果把德国的汽车回收法规与美国纽科的钢铁回归制度结合起来会是怎样？如果这两者可以做到信息共享，可能会迸发出多大的力量？福特设计易于重新锻造的汽车零件，纽科制造轻巧、坚韧、易于成形的钢铁，而城市则负责设计把两者联系起来的基础设施。

　　大自然的循环效率是最高的。一些很有意思的新兴循环系统就利用大自然无所不在且无须太多维护的循环工厂——微生物。

在荷兰的瓦赫宁恩大学，路易斯·威特（Louise Vet）与 Waste2
Chemecal 合作研发可以把垃圾转化成化学原材料的细菌。比如，
他们从食物垃圾中提取脂肪，再把脂肪转化成可以用于制造塑料、
涂料添加剂和润滑剂的聚合物，而且价格与矿物燃料相当。[38]

五个步骤

如果输入和输出能够轻易地连接起来，循环经济的效率就
能达到最高。而有助于实现这一过程的人口密度和基础设施，应
该是城市最重要的特征。全世界在城市基础设施方面投资最多的
中国也认识到了打造循环经济的意义。2011 年，中国共产党的
"十八大"首度提出建设有中国特色生态文明的理念。中国共产党
中央委员会机关刊物《求是》中说："生态兴则文明兴，生态衰则
文明衰。生态环境是人类生存和发展的根基，生态环境变化直接
影响文明兴衰演替。"[39]

"十八大"报告指出，中国经济要"更多依靠节约资源和循
环经济推动……大幅降低能源、水、土地消耗强度，提高利用
效率和效益"。报告认为，中国需要在生产、循环利用和消费的
过程中进一步降低消耗，提高回收再利用的比例。其目标是要通
过"发展循环经济，促进生产、流通、消费过程的减量化、再利
用、资源化"。[40]

2012 年，欧盟也开始致力打造循环经济。"在这样一个资源
和环境压力与日俱增的世界，欧盟必须向资源型社会转变并最终
打造可再生循环经济。"[41] 2014 年，阿姆斯特丹公布了一个雄心勃

勃的计划——打造循环城市。负责可持续性的市政委员会委员爱博德鲁赫伯·乔何（Abdeluheb Choho）表示："循环城市集中了我们想要实现的一切目标：更少的污染、更少的垃圾、建筑物可以自己生产能源。"[42] 阿姆斯特丹采取的策略是把企业、政府机构、民众和 NGO 组织起来，这种办法比自上而下的政策合作度更高，适应性也更强。

大自然的生物复杂性的核心在于发展，以及通过繁荣来适应不断改变的环境的能力。随着气候变化对城市和地区的影响日益增加，未来从循环角度来思考城市代谢这一论题将变得至关重要。这一点对于污水治理尤为重要。

第 6 章

浪费水可耻

众所周知，巴西是"水资源界的沙特阿拉伯"：全世界八分之一的淡水资源流经巴西。然而巴西最大的城市圣保罗却濒临干旱。2014 年秋，圣保罗连续六天无法供水，也就是说居民没有水饮用、冲厕所、洗澡。[1]圣保罗的康达雷拉供水系统的能力下降到 5.3%。就在圣保罗打算削减供应，决定每周只供水两次时，二月连续多日的大暴雨又把水库水位提高到 9.5%。但是，居住地距离代谢性水源这么近，城市是很难繁荣发展的。

跟印度断电事件一样，圣保罗的水危机也有多种诱因。过去的 10 年里，巴西东南部一直处于严重的干旱中。圣保罗及其郊区扩张速度很快，城市资源要满足 200 万人的日常所需。然而，圣保罗的城市基础设施并不完善，光漏水和偷水就让城市供水损失 30%。圣保罗对于未来也没有完整的规划。只是身处危机之中，圣保罗才提议修建新水库，并提高水费以鼓励节水。

铁特和皮涅鲁斯河流经圣保罗，然而河水的工业污染严重，无法净化至可饮用标准。而巴西最大的自然水文系统又面临雨林被大规模砍伐的威胁。跟玛雅人摧毁供养其生活的自然景观一样，巴西人现在也大规模砍伐雨林，用来饲养牛羊和种植大豆，供给世界市场。西北部的雨林向空气释放大量湿气，在东南部形成降水。雨林减少，降雨频率也就跟着减少了。

圣保罗、里约热内卢以及巴西东南部其他大城市，现在需要从新的角度来理解水资源、食物、废水和能源之间的关联，而且必须迅速行动起来。所有这些资源并非孤立存在。随着全球气候变化不断加剧，每个城市都面临代谢挑战。要解决这些问题，城市必须要换个角度来思考、规划、建设和运作基础设施。

人类在进化中获得的本能，是种族求生的需要，而我们最强大的一种认知偏差就是尽量避免饮用脏水和食用粪便或腐败食物。早期的宗教条文对于饮用水、卫生和用餐有很多严格的限制。随着文明在诸多定居社群普及开来，人类便开始推动用统一方案来解决这些问题，包括就近设置独立的垃圾堆放处，这也是吸引现代人类学家进行探索的一项日常活动。印度河流域哈拉帕城市很大的一个特色就是，几乎每一栋房子都有自己独立的水井，而且每条街道沿街都建有排水沟。罗马建筑师和工程师也设计出了精妙无比的水道系统，一方面为饮水、烹饪和沐浴供水，一方面又能用水冲走人类排泄物和街上的牛马粪便。

公元 3 世纪晚期，罗马皇帝戴克里先开始在现今克罗地亚海岸斯普利特城所在的位置建造一座巨大的宫殿。戴克里先建造的这座宫殿不仅完美示范了罗马建筑的宏伟，也体现了规划者的长远眼光。戴克里先知道罗马皇帝容易遭人暗算，所以宫殿落成他立刻搬了进去，并放弃皇位。事实证明这个策略相当成功，戴克里先退位之后快乐地活了很长时间。他的宫殿可以容纳上万人，大部分都是保护他的士兵，水供应系统也足以满足 17.5 万人的生活需求。这个庞大的系统是专门为了应对干旱、包围和其他可能的威胁而设计的，也一直支撑斯普利特城直到 20 世纪中期，直至城中人口达到供水系统的承受极限才慢慢退出历史舞台。由此可以看出，为基础设施的承载力留出足够的空间，是城市拥有强大的韧性和适应力的关键。

纵观历史，城市和文明衰败的一个主要原因就是，随着时间的推移，城市发展超越了其食物和水资源承受能力的极限。当气候开始变化，或者其他条件恶化，原有的食物或水系统便无法再支撑整个社会的发展，于是系统崩溃。在美国西南部，玉米种植和灌溉系统的发展让阿纳萨奇在公元 700—800 年走向辉煌，发展出了位于今天梅萨维德国家公园和查科峡谷等地的人口稠密的社区。位于查科峡谷的博尼托多家庭聚居遗址足有四五层楼高，能容纳 1200 人。阿纳萨奇社区最大的特点就是基瓦大地穴（kivas，意思是"精神建筑"），以及举办季节庆祝舞会的广场。博尼托的大地穴处处体现了精准的数学运算，春分或秋分日的日出之时，光线刚好穿过地穴的一道槽，打在对面墙壁指定的位置。穿过基瓦大地穴轴心的光线也与数英里之外小地穴的中心线刚好对齐，也就是说该地区所有村庄都处于对齐位置，与天文周期相匹配。

可惜，阿纳萨奇没能及时适应地球的气候变化。通过研究古树的年轮，科学家指出，美国西南部曾经发生过两次绵延许久的大干旱，分别是 1128—1180 年，和 1270—1288 年。而在此期间，阿纳萨奇的人口已经超过土地的承载极限。跟玛雅文明一样，旱灾来临之时，阿纳萨奇无法再养活这么多人。在 11 世纪早期达到巅峰之后，阿纳萨奇在接下来几百年里被迫放弃许多主要的定居点。今天，历史也有可能在旱灾多发的美国西南部重演，因为这里的人口正迅猛增长，而水供应量却保持不变。

充足的水供应对于城市的发展至关重要。1677 年，纽约人在博林格林堡前的公共广场打下了第一口公井，之后，纽约城的每一栋建筑都有了自己的私井。一个世纪之后的 1776 年，纽约人不仅签署了《独立宣言》，还在百老汇的东边也就是如今市政厅附近修建了第一个公共蓄水池。蓄水池的水在路面以下通过空心木头被分送到各处。1800 年，渣打银行率先出资修建了深井、蓄水池和管道系统，曼哈顿市中心从此也有了自来水。到 1830 年，管道由空心木头换成了更经久耐用的铁铸水管——纽约开发出了第一个防火的城市水供应系统。

不过，水供应不仅要做到充足，而且必须干净。1832 年，纽约市经历了历史上第一次霍乱。正如《晚报》报道的那样："大街上，四面八方排列着驿站马车、出租马车、私家车、马匹等，人们四散奔逃，就像火山喷发熔岩袭来时仓皇奔逃的庞贝古城居民一样。" [2]

水、垃圾和疾病传播

在 19 世纪 80 年代中期现代卫生系统诞生以前，欧洲城市一直被看作危险之地，因为每次暴发霍乱、麻疹、天花，欧洲人口都会骤减，更不用说突如其来的黑死病。从意大利文艺复兴之初到工业革命时期，欧洲的城市人口没有任何增长，人口死亡率甚至超过了出生率。1780 年的欧洲人口数量跟 1345 年时并没什么不同，即便那时候工业化已经把大量人口从农村吸引到城市做工。[3] 大约半个世纪之后的 1842 年，英国社会改革家埃德温·查德威克（Edwin Chadwick）爵士发表《劳工卫生条件》（*The Sanitary Condition of the Labouring Population*），这是一份针对伦敦低收入人口健康状况的调查报告。

回首很多城市的历史，你会发现贫困街区往往比其他街区更加拥挤，住宅质量堪忧，供水不足，废水垃圾处理装置也明显短缺。所以，这些低收入社区往往患病的概率更高。查德威克爵士是"瘴气论"的坚定支持者，这种理论认为霍乱等疾病是由于大气中存在某种有害物质（即所谓的"夜气"）而起，当然这种理论如今已被证伪。即便如此，查德威克爵士还是在伦敦率先发起改革，对公共健康事业影响巨大。为了减少瘴气病，查德威克爵士提出要发展净水输送系统，为废水设置专门的污水管道，还要建设排水系统把容易滋生蚊虫的死水排出。

如今，我们大多认为疟疾仅在贫穷国家的乡下传播，但回到 19 世纪，它却是广泛传播的城市疾病。单就美国而言，疟疾就反复袭击过数个天气较热、有多处静水的城市，比如华盛顿特区、新奥尔兰等。在查德威克爵士的报告发表之后不久，拥有先见之明的纽约市议会就决定出资在韦斯切斯特郡的克罗顿河北岸拦河蓄水，并修建水道蓄水系统，把净水引入城市。伦敦就没这么幸运了。最终，一个死于霍乱的婴儿改变了人们对于城市地下水及污水管道系统的看法。

约翰·斯诺和宽街泵柄

1854 年 9 月 2 日，莎拉·里维斯和警员托马斯·里维斯五个月大的女儿弗朗西斯因席卷伦敦的霍乱而丧命。此前，霍乱已在印度的恒河三角洲肆虐多年，1817 年传到俄罗斯，进而向西传到欧洲，于 1854 年抵达伦敦。在照顾小女儿弗朗西斯的日日夜夜里，莎拉把带有女儿排泄物的尿片丢弃在一个桶里，清洗完之后直接把脏水倒入家门口的公共污水坑。随着伦敦慢慢成为大城市，这些铺砖的深坑就成了人类粪便的暂时收集点，再由人定期拉走卖给乡下农民做灌溉肥料，卖得的钱用来支付工人工资和维护排污坑。这种做法最初有助于维持城市居民与乡下农民之间健康且互不干涉的平衡，然而随着伦敦的不断扩张，排污坑之间的距离越来越远，农民数量也越来越多。到 1854 年，这样的排污坑在伦敦已经多达 20 万个，而通往城市中心的排污坑又要支付高额的运输成本，也就意味着用来维护的资金大幅缩水。

除此之外还有一个重大挑战：全球化猛烈冲击着英国和美国的肥料市场。1830 年代，秘鲁开始挖掘巨量的海鸟粪储备。他们雇佣中国和菲律宾劳工，把鸟粪装载在原本空着返回伦敦等大城市的船只上。于是，秘鲁开始成为廉价肥料的垄断供应者。这种无本之利让秘鲁很快成为世界唯一一个没有国内税的国家，而秘鲁总统的工资却能保持在美国总统的两倍。1847 年，秘鲁为出口海鸟粪的伦敦公司 Antony Gibbs & Sons 颁发了出口牌照，正是这家公司挤占了污水坑肥料业务的市场。用作堆肥的污泥售价下降，贫穷社区更加无力承担这些污泥的运输成本和排污坑的维护成本。

于是，他们索性放弃了维护，直接把垃圾倒进附近的河中。[4]最终，来自遥远秘鲁的廉价海鸟粪加速了伦敦的霍乱爆发。

在19世纪的英国基本的市政服务，包括对公共健康的监管由各大教区提供。宽街，也就是当时里维斯一家居住的地方，当时属于圣詹姆斯教区，由当地业主选举出的商人组成的管理委员会进行管理。1854年9月7日，也就是弗朗西斯·里维斯死后的第5天，陌生来客约翰·斯诺（John Snow）教授出现在圣詹姆斯教区委员会大厅的管理会议现场，低声提出是否可以讨论最近爆发的霍乱。斯诺针对宽街地区绘制了一幅地图，上面仔细标出了所有存在霍乱死者的家庭的具体位置。从地图中可以看出，所有从宽街水井打水的家庭患病的概率明显更高。斯诺大胆预测，这口水井可能被附近下水道的污水污染了，要求管理委员会下令处理水井的水泵，挽救该区民众的性命。[5]

当约翰·斯诺医生提出霍乱可能是由于水中而非空气中的有害物质引起时，他遭到了大量质疑。毕竟疾病瘴气论是伦敦健康事业的理论基础，而且深入人心。就在1854年这一年，佛罗伦萨科学家菲力波·帕奇尼（Filippo Pacini）发现了霍乱弧菌，并发布了该细菌理论，只是这一发现在当时被大大忽视。斯洛医生也遭到了同样的质疑，不过经过长达一夜的激烈争论，泵柄被最终移开。

很快，临近街区的死亡率就迅速下降。就是这样，仅仅是绘制疾病地图并移除泵柄，就开启了现代流行病学和公共健康的新纪元。差不多150年后，也就是2003年，约翰·斯诺被英国医学专业协会选为有史以来最伟大的医生。[6]

水净化的本质

　　最早的城市污水系统只是把污水转移出去而已，通常都是排放到附近的河中。量不大的时候，人类和动物粪便都可以经过大自然的五道流程得以净化。水中的污染物在流经沙滩或沙地时会被滤掉。细菌会吸收污染物，通风将加速这一过程，水流穿过瀑布、浅滩、多石河流时也会发生氧化作用。当水流减慢或者流入池塘，污染分子就会沉入池底。最后，在太阳的热力下加速分化，太阳光中的紫外线也将起到消毒杀菌的作用。

　　20世纪的垃圾处理系统大部分都是模仿这些自然过程，空间有限的地方也会利用水泵和机械系统来处理大量的污水。污水首先会进入沉淀池，也就是固体垃圾和悬浮颗粒物静止沉淀的地方，然后再进入曝气池，此外可能还会经过加热以增加微生物活动，然后流经沙子过滤层，滤掉其中的废弃物颗粒。在更先进的系统中，污水会流过带小孔的膜，滤掉除药物之外的所有化学物质——众所周知药物特别难以清除，生活在污水处理厂附近的鱼会因水中的化合物而丧失生育能力。[7]之后，让水从紫外线下流过，就可以彻底做到无菌，可以直接供人饮用，即便如此，很多供水系统还会把水再用氯气过滤一遍。从污水中清出来的固体废物也都作为淤泥堆积起来，由车运走。如果淤泥肥力很高，也可以用作肥料。

水供应和污水处理系统让城市更宜居

　　现代第一个利用水冲刷废物垃圾的城市下水道系统于1844

年在德国汉堡建成。[8] 在那之前，约翰·斯诺医生面对的污水池是最普遍的城市污水集中系统。美国首个下水道系统则是在 19 世纪 50 年代末在布鲁克林和芝加哥率先建成，遵循的也是德国的模式。到 19 世纪后半叶，以冲水马桶和浴室为特点的室内泵系统成为主流，各大城市也开始集中力量打造下水道，把污水转移出去。与此同时，城市也开始开发雨水排放系统，以解决积水坑等问题，从根源上铲除产生黄热病和伤寒症的土壤。

随着城市公共健康基础设施的发展，居民用水、污水和降水处理系统也相应得到发展。19 世纪 80 年代，人们相信最高效的城市系统需要把雨水和下水道污水集中到一根管道，以节省铺设成本。然而到了 20 世纪 20 年代，人们发现，尽管集成系统能降低建设成本，但后续的污水处理工作效率很难保证。低水位的雨水令污水更加集中且难以处理，而来势汹汹的暴雨又会淹没整个地下水系统和污水处理厂，把未经处理的污水冲入附近的河流海湾。如果我们把珍贵的、保障生命的净水跟自己的排泄物混到一起，将其排到河流或海洋之前又不得不再次将其净化，这不是给自己找麻烦吗？如今，美国很多沿海城市仍在使用净水和污水合一的老式系统。

从积极方面来说，这些供水和污水系统大大降低了城市生活的健康风险。1840 年，纽约市 80% 的死亡都因传染病而起。1940 年青霉素的研发让纽约传染病致死的比例骤降到 11%。这种公共健康的巨大改善要归功于市政工程。城市在水供应和污水处理基础设施方面加大投资，同时引入建筑规范法规，开展公共健康运动，改变随地吐痰等行为，大幅改善了城市居民的健康状况。

19 世纪末，城市用水供应和污水处理系统变得越来越集中。市政采集山坡和城市高地的净水，利用重力将其送到城市各处，并最终通过下水系统冲到下游 —— 但一个城市的下游往往是另一个城市的上游。

如今，市政污水处理借鉴了固体垃圾处理零废料的目标，用循环系统取代线性系统，利用生物过程来进行供水和污水处理，并对系统的排出物进行循环利用。只要土地允许，发展趋势定然是更小的分布式系统而非巨大的集中系统。

减少消耗

有些水是被消耗的，而有些不是。所谓消耗，就是把水变成某种无法再被利用的形式。大多数农业活动都在消耗水资源：比如，种植 1 磅的棉花，需要消耗 101 加仑无法被回收的水。在加利福尼亚，要从玉米中提炼 1 加仑的乙醇燃油需要消耗 2138 加仑水。[9] 与之相反，城市用水大部分都是非消耗性用途，比如饮用和沐浴。在美国各城市为农业争夺本就短缺的水资源之时，大力资助酒产业就不是一个明智的决策。

全世界大部分的下水和污水处理都是从冲水马桶开始，所以从用马桶开始就要注意减少用水。1994 年，美国开始要求所有新马桶都必须达到每冲一次马桶用水不得超过 1.6 加仑的标准，把耗水量至少降低 30%，而且这项规定并不需要对现有马桶进行任何升级。1995 年，面对日益严重的供水短缺，新墨西哥的圣达菲决定实施严格的水资源保护计划，以避免走上阿纳萨奇的老路。这个计划的关键就是要求城里每增设一个新厕所，就要用更新、更节水的新马桶替换十个旧马桶。[10] 在接下来的 10 年里，圣达菲城将所有旧马桶更换完毕，用水量也大大减少。

节水厕所能降低耗水量，而免冲水式小便器则能完全避免耗水。从 21 世纪早期开始，免冲水式小便器就成为绿色建筑工具包的一部分。像写字楼或机场这种人流量高的地方，每个免冲水式小便器每年能节约 45,000 加仑的净水。其他减少城市用水的方法还包括节水淋浴头和水龙头，节水洗碗机和洗衣机，大办公室和办公楼的节水中央制冷装置等。这些技术可以节约 10%～30% 的水。

在美国，耗水最多的行为主要是灌溉草坪 —— 美国郊区约有一半的水用在了灌溉草坪上。在西南部地区，用水紧张的城市甚至付钱给居民，鼓励他们用节水型园艺取代草坪，在花园里种植无须浇水的本地沙漠植物和草木。亚利桑那州的梅萨给每位开辟 500 平方英尺节水花园的居民奖励 500 美元。内华达州拉斯维加斯的水资源部门对于这一策略更加重视：头 5000 平方英尺的节水花园，给每位住宅和商业建筑业主按每平方英尺 1.5 美元发放鼓励金，超过的面积每平方英尺再发放 1 美元，最高可发放 30 万美元！[11]

纽约市在改善供水系统承载力方面也做得很好。1979 年，纽约市在用水巅峰期日用水量可达 15 亿加仑，平均每人每天要用 189 加仑水。纽约市大力监测和修缮漏水设施，更精确地计收水费，积极立法，以此来推动民众行为的改变，最终在 2009 年把日用水总量减少到 10 亿加仑，平均每人每天消耗 125 加仑。[12] 纽约市目前正耗资 60 亿美元修建新的引水管道，这样必要时就可以关闭旧的管道以做检修。

根据美国地质勘探局的数据，2010年美国公共供水系统日均用水量为3550亿加仑，比2005年的用水总量减少了13%。[13]如果我们能通过先进技术和行为策略再节约35%的水，节约的数量就相当可观了。减少用水量对于世界新兴城市的影响则更加深远。

麦肯锡全球研究所预计，到2025年全球城市淡水需求将比2012年上涨40%，其中一半将供给全世界440个发展最迅速的新兴城市。[14]以后要寻找新的淡水水源并不容易，因为人类已经消耗了全球87%的淡水资源，所以降低需求才是关键。新加坡要求所有用水装置都要印刷节能标志，以鼓励民众更理智地购买产品，并通过提高水价来鼓励节水。新加坡的目标是要在2030年把每人每天的用水量减少到37加仑，这相当于当前纽约用水量的三分之一。

然而世界大部分城市都还未设立如此明确的目标，也没有实施任何计划来实现目标。

尽管节水和水资源循环利用进步不小，但是人类要做的事情还有很多。当前，全世界只有60%的人口使用抽水马桶。正如比尔·盖茨所说："富裕地方使用的冲水马桶对于全球另外40%的人口来说是无所谓、不实用和不可能的，因为他们根本就没有享受到自来水、下水道、电力供应和污水处理系统的好处。"[15]盖茨基金会已出资研究节水马桶以及独立于中央下水道的小型污水处理系统，并将其推广到基础设施匮乏的社区。

用污水创造价值

幸好，每个城市都掌握了最佳的淡水来源——经过处理的污水。目前，有超过 40 万个中央污水处理厂在为全世界的城市提供服务，每天可以产生 73,000 万立方米的净水。污水处理的未来不仅是要重新利用这些处理后的水，而且还要提高污水处理流程的效率，同时对污水处理的副产品加以利用。污水处理厂现已成为净能量生产者，生物消化垃圾产生的可燃沼气不仅能服务于这些处理厂本身，还能造福周边。一家典型的污水处理厂 30% 的运营成本都是能源费用，那么免费能源定然能帮助污水处理在能源价格波动的世界里更好地运转起来。

克里斯·普伊特（Chris Peot）是把华盛顿蓝色平原污水处理厂改造成资源工厂的干将之一。跟美国其他的老城一样，华盛顿也有很多年代久远的基础设施。蓝色平原处理厂建于 70 年前，目前每天要处理华盛顿 200 万居民和大量通勤人员排放的 37,000 万加仑的污水，是世界十大污水处理厂之一。[16] 2015 年，蓝色平原耗资 1 亿美元对系统进行升级改造，之前每天要制造 1200 吨的淤泥、氮气和磷，改造之后这一数字减少了一半，能源消耗量降低了 30%，排放量减少了 41%。这一改造项目帮助华盛顿及邻近地区每年多节约了 1000 万美元的电力成本外加 1000 万美元的淤泥清除成本。

通常来说，污水处理厂的淤泥需要运到垃圾掩埋场掩埋，或者掺入石灰撒入农田。蓝色平原处理厂则通过新型生物固态反应器来升级淤泥的处理过程，并用热水解进行巴氏灭菌。[17] 超过一半的灭菌淤泥在生物降解过程中变成沼气，为处理厂的运作提供动能，另一半则作为该地区农田的肥料。

把淤泥转换成能量能大幅减少温室气体的排放。中国污水处理厂的垃圾如果有 10% 能转换成能量，每年的二氧化碳排放就能减少 3800 万吨。[18]

污水处理厂的废水中含有大量氮气和磷。这些物质会让藻类在淡水系统中大量繁殖，致使大量鱼类缺氧死亡。然而这两种元素也是肥料的主要成分，如果污水处理场能够对废水中的氮和磷加以利用，作为肥料在市场出售，就相当于变废为宝。弗吉尼亚州萨福克郡的汉普顿公路卫生区就在这样做 —— 使用化学过程采集污水处理厂 85% 的硫元素，每年可生成 500 吨的肥料。这个系统既可以出售氮和硫获得收入，每年还可以节约 20 万美元的化学和能量成本，减少大气中的二氧化碳！[19]

污水处理厂下一个要跨越的台阶是利用微生物过程直接用污水发电，并提取有用的化学物质。其中的关键就在于产电菌群推动了微生物电化学技术的进步，这种细菌在消耗有机物的同时通过自身的膜层把电子转移到不溶性电子受体中，从而发电。这种电力可以用来维持污水处理厂的运作，也可以别作他用。生物化学系统一旦接上电，就可以产生很多有用的东西，比如生物燃料，甚至可以将水分解为氧气和氢气，满足污水处理厂曝气和除菌流程的需要。还有一项新兴技术是把污水和电厂排放的二氧化碳结合起来繁殖藻类，美国国防部已开始利用这种生物能源来制造飞机和战舰。藻类植物还可以饲养动物，人类也就不用砍伐那么多热带雨林来种植大豆了。

把净化过的污水循环为饮用水，或许就是圣保罗这种城市的出路。事实上，利用净化污水对于任何一个地方的意义都非同寻常。在气候持续变化的世界中，干旱、人口的急剧增长、蓬勃发展的中产阶级极有可能让用水量迅猛增长。一个解决办法就是把废水净化到可饮用标准，并重新加以利用。

用水质而非来源来评判水

位于非洲西南部的纳米比亚是撒哈拉以南最干旱的国家，人口也最为稀少。纳米比亚几乎所有的经济、政治和市政机构都设在首都温得和克，这座城市目前正在以每年 5% 的速度扩张。1969 年，温得和克意识到城市水资源匮乏，决定将格勒盖博水处理厂升级改造为格勒盖博废水回收厂，使其不仅能够处理格勒盖博水坝的地表水，也能处理来自加玛姆斯污水处理厂的污水。该厂将河流水与工厂的回收水混合起来，生成新的可饮用水。为了实现这一目标，它们采取了几项关键举措。第一项就是严格分离工业用水和家庭用水处理系统，只对家庭用水进行回收，处理后的水体也会进行多项检测，以确保水质。

20 世纪 90 年代，为格勒盖博水坝供水的河流水位不断下降。跟发展中世界许多城市一样，温得和克当时正在迅速扩张中，城市周边有许多民众临时居住。由于缺乏合格的卫生条件，这些七零八落的贫民区对城市地下水和附近河流造成了污染。一方面城市的用水需求在增加，另一方面水质却在不断下降。因此，温得和克必须提升水回收项目的容量。2002 年，在欧盟资金支持下，新的废水回收厂在温得和克建成，其反渗透技术让这座城市直接从废弃污水中获得了城市 35% 的供水。[20]

污水回收确实有效：适应当地情况，值得信赖，关键还大大增加了城市的适应力。既然如此，为何全世界直接回收污水的处理厂这么少呢？南非水回收事业先锋卢卡斯·范·乌伦（Dr. Lucas van Vuuren）表示："不应用来源来评价水，水质才是标准。"[21]不过这种理性思维常常又受到认知偏差的干扰。瓦勒里·柯提思（Valerie Curtis）是伦敦卫生与热带医学学院的进化心理学家，她注意到人类在进化的过程中对粪便有一种根深蒂固的反感。"也许病原体是比猛兽更加可怕的威胁。所以我们对排泄物有一种强烈的本能性反感，"她说，"我们觉得恶心的很多东西都与传染病存在某种联系。"[22]

20 世纪 80 年代，宾夕法尼亚大学的心理学家保罗·罗兹（Paul Roznin）决定测试一下这种反感偏差的力量。他发现如果给大学生一块狗屎形状的巧克力软糖，几乎所有人都拒绝吃这块软糖，即便学生们知道那糖是用巧克力做的。这种认知偏差实在是太强烈了。[23]对于污水，人们更能接受非直接的再利用。大家不太愿意像纳米比亚那样直接把处理后的污水送到自来水系统，越来越多的城市把处理后的污水排到地下，经过沙层的过滤，然后才进入城市的供水系统。这种"地下水补给"而非"污水再利用"的方式似乎更加可行。还有一种方法，就是把处理后的水排到距离自来水系统几十英里之外的河流上游，这样水就在河水顺流而下的过程中得到了稀释和净化。

加利福尼亚州的芳泉谷据说是全世界最大的地下水补给系统。该系统在 2008 年开始运营，每天能生成 7000 万加仑的回收水。这几乎是橘子郡 200 多万民众用水总量的 20%。此系统还有一个好处。一般来说，当靠近海洋的含水层的水分被抽出，地下水位下降，海水往往会涌入，造成地下水的盐分上升。把处理后的水排入地下有助于防止海水倒灌。另外，由于加州 20% 以上的能量用在抽水上，而且抽取过程常常要跨越很远的距离，所以回收污水还能大量节约能源。这或许也是唯一能缓解农业用水和城市用水之间日益增长的矛盾的方法。

亚利桑那州的沙漠城市梅萨，是美国第 38 大城市。它虽然只是凤凰城的郊区，但人口超过了亚特兰大、克利夫兰、迈阿密、明尼阿波利斯市。后面这些老城市中心密度更大，周边是郊区，而梅萨却几乎全城都是郊区。事实上，梅萨自称是美国最大的城市郊区。

最初，霍霍坎人沿基拉河三两成群地定居。7—14 世纪，霍霍坎人建成了种植棉花、烟草、玉米、大豆和南瓜的复杂灌溉系统。当时，霍霍坎运河系统的覆盖范围是整个新大陆最广的。该运河与基拉河有多处交汇，运河源头的闸口宽 90 英尺，深约 10 英尺。1100 年时，该运河系统灌溉了 11 万英亩的索诺兰沙漠，满足了日益复杂的人口所需。

霍霍坎人最初生活在规模较小的印第安人村落，1100 年他们集体迁移到了人口更密集、更复杂的原型城市。因为这些社区容易受到气候变化的影响，旱灾和洪涝常常让人口遭受损失。最后，14 世纪的连续几次洪灾把基拉河冲了个底朝天，数百英里的运河从此失去作用。到了 1450 年，大部分霍霍坎定居点都已荒弃，居民也四散到各处。

1877 年，作为美国 19 世纪西进运动的一部分，梅萨被第一梅萨公司重新设为定居点，并重启古老的霍霍坎运河，不到一年，居民就有了可以灌溉的土地。

梅萨的早期发展相当缓慢，1900 年时的人口只有 722 人（当时圣路易斯的人口约有 57.5 万）。不过"二战"之后，随着空调的日益普及，梅萨人口开始爆发式增长。到 1950 年，梅萨总人口达到 16,790 人，2015 年增长至 462,000 人。要跟上这种发展脚步，梅萨必须大力增加水供应。

梅萨首先开始确立目标：百年用水大计。为实现这一目标，梅萨需要对所有污水进行净化，并利用这些净化水补充地下水资源或灌溉。这一水回收计划每天能提供 4200 万加仑的回收水。梅萨没有选择建造一座巨型的中央污水处理厂，而是在城市的三个地方分开修建了三座。该系统的供水甚至能满足灌溉本地高尔夫球场和城市景观的需求，不过实际上大部分被用作与基拉河的印第安人进行交换，后者将其用作农业灌溉。作为交换，印第安人允许梅萨市利用基拉河的淡水。为此，在 1999 年，梅萨市、斯克茨戴尔、凤凰城联合开展"明智用水"计划，如今这已成为美国覆盖范围最广的节水教育拓展计划。

四大水龙头

新加坡岛为了满足日益增长的人口需求，提出了名为"四大水龙头"的水供应系统。[24] 第一个水龙头是广阔的水库系统，其周围是受保护的自然绿地，帮助水库水保持纯净。第二个水龙头是环城海湾的淡化水。第三个水龙头是回收的下水道水（被称为"新水"以克服人们的偏见），第四个则是从马来西亚进口的水。

新加坡的目标是要把人口控制在 250 万，并且到 2080 年仍能保持自主供水，不依靠马来西亚。为了实现这一目标，新加坡已成为水处理新技术的全球研发中心。其未来的策略包括提高城镇中心的密度，进一步通过公共交通实现各地的连接，收回之前被公路占用的土地，使其重新变为水库和公共空间。

另一个岛屿城市香港，则把在重点放在第二个水龙头，也就是海水上面。它采用双重水系统，为日常所需供应淡水，海水则用来冲厕所。这一系统已经沿用了超过 50 年，减少了城市 20% 的用水量。香港在供水方面取得了巨大成功，目前正在尝试在新机场采用三维供水系统，即淡水、海水和灰水（水槽水）结合供应。

当然还有第五种低成本、低耗能的水源：利用建筑物屋顶集中雨水，并储存在水箱中。几乎所有古罗马的家庭都会利用方形蓄水池蓄水，这种池子一般设在家门口庭院的正中间位置。其中的水也可用于浇灌花园等其他用途，天气热的时候，水汽蒸发也可以起到自然降温的效果。如今，雨水收集也是绿色建筑的关键组成部分。

总　结

我们前面讨论的各种节水技术和行为可以让大多数城市耗水量在现有水平的基础上减少 35%。循环水也可以满足一个城市 30%～40% 的用水需求。这两者加起来，就可以让大多数城市的淡水消耗量降低 70%。如果再加上布局合理的雨水收集和储存装置以及脱盐工序，古代城市衰落的关键诱因之一 —— 干旱 —— 也就没那么难以应对了。不过做到这些并不意味着人类就可以万事大吉了：城市的耗水量只占世界总供水量的 25% 左右。剩下大部分用于工业和农业。随着世界人口增长，工业和农业用水需求也随之增加，除非它们也从线性模式向循环模式转变。

传统的农业社会针对水资源的分配发展出了极其成熟的系统。在巴厘岛的灌溉系统中，农民认识到所有人都是一个整体，所以借助共享灌溉系统"subaks"让水流过各家的稻田。该系统采取集体维护的方式，由寺庙的僧侣负责引导，这些寺庙一般设在泉眼或河流源头附近。僧侣们根据月相给出播种和收割建议。水道的负责人则要制订具体时间表，协调水资源分配争端。系统的每个部分都采取本地化管理，没有人对整个系统负全责。subaks 系统沿用了上千年，起到了灌溉、恢复土壤肥力、限制害虫、适应气候变化的作用。

巴厘岛的农民们互相监督彼此的表现。一旦有人改变种植时间，改良稻米品种或者提高了生产率，邻居们就会迅速仿效，在系统内掀起改良浪潮。互相联通的 subaks 让巴厘岛建立起了庞大的动态平衡系统，该系统具备分布式管理的特征，是世界生产效率最高的农业系统之一。

可惜，世界大部分地方都缺少这种集中化、适应性的管理文化，无法在用户之间实现公平分配。

随着城市逐渐绘制出城市代谢地图，并获得输入和输出的实时数据，它们也逐渐了解了代谢管理的力量。随着基础设施系统从线性模式向综合模式的转变，城市在变幻不定的世界实现繁荣的能力也得到了有效提升。通过连接多个系统，并分配和增加系统之间的信息流，城市的适应力和韧性得以提升。然而，正如巴厘岛的 subak 系统一样，高效基础设施系统的核心在于形成共同体认知，令大家有意愿齐心协力优化资源分配，让整体获利。

基础设施：从最大化到最优化

基础设施是文明的中枢。只有好的基础设施才能形成统一的系统，实现繁荣并造福人民，如果设计合理，还能帮助恢复受城市影响而退化的自然环境。最有智慧的城市会未雨绸缪地规划供水系统，以满足下个世纪的需求。

基础设施从本质上来说就是一个协同系统。从美索不达米亚平原到互联网，基础设施系统将共享资源和流程整合起来，创造了更高水平的物质流、能量和信息。它们就是文明抵御熵的核心力量。

基础设施系统影响深远，不仅能改变现在，还能改变未来。水库收集雨水，以备将来之用。健康护理系统在人们生病的时候提供帮助，并减少未来疾病的产生。也就是说，投资基础设施是一个绝佳的支点，用今日的资源为明日的幸福买单。

基础设施是建成循环型经济的基本组成部分。内部组成部分越分散、连接性越强、越智慧高效，就越能促进新的适应性组织形式的产生。这需要城市领导者将基础设施看作一个复杂系统。把不同系统融入一个与城市代谢共同发展的元系统，需要领导者提升系统的效率并提高凝聚力。这就是生物复杂性的城市版。

在一个资源有限的世界，最成功的城市是可以让代谢消耗达到最优的城市。要做到这一点，就必须把线性系统转化为循环系统，以适应变化世界的诸多不确定性。

21 世纪，绝大多数城市无法独自承担基础设施建设费用。它们需要国家政府的支持。印度、中国、日本、韩国、俄罗斯、巴西以及其他许多国家都是通过广泛的城市基础设施投资项目来筹集资金。美国国会拒绝投资国家基础设施，这实在让人费解。美国土木工程师协会将美国现有公路、桥梁、饮用水及污水系统、机场、公共交通、水坝等基础设施评为 D+ 级。[25] 重大基础设施项目能为钢铁及混凝土生产企业创造上百万个本地就业机会，比如建筑工人、设计工程师和维修人员等，同时也能增强国家经济应对变化的能力，增强竞争力，提升民众的健康、安全水平和生活质量。另外，明智的基础设施投资还能带来良好的经济回报。孤立隔离并非应对全球化的办法，建设基础设施才是。

—— 第三部分 ——

韧性

在气候变化的年代打造平衡城市

韧性是和谐的第三个元素，也就是一个系统应对压力和变化的适应能力。生态学家 C. S. 霍林（C. S. Holling）在其 1973 年的开创性的文章"生态系统的韧性和稳定性"（Resilience and Stability of Ecological Systems）中最早对生态系统的韧性进行描述。霍林把韧性定义为"生态系统在不沦为另一种状态的前提下承受外界干扰的能力"。韧性的生态系统可以承受震荡，并在必要的时候进行重建。社会系统的韧性就是人类期待和规划未来的能力总和。[1]

霍林一开始把稳定性看作系统的优先目标，也就是要让系统在动荡之后恢复到原先的状态。很多时候当社区遭遇灾难，无论这灾难是由天气还是经济的结构性变化引起，系统的首要本能就是恢复到原先的状态。不过稳定并不是系统长期健康发展的最佳目标。如今，韧性被看作城市向前发展，进入适应力更强的新状态的一种能力。

亲眼见证卡特里娜飓风和丽塔飓风之后新奥尔良重建工作的米奇·兰德里欧市长把那场洪水概括为"濒死体验"。启动重建工作后，新奥尔良受到了来自本地的前所未有的巨大压力。不过很多外界咨询者都建议把新奥尔良重新打造为一个更具韧性、面向未来的城市。兰德里欧在飓风之前的那个夜晚就在思考新奥尔良的城市状态，并意识到这座城市正在面临全方位的衰退。他选择了一条难度更大、更需要勇气的道路——保留过去的精华，同时以全新的方式重建城市，向前发展。现在的新奥尔良仍有过去的味道，但是方方面面又都跟以前不一样。

环境、经济、代谢、社会、文化系统在城市里互相交叉。应对变化着的环境并非一件易事，因为我们的天性就是要回到之前的状态，而非冒险争取一个不确定的未来，即便未来有可能会更好。正是这种偏差保证了人类文化的稳定和可靠。在我们的进化历史中，在变化节奏没那么快的时期，这也是一种重要的适应性策略。我们需要改变旧的习惯，并以更快的速度找到新的适应性策略。

推动变化的一个关键性因素就是温度，其英文写法temperature，词源来自拉丁词temperare，意思是"抑制"或"混合"，与"temperament"（性情）是同一个词根。本书的这一部分主要探讨让城市变得更具适应力的方式，尤其是应对气候变化的办法。韧性或者说适应力的关键就在于调和各种极端因素。

地球气候变化多端，而这些变化会对地球的生态系统及文明产生重大影响。而到了近现代，由于人类现代文明使用化石燃料作为主要能源，加之林业和农业活动，这种影响进一步加剧了。

蕴藏石油和天然气的矿井会排出数量惊人的甲烷。化石燃料一经燃烧，就会释放出二氧化碳。烧掉或砍伐森林，不仅会释放二氧化碳，还会影响大自然对二氧化碳的吸收能力。排放出的二氧化碳和甲烷会形成屏障，令热气无法散出，从而使地球温度升高。日渐增高的气温让极地冰川融化，造成海平面上升，同时也改变了天气模式，使得一些地方的暴雨次数增加，另一些地方又饱受干旱之苦。

由日益变化多端的天气造成的城市问题有时相当严重，比如卡特里娜飓风和超级风暴桑迪，它们导致多人丧生，经济损失高达数百亿美元。风暴让城市难以运转。2014 年冬厚达十英尺的雪就让波士顿陷入瘫痪，公共交通停摆，成千上万靠工资养家糊口的人无法通勤上班。有些情况日积月累也会产生巨大的影响。加利福尼亚州和西南地区数年的干旱就让水供应形势愈加严峻。海平面上升则让全球 1.77 亿人面临严重的洪灾威胁。一个世纪之后，靠近海平面的城市或许会被洪水完全吞没，成为水下之城。

气候变化也对城市代谢造成威胁。它让人类的食物、水，以及关键的自然资源岌岌可危，全球变暖也让世界范围内很多乡村的生活环境恶化，许多人因此涌向城市。

自然发生的气候变化

16 世纪末，俄罗斯帝国禁军里一个出身平凡的弓马手鲍利斯·戈都诺夫（Boris Godunov），一路通过谋杀、联姻、操控他人等手段青云直上。1598 年，他被推举为俄国沙皇。那是一个收入极度不平等的年代。俄国的富裕家庭拥有巨大的庄园，还雇佣廉价的农奴服侍左右。俄国精英阶层不愿投资兴建基础设施，而是利用手中的财富修建奢华的宫殿，购买异国风情的丝绸等贵重物品。

同一时期，在地球另一端的秘鲁，一座名为埃纳普蒂纳的火山蠢蠢欲动。1600 年 2 月 19 日，火山终于爆发了，这是南美有历史记载的最大规模的火山喷发。上百万吨火山灰进入大气层，遮云蔽日，引发了不正常的寒潮和干旱。火山灰跨越北欧和俄国，整整三年才尘埃落定。

在接踵而至的大饥荒中，俄国有超过三分之一的人死于饥饿和寒冷，其中大部分都是贫穷的农奴。俄国城市也遭到重创。在莫斯科，人们挖掘了巨型坟墓用以埋葬 127,000 名死难者。民众意识到沙皇政府无力保护他们，于是揭竿而起。在你死我活的派系斗争之后，紧接着就是全国性的骚乱和内战。1609 年，波兰入侵俄国，并占领了克里姆林宫以重建秩序。气候变化、收入不均，加上自私的统治阶级，都极大地损害了城市的健康，并最终导致城市的全面崩溃。

21 世纪，由人类活动引发的气候变化持续时间更长，其后果比埃纳普蒂纳火山喷发更加严重。让叙利亚毁于一旦的内战就始于气候变化引起的大旱灾，它最终迫使 150 万乡村农民和牧民涌向城市，因为当时的总统阿萨德把珍贵的水资源都调配给了城市里的权贵。失去工作和政治话语权的叙利亚人，成了战争的导火索，成千上万的难民涌向欧洲，寻求更好的生活。

其实，气候变化并非 21 世纪唯一不可逆转的大趋势。我们的城市还会受到人口增长的影响。当全球人口增长到 100 亿，在网络威胁、自然资源枯竭、多样性减少、收入不均、恐怖主义增多等问题之外，还会有越来越多无家可归的人在世界范围内迁移。

这些世界大趋势对于地球生态系统以及人口的影响将持续对城市造成冲击。到本世纪末，低洼的城市，比如新奥尔良和达卡，如果不斥巨资修建堤坝，则很有可能沉入海底。然而堤坝并不适合所有城市。比如迈阿密，地下都是多孔石灰岩，海水已经灌到岩石内部，尽管情况危急，目前却没有可行的解决方案。[2] 纽约、波士顿、坦帕市、大阪、名古屋和深圳等城市，都需要斥巨资建设基础设施，以应对海平面上升。

要在如此多变的条件下实现繁荣，我们的城市需要迅速适应，把握新世纪的变化趋势。而要做到这一点，就需要有韧性。最有效的策略就是在城市内部及其周围大力增强大自然的缓冲作用，让建筑物更绿色环保，更有韧性。在接下来的两章里，我们将继续探索相关的具体策略。

第 7 章

自然基础设施

亲生命性和人类顺应性

　　大自然可以很好地适应气候变化，并缓解其影响。除此之外，大自然也能造福人类。融入自然似乎是人类固有的本性。"亲生命性"（biophilia）一词由心理学家埃里克·弗洛姆提出，用来概括人类与其他生物系统之间的本能联系。生物学家 E. O. 威尔森也观察到，人类有一种"与其他生命形式产生交往的冲动"。[1] 即便是在大多数城市环境中，人们也会产生融入大自然的本能。为什么不呢？我们的存在本身就依靠大自然的馈赠——空气、水，以及其他作为食物的植物和动物。而且，有越来越多的科学证据表明，能够增强人与自然联系的外部环境有助于提高人的健康和幸福程度，进而增强人的适应能力。

　　20 世纪 90 年代中期，瑞典建筑学教授罗杰·乌尔里希（Roger Ulrich）进行了一项破天荒的研究。他把两组手术恢复病人进行比较，[2] 第一组病人安排在两个窗户都朝向墙面的病房，第二组病人则可以从病房里看到树木。这项研究如今已在很多场景中复制，结果表明相比面对墙壁的病人，能看到树的病人住院时间更短，需要的止痛药物也更少。以此项研究为基础，专家还发展出了"理疗设计"这一新的建筑领域，[3]试图利用自然环境来促进健康，提高药物治疗效果。结果表明，理疗设计不仅对病人有利，也能减轻探病者的压力，同时减少医院工作人员的心理崩溃次数和离职率。

大自然带给人类的好处可谓无处不在。理查德·洛夫（Richard Louv）在其开创性著作《林间最后的小孩：拯救自然缺失症儿童》（*Last Child in the Woods: Saving Our Children from Nature-Deficit Disorder*）中说，研究表明，儿童多动症与缺少与大自然的接触存在相关性。理查德·洛夫提出，亲近大自然能提高儿童的注意力集中水平，提高其社会学习和情绪学习的能力。亲生命性，一开始是一种有趣的假说，如今已经得到了越来越多的研究佐证。

2012 年，《情感紊乱杂志》（*Journal of Affective Disorders*）上发表的一项研究表明，患有严重抑郁症的患者在大自然中散步一圈，相比在缺少自然环境的城市中转一圈，获得的意义感要多得多。[5]美国园艺治疗协会的报告显示，花园已日渐成为治疗痴呆症的标准手段。[6]一个名为"茁壮成长"的英国园艺慈善组织正致力于打造一系列理疗花园，用来改善残疾人、病患、孤寡老人、弱势群体和过度敏感者的生活。"感官信任"则把这项活动带到了康沃尔，他们修建亲近生态中心，来帮助社会边缘人士，包括老人和存在身体、感官和智力缺陷的人。以社区为基础的玛姬癌症治疗中心，也正在努力将自己打造成亲近生物的理疗收容中心，为英国的癌症患者服务。不过这种亲近生物的环境是否只对有特殊需求的群体有益？或者说，它们是否可以用来改善社区和城市？

城市花园

纵观历史，城市规划者的愿景中从来都没有忘记过公园和花园。或许最著名的古代城市花园就是巴比伦空中花园了。这一花园由尼布甲尼撒二世为其妻子打造：尼布甲尼撒二世的妻子从小在山里长大，嫁到平坦而干旱的巴比伦首都，使得她愈加想念小时候那些绿树繁茂的山峰和清幽的山谷。[7]古希腊和古罗马的建筑特色就是在靠近入口处的庭院设置一个私家花园。

在古代中国，花园是权贵阶级的专属。这些花园旨在取乐休闲，装饰得奢华雅致。约在公元前 500 年，受轴心时代儒家和道家学说的影响，中国逐渐赋予花园以特殊的意义。花园的设计开始鼓励内省，强调人与自然之间的和谐，以期让到访者产生一种如沐春风的感觉。通过假山、流水、花草的搭配，中国古庭院既体现出大自然的力量，又加入了人类的建筑、绘画和诗歌艺术，试图达到人类与自然的平衡。

庭院花园也贯穿了另一位轴心时代伟大思想家的一生，那就是出生在花园中的释迦牟尼。他在树下顿悟，在鹿苑中首次讲道，最后也是在花园中涅槃。纳兰达佛教大学，是世界最早、存在时间最久的大学之一，它的每一栋教学楼、寺庙、舍利塔都带有花园。

波斯花园则在伊斯兰文明走向辉煌的 8—12 世纪不断升级。伊斯兰城市有三种花园：bustan，庭院内围绕方形池塘和水道而设的正式的冥想花园，代表着人间天堂；jannah，家门之外的种植着棕榈树、柑橘、葡萄的果园；rawdah，也就是家庭菜园。伊斯兰花园是纷繁芜杂的市场交易中的一片绿洲，在忙碌城市的中心开辟出一块能让人静心冥想、陶冶情操的空间。

伊斯兰人征服西班牙后，便把波斯花园的理念带到了欧洲。他们在欧洲建造的花园多为几何形状，周围砌有围墙，其中挖掘了水道，并安设了喷泉，现在这种布局在西班牙的阿尔罕布拉宫和法国的凡尔赛宫还可以看到。这些花园全属私有，专供贵族和富裕阶层享乐。让花园真正走进千家万户的是英国人——整个过程经历了激烈的斗争。

公共城市花园的出现

1536 年，亨利八世买下伦敦郊区的一块公共土地，用作私家狩猎场。为了让这块土地私有化，亨利八世下令将地圈起来，四周铺设栅栏，不允许公众在此牧牛打猎。当时，圈占公共土地的争议很大。其实，这种行为几个世纪之前就出现了。当时，瘟疫和饥荒让英国人口大为减少，大庄园主无法召集足够的佃农替他们干活。为了获得收入，地主们便开始把原属公有的农场圈占起来，将其改造成牧羊草场，因为在这种草场放牧需要雇佣的劳力少。随着欧洲经济的发展，市场对于上好的英国羊毛的需求也随之增加，贵族的圈地现象也越来越多，导致当地农民和牧民失去了生活来源。亨利八世圈占公共土地，尤其遭到民众的反对，因为土地上产生的收入完全用来支付其奢靡的生活。

这种土地私有化，也就是我们常说的圈地运动，最后上升为关于公共与私人利益的激烈讨论。从那以后，这成为所有与土地有关的争论的最大主题。公有财产私有化常常会让特权阶级与其他阶层之间差距增大。在英国，经过十年的社会动荡之后，1637年，查理一世向公众开放了海德公园，伦敦伟大的公园运动从此拉开序幕。如今，伦敦有 8 个属于王室但对外开放的公园，分别是：灌木公园、格林公园、格林尼治公园、海德公园、肯辛顿公园、摄政公园、里士满公园和圣詹姆士公园。

1857 年对于城市绿化事业意义非凡。在这一年，弗朗茨·约瑟夫皇帝下令推倒维也纳城墙，取而代之的是环城大道——一个绿树环绕、公园遍布的新型活力社区。纽约的一些富有商人也开始积极游说，主张成立中央公园委员会，负责把位于纽约北部人口最多的社区的牧场设计成公园，打造一个可以让家人悠闲散步或乘坐马车观光的地方，工薪家庭也可以在酒吧之外多一个社交场所。中央公园委员会针对新公园的设计举行了全美第一次景观设计大赛，最后弗雷德里克·劳·奥姆斯特德（Frederick Law Olmsted）以及卡尔弗·沃克斯（Calvert Vaux）赢得了比赛。在他们的努力之下，中央公园大获成功。许多城市的委员会跃跃欲试，着手建设了包括布鲁克林展望公园在内的一系列城市公园。

中央公园风景优美，是在最繁华的中心地带开辟出的自然风光。不过奥姆斯特德和沃克斯对于城市形态最大的贡献还不在于此。他们提出了绿宝石项链的理念，也就是沿着河滨等自然系统建造一系列公园和绿道，其中包括波士顿的绿宝石项链公园带、纽约罗契斯特市的绿宝石项链公园带、底特律的美女岛公园、威斯康辛州密尔沃基市的公园项链带，以及肯塔基州路易斯维尔市的切诺基公园。这些公园系统建成于 19 世纪末 20 世纪初，有些在此后的大萧条时期进一步得到扩建。然而到了 20 世纪 70 年代，随着城市财政赤字增多、人口减少，公园预算也首当其冲遭到削减。

社区花园的兴起

纽约南布朗克斯区是 20 世纪后半叶美国城市衰落的一个标志。1948 年，罗伯特·莫斯（Robert Moses）开始建设布朗克斯高速公路，那是当时世界造价最高的公路。1963 年，公路建设完成，作为工薪阶层和中产阶级大本营的南布朗克斯区因此与城市其他地方割裂开来，从而迅速衰落。20 世纪 70 年代，这一地区又受到毒品、犯罪的冲击，致使大量居民外迁。南布朗克斯区的社会网络变得支离破碎，工作机会大量减少。彼时，丧尽天良的瘾君子四处放火烧毁房屋，搜罗建筑中的铜管和电线以换取海洛因或摇头丸。房东为了获得保险赔款也会自己放火烧掉房屋，无家可归的人则会为取暖而放火。整片南布朗克斯地区火光冲天。这个纽约曾经最繁华的地区，一时间满目疮痍，瓦砾遍地，映着流浪者点燃的星星点点的油罐垃圾箱，让人唏嘘。

衰落的南布朗克斯区常被拿来与德累斯顿做对比，后者在 1945 年因盟军的炮火而被夷为平地。尽管生活条件不尽如人意，留下来的居民还是住进了被弃置的房子，并开始开辟社区菜园。有些人是为了给自己提供食品，也有人则是为了建设社区。这些社区菜园逐渐变成安全的港湾，住户们彼此紧密地联系起来，并从大自然中汲取疗伤的力量。来自加勒比海岸或拉丁美洲的近代移民，包括来自美国南部乡村的非裔美国人后代，慢慢在这些菜园周围聚集，打造出临时的社区中心，演奏音乐，打牌，玩多米诺骨牌。[8]

与社区菜园运动一道兴起的还有非营利的社区发展公司，它们最初致力于翻新废弃建筑，提供人们负担得起的经济住宅，继而在空地上建造新的公寓房屋，同时为住户提供社会服务。这两种运动都有自发组织、影响广泛、独立于城市管理的特点。

对于纽约市市长鲁道夫·朱力安尼（Rudolph Giuliani）来说，很少有事情能让他乱了方寸。1999 年，他提出把城市所有的非正式菜地拿出来面向私人房地产开发商拍卖。得益于非营利公共土地信托基金会和纽约重建计划的努力，这些菜地在拍卖前夕得以卖出并保护起来，连同独立的菜园一起并入全区范围的土地信托。

如今，社区菜园运动几乎遍及北美的每一个城市。美国社区菜园联合会估计，2012 年全美和加拿大全境约有 18,000 个社区菜园。[9]这项运动反映出城市居民亲近大自然的强烈天性，其不断扩大的规模也让它对城市代谢产生了举足轻重的意义。

公园、菜地和城市健康

在美国所有国家土地保护组织中，公共土地信托基金会（TPL）在城市经营时间最长，最早可以追溯到 1976 年的城市项目。20 世纪 90 年代及 21 世纪初的一系列研究显示，城市公园和菜地对于人类健康和经济发展具有积极意义。于是，TPL 建议所有城市居民居住在距离公园、水滨或花园10分钟路程之内的地方。事实证明,公园、绿道、花园是改善公众健康、应对气候变化、提升经济价值的最具性价比的方式。

根据TPL在2009年发布的"城市公园系统经济价值评估"[10],城市公园和公共空间能够带来的七大直接利好:房产价值、旅游业、使用价值、健康、社区团结、净水源和干净空气。头两项因素能为城市带来直接的收入。大量针对城市房地产的研究显示,靠近公园和其他自然公共空间的地产价值更高,能为城市创造更多的房产税收入。而风景美丽的公园也能吸引游客,带动周边消费,增加销售税收入。接着的三项因素——使用价值、健康和社区团结则帮助居民直接节约了成本。公园为所有人提供了运动休闲的空间,让市民免于支付健身房或其他私人服务高昂的费用。大量研究显示,运动是减少肥胖症、糖尿病、心脏病、癌症等现代疾病的最佳方式。

普通美国人每天仅步行约400码①,有超过60%的美国人肥胖或超重。21世纪初,缺乏锻炼已经成为美国仅次于吸烟的第二大致死因素。[11]肥胖让美国一年的医疗成本增加1900亿美元。[12]现在,肥胖已经成为一种全球现象。在中国,越来越多的人住进高楼大厦,人们的步行距离也随之减少。根据世界卫生组织的调查,2011年中国有超过3.5亿人超重,约1000万人患有肥胖症,是2005年数据的5倍。[13]

有一种经济的方法可以化解这场危机。这种方法考虑的是城

---

① 1码≈0.91米。

市的步行适宜度与运动之间关系：居住在距离公园（且有安全的人行道直接通往公园）10 分钟步行路程或自行车路程范围内的人们运动频率更高。奇怪的是，很多人选择住到郊区是为了更靠近大自然，然而城市居民的户外步行时间却超过郊区居民，因此城市居民的体重也普遍更轻。

大量事实证明，自然与精神健康之间同样存在着密切的关系。马克·泰勒（Mark Taylor）是斯诺伐克特尔诺瓦大学的公共健康研究员，他重点研究了伦敦公共数据中的两组：一组是抗抑郁处方药在 33 个区的使用量，另一组则是每个街区的树木数量。排除失业率和财富等因素后，泰勒和同事发现树木数量与居民精神健康之间存在着明确的联系：树木最少的地区，居民使用抗抑郁处方药的人数最多。[14] 公园和公园活动还有助于促进社会团结，降低城市警察、消防、监狱、咨询和健身成本。我们将在第 10 章进一步探索社会团结在获得幸福安康方面所起到的关键作用。

公园及公共空间也为城市创造了巨大的环境优势。这些自然景观吸收大量的空气污染物，这一点对于低收入社区尤为重要，因为低收入群体往往距离排放有害气体的工业厂区、高速公路和公共汽车站更近。树荫也有助于降低空气的温度，防止水土流失。气温上升到 90℉[①] 以上时，树木环绕的社区相比那些没有树的社区，气温要低 12℉[②]。美国农业部的报告显示："一棵健康小树的净冷却效应相当于十台家用空调每天运行 20 个小时。"[15]

公园和公共空间还能增加城市储蓄和净化雨水的能力。随着

---

① ℃ =（℉ –32）/1.8，90 ℉ ≈ 32.22℃。

② 约为 6.67℃。

气候的变化，许多城市的降水转变为旱涝循环的模式，暴雨过后排水系统常常不堪重负。在美国，如今还有约 800 个社区尚未执行《联邦清洁用水法案》，这些社区需要投入资金，防止未经处理的污水从排水系统中溢出。在西雅图，雨水把街道上的油气、重金属和尘垢通过排水系统冲入附近的河流，致使河水毒性增加，甚至洄游的银大马哈鱼只要接触毒水两个半小时就会一命呜呼。不过测试结果显示，如果让同样的雨水流经砂土层，它们对鱼类就不再具有杀伤力。[16] 城市建造新公园来吸收和净化雨水，自然要比大兴土木安装大型混凝土管和污水沉淀池来得经济，更何况还有利于健康和社会。

大自然的调和作用是城市基础设施的关键，它能在加强城市代谢的同时，提升经济效益，提高城市对气候的适应力，增加安定和幸福，让城市更加宜居，成本也比传统市政工程要小得多。

自然基础设施的回报

每当下雨，费城的合流下水道系统就会把数以亿计的有毒废物排入斯库尔基尔河，这自然有违《联邦清洁用水法案》。21 世纪头十年中期，美国国家环境保护局强制费城投入 80 亿美元修建大型地下雨水保留系统，增加雨水管道规模，几乎所有的主要街道都要进行重建。这种来自外部的干预措施劳民伤财，而且并不能推广到每个城市。比如，密尔沃基在 20 世纪 80 年代花费了 23 亿美元建设了全新的系统，结果这个昂贵的系统并没有解决城市的雨水问题。所以费城还提出了一个备选方案：与其斥巨资用钢筋水泥打造硬件设施，不如花 10 亿美元打造软系统，或者说自然系统：修建新公园，拆掉学校操场的沥青跑道代之以草皮，鼓励业主在屋顶种植绿色植物，并在停车场铺设透水性砖道。此外，城市还会针对溪流栖息地和河滨地带进行投资。

环保局最终同意了这一方案。为支付这笔费用，费城提高了城市的排水费。相比环保局原来的方案，这一新方案节约了 70 亿美元的投入，还提高了城市居民的生活质量，让城市更健康。这一项目还减少了二氧化碳的排放，在改善空气和水质的同时，保护了湿地及其他自然栖息地。而且，新建绿地周围物业的价值也得以提升。[17] 增加的污水和雨水处理费用有助于加强居民对雨水径流真实成本的了解，敦促民众改变行为。

或许城市再次引入自然基础设施最戏剧化的案例发生在距离费城 7000 英里之外的韩国首尔。汉江沿岸的首尔始建于公元前 17 年。清溪川是汉江的一条长 5.2 英里的支流，从韩国首都的心脏地区流过。首尔在 1394 年成为朝鲜王朝的首都，国王出资建设了城市基础设施系统。为了增强河流的灌溉和排水能力，国王决定疏浚清溪川，并在两岸铺设砖石。为促进发展，还修建了桥梁。随着时间的推移，这条河逐渐成为首尔的经济分界线，富裕阶层住在河流以北，贫困阶层则聚集在河流以南。朝鲜战争之后，成千上万的难民涌入首尔，清溪川的两岸挤满了临时搭建的棚屋，河流里到处都是垃圾和排泄物。

随着韩国经济的起飞，人们开始买车并搬到郊区居住。为满足因此产生的交通需求，20 世纪 60 年代韩国政府开始围绕清溪川建设隧道和桥梁。1976 年，清溪川上建起了一条高架高速路。

到1990年，这条高速路每天有16万辆机动车通过，堵车成了家常便饭。

弘益大学的城市规划与设计系教授黄基延（Kee Yeon Hwang）开始思考城市的交通计划，他提出了一个十分激进的想法：把清溪川上密密麻麻的公路和高架道悉数拆除。"这个想法是在1999年萌芽的。"黄说，"我们经历了一件怪事。当时首尔城有三条隧道，其中的一条因故不得不关闭。奇怪的是，我们发现车流量也跟着减少了。后来我们才知道这叫布雷斯悖论——增加公路网络的容量，其整体表现反而会下降。"[18]

布雷斯悖论，由德国数学家迪特里希·布雷斯（Dietrich Braess）提出，他观察到如果所有用户都只考虑自身利益，增加

清溪川河畔的房子，1946年

（来源：*Seoul under Japanese Rule [1910–1945]*, Seoul Metropolitan Committee.）

公路系统的容量和连接性，并不能提高效率。这是一个纳什均衡。只有每个决定都顾及整体的利益，系统才能实现最优化。

美国人一般相信增加个人选择是一件好事，但增加公路系统的运载能力和连接性并不能解决交通问题。而且事实证明，这两者的结合反倒会降低效率，造成更多的交通拥堵。只有在所有个体都做出最利于整体的选择时，才有可能通过增加连通性和运载能力来提升系统效率。

清溪川重建计划的初衷就是实现公众利益的最大化。黄基延访问了数千名市民，询问他们最关心的问题，而答案非常统一：水和环境。随着拆除清溪川高速路的想法得到越来越多的支持，黄开发出一个模型，模拟结果显示，移除高速路后交通状况能得到一定程度的改善。拆除方案最后投票通过了。2005 年，这个旨在减少交通流量，增加首尔宜居程度和生物多样性，从文化角度改造河流两岸的 3.8 亿美元的项目，最终顺利完成。这无疑是一项巨大的成功。

作为清溪川改造项目的一部分，首尔也把交通网络与大数据结合了起来。清溪川两岸为高速的互联网所覆盖，并且开辟了艺术和创新区。成百上千的新公司和文化组织如春笋般涌现或者迁入。住户和白领增多了，河流两岸的饭店、咖啡厅生意也红火起来。随着工作和生活的平衡日益得到重视，越来越少的人选择到需要开车才能前往的地方工作。首尔市顺势提高了该区的停车费，但也增加了公交车服务，并沿河设置人行道。就像模型显示的一样，首尔的交通拥堵状况有所缓解，车流速度提高，连摩托车骑行者都受益不少。黄说："拆除高速公路达到了预期的目的，还带来了意外的效果。把路拆除后，车子竟然也随之不见了。因为很多人直接放弃了驾车外出。"[19]

清溪川改造项目带来的好处远远不止交通方面，尽管这是这个项目的建设初衷。正如当时在首尔负责基础设施建设的副市长李仁根（Lee In-keun）所说："可以说，我们从一个以车为导向的城市转变为一个以人为本的城市。"[20] 夏天，改造之后的河流表面温度比 1200 英尺之外的城区平均要低 6.5℉。受热转移的影响，河流两岸的风速提高了 50%，该地区的小分子物质也下降到了之前的一半。改造之后的清溪川增加了当地的生物多样性，河中的鱼及其他物种种类增加了 4 倍，昆虫的种类也从 5 种增加到了 192 种。[21]"我们的生活改变了。"前首尔市长李明博的文化顾问兼演员于仁勋（Inchon Yu）表示，"人们可以感觉到水，感觉到风。生活节奏变慢了……提醒人们关注自己的内心。整座城市有了新的脉搏和气息。"[22]

可惜，拯救了首尔的布雷斯悖论，在波士顿决定大动干戈扩张公路网时却没有纳入考量。公园确实让房地产增值，也让城市更加宜居，但高速车道的扩张实际上让公路旁某些区域的通勤时间增加了一倍，整体交通效率也降低了。

清溪川计划的巧妙之处在于，它运用了大自然的法则来重建城市中的人类系统和自然系统，增强其应对未来变化的能力。

生物多样性和凝聚

在城市中心内部及周边重建大自然的秩序，对于居民的幸福安康至为重要，也为城市代谢注入了活力，这正是快速扩张中的城市所乐见的。随着圣保罗的人口越来越稠密，巴西的这座城市决定兴建100个新公园。而上海也在郊区打造了21个新公园。新德里正在规划一个占地1200英亩的新公园，其规模比纽约的中央公园还要大一倍。不过，仅仅种树植草并不能真正重建自然秩序。自然系统需要一定的复杂度和多样性才能蓬勃发展。首先我们要知道，自然系统是有组织性的。

现代生态学之父 G. 伊夫林·哈钦森观察到，自然生态系统中的营养物质按照"营养结构"（营养循环）流经整个食物链。位于结构第一层的是初级生产者，比如植物和藻类，它们吸收阳光、二氧化碳、土壤中的元素进行光合作用，创造生命物质，为整个生态系统提供营养和能量基础。结构的第二层由消费者组成，包括所有的动物：动物无法自己生成食物，必须以别的生物为食。第三层，也就是最后一层，则由分解者组成，比如真菌和细菌，它们分解食物，让物质回到土壤，也就是重新回到生态环境中。这三个层次构成了所有生命系统的代谢基础。从城市代谢来看，这是一个很有意思的结构。

1953 年，尤金·奥德姆（Eugene Odum）与哥哥霍华德一起完成了第一本生态学著作，把生态系统比作一个社区，各种有机物和无机物相互作用，在上述三层结构的基础上形成一个相互依存的动态系统。霍华德·奥德姆观察到，不仅营养物质会流经这一系统，能量也是一样。熵意味着流经系统的能量会逐渐消散，但霍华德指出，在一个健康的可再生系统中，能量和信息能够结合起来形成所谓的"能值"（emergy），也就是新的被存储起来的信息。熵常常会让系统崩溃，而能值则帮助系统重建。比如，储存DNA信息并不需要耗费多少能量，却是一个非常重要的投入，因为DNA信息包含对每个有机体乃至整个系统的指示。决定生态系统的基因库不断变化，经由自然选择的筛选，并按照表观遗传学表达出来，正是这种进化多样性，让系统的适应能力得以增强。

要让生态系统生机勃勃，多样性就一定要足够丰富，为物种间的多重联系提供机会。如果一个系统内的元素太过类似（一些生态学家称之为"极限相似性"），联系的多样性就会减弱，也就更易受到压力和变化的威胁。正如健康的生态系统能够将多样性整合为凝聚，健康的城市代谢也需要做到这一点。

让城市重回自然有助于提高代谢的多样性和适应力，这是促进城市健康最经济、最舒适的方式之一。这些原则不仅适用于城市生态，也适用于城市经济。正如底特律汽车产业崩溃所表明的那样，一个城市完全依托某种单一的产业其实就是一种极限相似性。像纽约那种多样性与凝聚并举的经济体，技术、市场、设计、出版、金融领域共同推进创新，经济繁荣的可能性就大得多。这种快速增长的经济体实现了生产者、消费者、分解者之间的平衡，同时也在生产、消费和分解信息。

生物多样性和城市花园

其实，全球许多城市花园的生物多样性并不特别丰富。比如，上海周围的新公园就只种植了几种树木、草皮和装饰性草丛而已，看起来确实美观，但从生态角度来说就有点贫乏了。这些公园并不具备为鸟儿提供食物的初级生产者，也没有可供昆虫授粉的鲜花。如果生态第一层的多样性就很有限，接下来的层级自然也会跟着受到限制。

意识到缺少生物多样性会降低自然的可再生能力之后，几位新兴城市的市长联合起来，为解决这一问题献计献策。

2007年，巴西库里蒂巴市市长卡洛斯·阿尔贝托·理查（Carlos Alberto Richa）以"生物多样性与城市"为主题举办了首次全球会议，制定了《库里蒂巴公约》。会议提出要在全球范围内推动城市生物多样性的发展。34位市长注意到："地球正在以前所未有的速度失去生物多样性，这种缺失会对环境、社会、经济和文化产生深远影响，而气候变化进一步加剧了这种影响。"[23]他们代表各自城市签署公约，决议"把生物多样性融入城市规划和发展，着眼于提高城市居民的生活条件，尤其是改善贫困人口的生活状况，确保城市的基本生活设施，并合理制定、实施管理政策，通过决策机制来确保生物多样性计划的有效实施"。

这项声明是市长们群策群力撰写出来的。纵观全球，像美国国会这种国家级管理机构往往无法达成一致，让自己的行动抵达域内的任何一片角落，更不用说在国界线之外了。市长们解决的则是与人们日常生活相关的环境、社会和经济问题，他们要对民众负责。因此，塔尔萨和俄克拉荷马市能成为领先的城市公园创新者，而代表这些城市的议员们却在国会上反对为环保进行筹资并制订目标。

2009年，《库里蒂巴公约》的签署国之一新加坡意识到了生物多样性对于岛国生态的重要性，开发出城市多样性指数来追踪具体变化。[24] 自 20 世纪 70 年代开始，新加坡就不遗余力从制造型经济向更精细的知识型经济转型。新加坡的领导者们意识到，新加坡必须在人才方面与世界其他城市竞争，而增强其竞争力的两个关键在于新加坡教育系统的质量以及城市的宜居程度，而生物多样性又是宜居性的关键所在。近几十年，新加坡已建成超一流的公共教育系统，在全球排名第五。[25] 为了加强对城市生物多样性的了解，新加坡国立大学建立起超一流的生物多样性研发中心，并与耶鲁大学和史密森博物馆联合开设环境领导者培训项目。

跟库里蒂巴一样，新加坡几十年来一直致力于让城市变得更绿。1985—2010 年，新加坡这个位于马来西亚南端且国土狭窄的城邦的人口足足增长了两倍，从 250 万增长到 500 万，并有望在 2030 年增长到 750 万以上。另一方面，截至 2010 年，新加坡的公园、公共空间、屋顶花园从占国土面积的三分之一也上升到了占国土面积的一半。人口与绿地、公共空间的同步增长还伴随着城市碳足迹密度的增加。新加坡意识到，要想健康发展，不仅需要增加绿地空间，还得增加生物多样性。

2008 年，新加坡开始制订长期发展规划，其目标是要在 2030 年以前从花园城市转变为花园中的城市。"听上去可能觉得差别不大，"新加坡国家公园局局长潘康源说，"但我家有一个花园和我家就在花园里，实际上区别还是很大的。后者意味着整座城市到处都绿意盎然，生物多样性丰富，周围随处可见各种生物，包括野生动物。"[26]

自从新加坡开始用新品种替代之前街道两旁单一的棕榈树，已经有 500 种新鸟类栖居。新加坡的生物多样性指数已成为其他城市的标杆，其中就包括名古屋、伦敦、蒙特利尔、布鲁塞尔和库里蒂巴。2010 年，城市与生物多样性峰会在日本名古屋举行，吸引了 240 位贯彻《库里蒂巴公约》的城市负责人参加，他们就本地管理和生物多样性签署了《爱知—名古屋宣言》。该宣言以下列四项宗旨为框架：生物多样性生态系统对城市很重要，可以起到净化水源、减少洪灾、缓解气候变暖的作用；生态系统的状态与城市人口的增长息息相关；城市改变自然资源生产、分配和消费方式的能力可以从根本上帮助地球生态系统恢复健康；加大与市民、企业、环保组织及其他政府部门的合作，城市的生物多样性可以达到仅靠本地政府无法达到的水平。

自然基础设施和气候变化

自然基础设施能在降水流入下水道系统之前大量吸收水分，还能帮助城市应对海平面上升和风暴潮频发。大自然中最适合解决这些问题的生态其实是湿地——多分布在海滨、河滨、沼泽与陆地汇合处的浅水区域。它们的优势被生态学家称"边缘效应"：当两种生态系统相交时，各自的 DNA 会混合起来，营养物质会穿过边缘进行交换。这种效应会改善生命存在的条件，让湿地成为重要的生命繁衍地。湿地边缘是地球上生物种类最丰富、栖息地最多样的地方，那里就是水资源、营养、碳循环的中心位置。

湿地植物把水蒸发到大气中，为陆地降雨打下基础。湿地能有效补充地下水、净化人类毒素、清除氮污染、吸收碳元素、减轻二氧化碳排放，并为各种动植物输送营养物质。海滨湿地只占全球海洋的2%，却承担着将全球50%的碳元素通过海洋转换为沉积物的任务，这种沉积物正是清除大气碳离子的重要方式。[28]湿地还制造了世界大部分的纤维和木材。湿地肥沃的土地可以用来种植稻谷，养鱼养虾，养活大量人口，尤其是在亚洲。湿地也是世界最早一批城市的发源之地。

讽刺的是，从湿地起源的城市，如今却对湿地造成了越来越大的威胁。自1900年起，全球有超过一半的湿地消失了。而随着全球城市的疯狂扩张，湿地消失的速度还在不断加快。靠近城市的湿地出于人为原因而干涸，为城市发展提供了低成本土地，或者用来修路，或者改造成船坞码头。城市和郊区的湿地常常污水横流，其中充斥着过度繁殖的藻类，摧毁了湿地哺育鱼虾和其他物种的能力。湿地特别容易受船舶带来的外来物种的影响。一旦水源因人口增长而日渐枯竭，湿地也会随之干涸。即便人类活动没有直接影响湿地，气候变化带来的温度上涨、暴雨和干旱也会摧毁湿地。除非，我们采取行动。

城市领导者们逐渐意识到生物多样性丰富的湿地和自然海滨系统能为海滨城市提供应对气候变化成本最低、最有效的方法。在全球范围内，许多城市都致力于恢复大自然的缓冲作用，并以人类基础设施作为辅助，来增加自然基础设施的承载力。欧洲最大的港口鹿特丹，在恢复自然湿地之外，还以绿色屋顶和公园、绿荫大道作为补充，以适应气候变化。西雅图也在试图重建城市的核心水滨，拆毁穿过水滨的公路，并在周围打造生物多样性丰富的长公园带。

自然基础设施与人工基础设施相结合

规模庞大的供水系统一直都是纽约的骄傲，可在 20 世纪 80
年代，随着纽约北部分水岭周围 1600 平方英里的土地开始大兴
土木，家庭污水不慎泄漏出来，对纽约水质造成了严重的伤害。
1991 年，联邦环境保护局要求纽约建设水过滤系统，预计成本为
100 亿美元。就像费城那样，纽约也提出了另外的解决方案：买
下水库周围的大片土地保护起来，使其成为天然的过滤层。这一
保护策略的成本仅为 15 亿美元，远小于环保局计划的基建成本，
也能节约后续大量种植过滤植被所需要的人工、化学物和能源
成本，这些成本定然是连年上升的。[29] 这个方法成功了。如今纽
约的水质仍然领先全球，供水系统的运营成本也保持在可控制范
围内。

这次成功后，纽约又将注意力转向自然基础设施的其他方面。
1996 年，纽约的两大城市部门——公园部和交通部，开始协力打
造"绿色街道计划"，意图把未被利用的路旁区域改造成能够美
化社区、改善空气质量、降低气温、吸收降水、缓解交通拥堵的
绿色空间。计划全面启动之后，纽约市共计推出了 2500 个绿色街
道项目。2010 年，该计划升级为绿色基础设施战略，环保部门也
被纳入了合作框架。通过把学校操场由沥青跑道恢复为草地，在
人行道周围种植绿色植物，全城种植上百万棵新树，纽约试图在
一年之内把下水道污水量降低 38 亿加仑。不同部门之间的通力合

作，打造出利益共享的和谐社区，这些利益包括夏天更凉爽、能源消耗更低、地产增值、空气更清新等。

纽约约翰·菲茨杰拉德·肯尼迪国际机场是基础设施密集的地点。机场有 3.5 万工作人员，每年要输送超过 4800 万旅客起飞或降落，消耗大量燃料、食物和替换零部件，还会释放污染气体、噪音、固体垃圾和径流。频繁出入该机场的并不只有飞机。临近机场的牙买加湾栖息着超过 325 种迁徙鸟类——这个数字是加拉帕格斯群岛鸟类数量的两倍！牙买加湾是哈德逊河候鸟迁徙路径的重要组成部分，是候鸟从加拿大和美国北部南飞过冬然后飞回北方的重要通道。牙买加湾位于盖特韦国家休闲区的中心，该公园是美国最早的城市国家公园，也是美国境内唯一一个可以乘坐地铁前往的国家公园。

被机场、密集市政建设和四个污水处理厂包围的牙买加湾饱受氮污染的侵害，导致海藻泛滥，严重影响了该地的生物多样性。因此，纽约政府在 2011 年与美国自然资源保护委员会及其他环保组织签署协议，要将污水厂排放至水体的氮削减一半。这需要投入 1 亿美元升级污水处理厂，还需要 1500 万美元打造自然基础设施，比如恢复原本的牡蛎层，利用自然清洁力来减少污染，增加湿地的生物多样性。要知道，一只牡蛎每天可以过滤 35 加仑的水——无须任何额外运营成本。[30]

17 世纪早期，荷兰人最先来到了纽约的自然海港。这里有 22 万英亩的牡蛎礁，是大西洋海水生态与哈德逊河淡水生态相交汇的神奇、原始、充满生命力的地区的一部分。19 世纪头十年，采捕牡蛎的人每年可以从牡蛎礁上采到 100 万只牡蛎，可到了 1923

年，最后的湾区牡蛎要么因污染而无法食用，要么随附近的湿地一起消亡或干涸。纽约不仅失去了重要的食物来源，也失去了牡蛎礁对大海的屏障作用。牡蛎礁原本可以缓冲暴风海浪对海岸的冲击，保护海岸线免受毁坏和侵蚀。2010年，城市议会下属的哈勃学校提议，到2030年要在纽约海港养殖100万只牡蛎。学校还要教授中学生有关海洋生物、海洋工程和食物制作的知识。

设计重建

2012年，超级飓风桑迪重击纽约大都市区。飓风桑迪是两年内出现的第二次"百年难得一遇"的超级风暴，之后，纽约市政府、州政府和联邦政府都对下一世纪的气候变化做出了悲观的预测。飓风桑迪造成的直接经济损失高达500亿美元，联邦政府需要承担近一半的重建成本。了解到这种大规模飓风日后的发生频率极有可能增加，住房和城市发展部秘书长兼飓风桑迪重建工作小组负责人肖恩·多诺万（Shaun Donovan）发出疑问：我们可以做些什么改变呢？我们该如何修复飓风桑迪造成的损失，增强该地区未来应对极端天气的能力？未来减轻风暴危害成本最低、最有效的方式是什么？为了回答这些问题，肖恩提议启动名为"设计重建"的调研与设计竞赛。胜出的方案需要将自然和人类基础设施结合起来。[31]

"设计重建"的竞赛流程跟普通的灾难重建项目截然不同。首先组建一支由科学家、设计师、经济学家和社会学家组成的团队，对受飓风桑迪影响区域进行调研，实地与当地居民、政府官员、企业和非营利机构接触，以期解决问题。在此基础上，重建团队提出了与众不同的再发展方式，在增加环境承载力的同时强化经济应对灾难能力。随后，项目又挑选精兵组成了6个团队，负责执行十大提案，把人类行为与自然系统结合起来。每一个提案都发动社区参与规划、大数据处理、地理信息系统建设等，帮助社区更直观了解、询问、分析和理解数据，了解个中复杂的关联及模式，预测未来场景，明确近期所能完成环境、经济和教育目标。

"生活防波堤"是其中的一个提案，主要受到了百万牡蛎计划的启发。其目标是要将风险控制、生态再建和社会适应结合起来，减少斯塔顿岛沿岸的暴雨涨水率。景观建筑师凯特·奥夫（Kate Orff）没有选择单一的工程性防波堤，而是设计了一个由水下环礁、天然防波堤、重建的高地海滩和湿地组成的自然防护带。它们把技术和天然海岸保护系统合为一体，为抵挡风暴潮提供了环环相扣、多点防御的防护系统。通过电脑建模和GIS数据，奥夫及其团队得以预测风雨来袭时的情况，从而采取措施减轻影响。与此同时，奥夫的团队还种植珊瑚礁来填补栖息地的缝隙，增加生物多样性。这一项目与"百万牡蛎"计划和当地学校联合起来，教育学生和社区。通过把自然元素融入技术性框架，"生活防波堤"项目选择顺应而不是对抗天气变化。

由佩恩设计公司和奥林景观建筑公司带领的团队，看到了这一地区最重要的食物枢纽——坐落在东河一个690英亩的半岛上的Hunts Point市场的脆弱性。如果飓风桑迪晚抵达几个小时，刚好跟涨潮的时间重合，这个市场定会被附近废水处理厂和化工厂的有毒化学物淹没。Hunts Point 市场位于南布朗克斯区,是美国最穷的一个国会选区。与此同时,它也是大都会地区最大的新鲜农产品、鱼类、肉类来源地,只是出于安全考虑与周围隔绝开来。团队不禁发问:"这个市场究竟该如何在抵挡气候变化威胁的同时,又与邻近地区保持联系呢?"

为了解决这个问题,团队设计了一个与自然湿地平行的堤坝,用来保护市场不受洪水侵袭。这个堤坝与南布朗克斯绿道相连,公众可以自由出入,沿途的生态研究实验室也可以为整个南布朗克斯社区提供休闲和教育资源。为了确保有足够的能源来满足市场对制冷的巨大需求,团队提出设立热电厂,为停驻在此的卡车提供能源,不然这些卡车就只能空转引擎来发动制冷系统。为了更好地服务社区,他们还提出在批发市场设立一个专门服务社区的新鲜食品市场。

比雅克·因戈尔团队和斯塔尔·怀特豪斯团队提出要设立巨型弧形坡台来保护下曼哈顿不受风暴潮和海平面上升的影响。这一区域是纽约人口最密集的区域,也是全美最核心的商业区,GDP高达 5000 亿美元,全球金融系统中心且日益成为技术/出版中心的华尔街亦坐落于此。此外还有 95,000 名低收入者、老者和残疾人在此居住,一旦碰上自然灾害,这些人将无家可归。坡台堤坝具有渗透性,没有风暴时水流可以从中通过,上面建造育有本地物种的花园、社区公园、太极平台、溜冰场、可移动嵌板等,这就是抵御风暴的第二层保护,也可作为公共艺术的展示空间。临近街道种满提供阴凉的树木和生态湿地,积水的低洼地带两旁也可种植乡土植物,以留住和净化雨水。这些措施结合起来,就形成了一个连接本地居民与其他城区的自行车道和人行道系统。

　　"设计重建"计划把社区参与与科学工程解决方案融为一体，增加了目标社区的承载力和适应力。每个提案都表明自然基础设施是改善社区生活和自然环境不可或缺的关键元素。

第 8 章

绿色建筑，绿色城市化

受气候变化及资源枯竭等全球大趋势的冲击，我们的城市需要多管齐下才能快速适应这些变化。在前面的篇章里，我们已经讨论了城市在交通、食品、供水、污水处理、固体垃圾和基础设施方面可以进行的投入，从而让城市代谢更具韧性。城市在此基础上繁荣发展[1]。

能源对所有城市的代谢来说都很重要。在郊区，汽车常常是最大的能源消耗品，通勤的能源消费量常常跟家庭本身的能源消耗量一样高。但城市的情形完全不同。比如，纽约80%的能源耗费在建筑物上。如果想提高城市的承载力和适应力，打造绿色建筑就是个事半功倍的方法。综合使用各种管理手段、鼓励措施、资金投入、评估测量和反馈机制，可以减少建筑物的能源和水资源用量，转变住户的行为模式。这样的计划同样有利于经济。只是减少能源和水资源消耗量可以节约30%的成本，这是普通手段难以企及的目标，此外还能为建筑物所有者带来每年20%的投资回报。选择适当的融资手段甚至可以进一步降低能耗和节约成本。

绿色建筑

绿色建筑运动开始于 20 世纪 60 年代末，当时文化思想界百花齐放。本地建筑商和建筑师尝试应用新技术，利用木头、土砖和当地其他天然材料来设计和建造房屋，利用太阳能发电和制热，利用堆肥厕所来处理排泄物。英国经济学家 E.F. 舒马赫在名著《小的是美好的：一本把人当回事的经济学著作》一书中，将世界重新达到自然平衡所需要的制度称为"适宜科技"。他提出，这些制度应当具备规模小、去中心化、劳动密集、能源高效、利于环保、本地化控制的特点。[2]

1973 年，中东政局动荡造成油价从保持了近一个世纪的每桶20 美元开始飙升，不到 3 年就升至每桶 100 美元。对于能源成本的飞涨，美国没有丝毫准备，经济的方方面面都受到了影响，尤其是建筑业和交通业。房产价值下挫。升高的油价和电力成本对偏远的南布朗克斯等内城社区的房屋所有者造成了巨大压力，许多人弃房而走。美国汽车产业也被更节能的日本和欧洲汽车厂商抢走了大量市场份额，中西部地区出现了工厂倒闭潮。接踵而至的经济危机让我们不得不审视，现代文明对化石能源的依赖到底有多高。

对科学和环境深感兴趣的吉米·卡特总统选择加大政府投入，进行可再生能源的科学研究。打造进口石油替代品的标志性努力，就是卡特总统下令在白宫屋顶装上的太阳能板。可惜，卡特总统同时也在鼓励美国境内的发电厂从使用进口石油转为燃烧本地煤炭，这加速了气候变化，燃煤产生的汞和其他有毒排放物也对大气造成了污染。

20 世纪 70 年代中期的石油短缺让美国意识到，能源脆弱对低收入家庭冲击最大，他们被迫在取暖能源和食物、药品之间进行选择。为减轻民众负担，1976 年美国国会推出"越冬辅助计划"，帮助低收入者和老年人过冬，提高能源使用效率，把省下来的资金用于购买食物，支付医疗、教育、交通和住房等其他费用。

剩下的 99%

截至 2015 年，美国约有 1.35 亿栋房屋，其中绝大部分为独户住宅。这些建筑物每年总计要消耗 40 千兆 BTU 的能源。[2] 在繁荣年代，美国房屋存量年均增长 1%，但在萧条时期，增长率仅为 0.33%。就算所有新建筑都力图节约能源，其消耗的能源量也只不过占所有建筑能耗的 1%。也就是说，关键在于提高剩下这 99% 的能源的使用效率。改善和升级现有房屋的居住条件 —— 封住外墙的缝隙，增强保温功能，用双层节能窗户替代老式的单层窗户，用新型节能热水器替代老式热水器，安装节能星级装置 —— 这些都是打造绿色环保、经济型社区的起步措施，也能减少温室气体的排放。房屋节能改造还具备较大的经济意义。美国联邦研究表明，在房屋节能方面每投入 1 美元平均能获得 2.51 美元的回报。[3]

这些简单的措施不仅能把房屋的能耗量降低 30%～50%，还能有效提高就业率。美国发展中心的研究显示，对 40% 的房屋进行节能改造，可以创造 65 万个永久就业机会。其中 91% 工作机会是为中小企业创造，也就是员工数量少于 20 人的公司。改造使用的 89% 的材料都是美国制造。[4]

面对气候变化、经济波动和可能的能源短缺，一个国家想要增强自身承载力，最简单的办法就是对现有建筑进行节能改造。当然也要让新增建筑更加环保，这一点不难实现。

设计和建造新型绿色建筑

熬过 20 世纪 70 年代的能源短缺，80 年代又出现了能源过剩。美国人迅速忘记了石油危机及其引发的能源保护措施。里根政府制定了以石油为重点的能源政策，象征性地把卡特总统安装在白宫屋顶的太阳能板拆了下来，此外还把美国可再生能源实验室的预算削减了 90%。里根政府最大的破坏性政策还不是这些，而是他们的一个错误的观念，即认为对环境战略进行投资并监管破坏环境的行为必然会影响经济的活力。我们现在都知道，环境保护和经济发展其实是相辅相成的。必须在二者中间择其一的错误观念是很难纠正过来的。事实上，如今中国 GDP 的 12% 都要花费在医疗健康和处理严重城市空气污染上。所以，不保护好环境，就要付出昂贵的代价。

然而直到 21 世纪头十年，美国仍然没有意识到绿色城市所具备的环境和经济潜力。美国政府仍然认为，经济和环境是互相对立的。

即便到了今天，尽管美国太阳能产业的从业者数量是煤炭产业从业者数量的两倍，[5] 但还是有很多美国人认为环境监管、保护环境和进行环境投资会抑制经济发展。事实根本不是如此。以每百万美元 GDP 来计算，风能、太阳能、生物质能的产能可以达到煤炭、石油和天然气的 2.5～9.5 倍。[6]世界经济论坛的"2013 绿色投资报告"（2013 Green Investment Report）指出："经济增长和可持续性是彼此依存的，二者不可割裂……预计到 2050 年全球总人口将达到 90 亿人，实现全球经济的绿色发展是满足快速增长的人口生存需求的唯一方式。实现绿色经济，一方面能推动发展、造福人类，一方面也能减少温室气体排放，增加自然资源的生产力……以当前的增长速度估算，到 2020 年，水资源、农业、通讯、电力、交通、建筑、工业及林业所需要的投资将达到 5 万亿美元每年……我们所面临的挑战在于让传统投资转变为绿色投资，避免在接下来的几十年被低效、高排放的技术所束缚。"[7]

20 世纪 90 年代，一批满怀抱负的建筑师、工程师、建筑商、学者开始思考如何发展环保节能的新型建筑。1993 年，非营利贸易组织美国绿色建筑委员会（USGBC）成立，其宗旨是促进绿色建筑的设计、建造和运营。尽管 USGBC 不具备监管权，创始人麦克·伊塔利诺（Mike Italiano）、大卫·哥特弗雷德（David Gottfried）、里克·费德兹（Rick Federizzi）认为，如果能为绿色建筑和绿色建筑服务打造一个市场，它将成为改变设计和建筑产业文化的一个支点。他们提出要对建筑物的绿色等级进行独立评级，量化和比较建筑物的环保程度，评级最高的建筑物也能因此获得商誉。

1998 年，USGBC 发布首个绿色建筑物评级系统 LEED，这个词是能源与环境设计先锋奖的缩写。LEED 系统针对多种环境属性进行打分，包括能源效率、回收材料利用率、水资源利用效率以及低毒性材料的使用：得分越高，建筑物的环保等级越高。达到最低标准的建筑物可以获得 LEED 建筑称号，超过基准线的建筑物则按等级分为银奖、金奖、铂金奖。截至 2015 年，LEED 系统已从美国推广到世界各地。超过 33 亿平方英尺的建筑面积按此制度评级，而且这一数字以每天 200 万平方英尺的速度在增长。LEED 对高端市场的吸引力尤其巨大：差不多有 50% 的价值超过 5000 万美元的新建筑有 LEED 认证。LEED 创始人的想法是正确的——自发的认证和透明的信息可以改变市场。LEED 金奖认证如今已成为全世界最佳写字楼的代名词，如果写字楼没有这个头衔加持，顶级公司和律所是不会考虑入驻的。

绿色建筑物的推广提升了城市的承载力，帮助城市减少了能源和水资源消耗。绿色建筑还支撑了本地循环经济的发展——建筑废料经过回收加工便可转变为新的建筑材料。LEED 认证的建筑物对 40% 的废料采取回收处理，回收率最高可达 100%。算起来，一年能够回收将近 8000 万吨的废料，这一数字到 2030 年预计将增长到 5.4 亿吨。[8]

LEED 的优势之一在于，积分系统可以按照建筑物所有者、建筑师和实际使用建筑物的分包商的反馈不断改进。该系统也愈发地重视结果，要求认证建筑物评估和鉴定其环保成果。这一计划还按照不同的标准对医院、工业建筑、大学实验室进行评级。

最初，LEED 并不能很好地评估多家庭住宅，尤其是经济适用房。解决这一问题的办法是企业绿色社区指南。

绿色经济适用房

"企业伙伴社区"是美国一个全国性的非营利机构，每年为各地低收入社区带去超过 10 亿美元的资金、技术支持及其他改善社区的解决方案。2004 年，这一机构推出"绿色社区"计划，鼓励设计和建造绿色经济适用房。

过去十年中，有大量研究关注交通、健康和低收入家庭购房能力之间的关系。除了住房成本，交通是依靠汽车往返于家庭、公司、学校、购物中心的低收入家庭和工薪阶层的第二大开支。有了经济适用房和配套的公共交通，居民们就能走路去上班、上学、购物和看病，这不仅能节约购车和交通成本，对于人和自然来说都是更加健康的选择。企业绿色社区指南倡导在公共交通发达的地方发展经济适用房，让居民们能在步行范围内享受到各种服务。

绿色社区指南还鼓励开发商解决低收入居民的普遍问题。比如，这些家庭的住房一般隔温性比较差，冬季保暖和夏季制冷的成本高昂。减少能源和水资源的消耗，有助于降低低收入家庭的煤气、水、电开销。低收入社区的空气质量往往也有毒有害，因为这些社区常常设在工业区、发电厂、公交站、高速公路和焚化炉的附近，地价低廉。污染气体让低收入社区居民更容易生病，而且会降低他们的经济承受力，迫使他们选择劣质的家装材料。社区指南不仅要求使用无毒材料，而且要有足够好通风条件排出污染物。

为了加大绿色指南的影响力，企业把焦点集中在城市代谢的另一个关键支点：融资。所有经济适用房都要有一揽子的公开和私人融资提供资金，因此"企业伙伴社区"也在向银行、投资者、城市和联邦推广他们的理念。绿色计划只会增加1%～2%的建筑预算，这点成本很容易就能用更低的运营成本弥补。如今，美国大部分主要城市、一半以上的州和所有大银行都要求按照企业绿色社区的标准来建设经济适用住宅。到2020年，美国所有的经济适用住宅都将变成绿色住宅。

Via Verde——空中花园

2010年5月，在Via Verde（位于南布朗克斯区核心地带的绿色经济适用住宅）的动土仪式上，区负责人小鲁本·迪亚兹（Ruben Diaz, Jr.）表示："要让全世界都知道，我们将在一度大火蔓延的南布朗克斯建起空中花园。"

Via Verde到处都显示出绿色设计的特征，但最明显的莫过于被花园覆盖的屋顶。此项目位于一块纵横南北的长条地带上，周围是铁路。一边是公共住宅和高中，另一边是长长的低矮零售商店和写字楼。Via Verde通过设计扬长避短。综合体最高的部分位于北端，然后顺势一路往南降低，这样屋顶就能最大限度地获得夏日阳光。于是，社区有了果园、蔬菜园，孩子们拥有了可以自由玩耍的户外天堂，老人们有了看书放松的休闲地，所有人都拥有了运动的场所。

这个项目是"新型住宅纽约遗产赛"的产物，也是美国建筑师协会纽约分会、企业伙伴社区和纽约住宅理事长肖恩·多诺万的智慧结晶。这个比赛旨在让开发商为绿色经济适用住宅的发展提出全新模式。胜出的联合开发商是菲利普住宅以及我自己的乔纳森·罗斯公司，设计方面则由达特纳（Dattner）建筑事务所和格里姆肖（Grimshaw）建筑事务所[9]拔得头筹。就 Via Verde 项目而言，我们的目标不仅是要在公共交通发达的地方提供能源效率高的经济适用住宅，也包括改善居民的健康状况。我们的前提是，所有绿色经济适用住宅都要用更健康的材料建造，能源成本更低，公共交通资源丰富，购物方便，配套设施完善，还要有健康诊所——这些将大大增强家庭的经济承受力和克服逆境的能力。除此之外，如果项目在建筑方面令人惊艳，自然也会增加社区民众的自豪感。事实证明，这个前提是对的。

Via Verde 于 2012 年竣工，可以满足不同收入家庭需求，而一定程度的收入多样性能促进社区的健康发展，也为低收入家庭的孩子提供更多机会。项目开放之后，其中 151 套经济适用公寓面向家庭年收入为 17,000~57,000 美元的家庭，月租设在 460~1090 美元之间。项目的 71 套合租公寓则根据面积大小，定价在 79,000~192,000 美元，这个价格对于年收入为 37,000~160,000 美元的家庭来说是负担得起的。项目平面布局包括公寓、创意双层住宅以及带一层工作间的商住两用单元。项目还在地下一层开设了由蒙蒂菲奥里医院运营的健康护理中心和药店，社区设施包括设施齐全的健身房、社区活动室、厨房、儿童户外玩耍乐园、半圆形露天剧场、果园和花园等。

Via Verde 的公寓相比普通的新建筑，能源效率至少要高出 3%。楼梯间和走廊上的运动感应装置能有效省电，只在需要的时候点亮。项目所有公寓均配备能源之星评级电器，使用无毒材料及高能效机械系统。公寓的大窗让居住其中的人享受宽广的视野、良好的采光和新鲜的空气。白天，公寓的电梯、走廊、加热系统和水泵等设备都通过功率为 64 千瓦的太阳能系统供电。

超过 80% 的建筑和拆除垃圾能被回收，而 20% 的建造材料也来自回收资源。为了尽量降低交通能源消耗，支撑本地经济发展，另外 20% 的材料也为本地生产。比如，Via Verde 的钢筋水泥是在 100 英里之外的工薪阶层聚居地哈德逊河镇生产的，在混凝土产品中利用了本地的回收材料。Via Verde 还选用了节水马桶、节水淋浴头和水槽来降低用水量。社区花园和果园利用屋顶储水罐中收集的雨水进行灌溉，这也有助于减少进入城市污水处理系统的降水。

Via Verde 谨遵企业绿色社区指南，居民们可以轻松地步行购物，学校和运动场就在家门口，地铁站距离社区也只有几个街区，居民可以方便地乘坐地铁到工作机会多的曼哈顿东区和西区上班。

绿色屋顶

Via Verde 并非唯一拥有绿色屋顶的社区。绿色屋顶之所以迅速获得各类建筑物的追捧，就是因为它具有多种优势。首先是美学方面：植物繁茂的屋顶赏心悦目，有助于房产升值。许多面向市场的公寓和办公楼都把绿色屋顶当作一个卖点。绿色屋顶也可以带来直接的经济收益。植物对建筑物的防水层起到保护作用，延长其使用寿命。它通过留存和蒸发水蒸气，帮助屋顶和下面的房子降温，缓解对空调的需求。同时，它还能减少流入雨水处理系统的水，即便流入，这些水也已经经过了自然净化。此外，屋顶上的植物还可以吸收分子颗粒，过滤有毒气体，净化空气。这些植物还能吸收噪音，将街道噪音降低 40 分贝。经过合理规划，它们甚至还能改善城市的生物多样性。跟越冬辅助计划一样，绿色屋顶也能创造不少建筑和维修方面的就业机会，强化居民的幸福感。上面种出的健康食物，居民花费最小的交通成本便能获得。

绿色建筑策略的这些好处，让它很快成为主流的发展方式。

消极抵抗

2005 年，《环境建筑新闻》(*Environmental Building News*)的编辑亚历克斯·威尔逊 (Alex Wilson) 反复思考一个问题，为何卡特里娜飓风之后新奥尔良花费了那么长的时间却还只完成了最基本的重建工作，供电好几个月都无法恢复。在潮湿闷热的天气中，建筑物迅速发霉，无法住人。威尔逊提出，除了要让房子更环保，房子还需要具备"被动求生能力"，也就是"即便供电、供水、供热等服务迟迟无法恢复，建筑物依旧可以保障住户基本生活需求的能力"。[10] 比如，如果一栋建筑利用水箱储存雨水，而城市的供水系统因暴雨而瘫痪，水箱里的水至少可以保障住户的基本用水。如果建筑物的一楼使用混凝土砖等防腐材料筑墙，建筑物在被雨水冲刷之后就能继续居住，而无需更换新的干板墙。

如果卡特里娜飓风和桑迪飓风造成炼油厂关闭，燃料储存设施和油泵断电，进而使加油站的柴油和汽油发生短缺，几天之后柴油发电机就会无法工作。医院手术只能点蜡烛才可以完成。病人必须转移到其他地方，而且只能被扛下楼梯上飞机，因为电梯无法正常运行。一旦人、建筑物、社区、城市与更大的网络连接起来，自然就会发展得更好，但在设计之初我们必须预想到这种连接断开时要如何维持运转。即便城市系统崩溃，至少要保证人是可以生存下去的。

Via Verde 的设计考虑到了这种被动求生能力。若是碰到闷热的夏天突然断电，居民们可以打开窗户，享受自然风，因为每个公寓都至少有两面通风。天花板吊扇以及混凝土的屋顶和地面，也能在夏季有效降低公寓的能耗，并在冬季帮助保温。建筑的墙面隔热性能好，窗户外部也安装了遮阳物，保护其不受炽热的夏日阳光的炙烤，在冬季又能享受到温暖的阳光。多彩的天井与建筑物的外立面相连，即便断电，白天也可以享受到自然光照明，省下的电力也可供应急灯在晚上使用。

被动式房屋

"被动式房屋"最早由瑞典隆德大学的波·阿达姆森（Bo Adamson）教授和奥地利因斯布鲁克大学的沃尔夫冈·菲斯特（Wolfgang Feist）教授于 1998 年提出。被动式房屋保温隔热性能特别好，只需要人体本身的温度，加上灯光和几样家用电器，就能保证屋内的温暖。断电之后，房子会变冷，但是不至于冰凉。这种房屋耗费的能源还不足普通建筑能源消耗量的 20%。

现在，修建被动式房屋的成本大约比普通房屋高 10%，但总

布鲁克林被动式联排别墅

注：上图较光亮的部分是典型的褐色砂石外立面。这种绝缘性能良好的被动式住宅，损失的热度是可以忽略不计的。

（来源：Sam McAfee，*sgBuild*）

的居住成本会大幅下降。房屋的节约能源所带来的经济和环境效益也将逐年增大。

健康建筑

绿色建筑主要是为了减轻住房对自然环境的影响。新一代绿色建筑则强调居住者的健康。1997年，我的公司与格雷斯顿基金会合作开发了 Maitri Issan House 项目。格雷斯顿基金会刚起步不久，是纽约一家为无家可归者和低收入家庭提供住房、工作、学前教育和保健设施的非营利机构。Maitri Issan House 则专为艾滋病人设计，是美国第一个专门针对居住者健康问题的绿色建筑项目。老人、小孩、慢性呼吸疾病患者、艾滋病患者的身体免疫系统相对较弱，对于挥发性有机化学物十分敏感。在推进该项目的过程中，我们试图排除所有的挥发性有机化合物（VOC）污染源，甚至决意自己生产家具，毕竟市场上的家具制品都含有不少这类成分。项目还涵盖一个现场医疗中心，提供传统医疗和综合性医疗。

21世纪初的研究表明，VOC与全球多发性儿童哮喘密切相关，而且可能损伤肝脏、肾脏和中枢神经系统，甚至引发癌症，此外还可能导致皮肤过敏、恶心、呕吐、头痛、精神不振、头晕目眩、协调性差等症状。现代建筑到处都充斥着这种有毒化合物。很多厨房橱柜会挥发甲醛，地毯、乙烯基地板和黏合剂将甲醛等有害物质聚拢在地板上，墙漆和密封材料也都含有大量VOC。越来越多的经济适用住宅和商品房安装了乙烯基卷材地板，这种地板含有很多致癌物、诱变剂，以及发展性和再生性有毒物质。如果60个单元的公寓楼都铺设乙烯基地板，其中的有毒化合物很可能超过11吨。如果这一现象能够引发足够的公众关注，城市就有可能制订法规禁用这些有毒化合物。

VOC、化学毒素、霉菌、昆虫感染是医疗成本上升的重要推手。哈莱姆区西北部的哥伦比亚长老会医院曾想尽办法解决急诊室哮喘病人爆满的问题。为减轻人流压力，医院对病情最重的100名病人加大药量，然而并未奏效。最后，医院发现治疗这些病人最有效的方法是清除病人家中的霉菌和其他引发哮喘的毒素。于是，医院人满为患的境况迅速改善，医疗成本大幅下降，急救室也得以空出来抢救其他病患。意识到健康与家居环境之间的关系之后，波士顿的医生们获得授权，可以开出检查居住环境的"处方"，只要他们认为病人的健康问题可能是由家居环境引起的。不过建筑在改善居住者健康方面能起到的作用还不止于此。

Via Verdes的七楼设有一个拥有最先进运动装备的健身房，

健身房另一头连接的是屋顶花园，用来鼓励健身。这个花园也为人们提供了一个安静的、沉思的空间——事实证明，冥想和瑜伽在减轻压力和增强心理承受力方面作用显著。地下一层则是社区医疗中心，由总部在布朗克斯的蒙蒂菲奥里医院运营，服务 Via Verde 及社区周边的居民。这一做法鼓励了居民从昂贵的急救室医疗服务转向更有效、更便宜的预防性保健服务。医院旁边就是大药房，附近的自行车存放区意在鼓励民众选择自行车出行。

Via Verde 有意强调健康和运动。生活在低收入社区的人极易罹患包括抑郁症在内的慢性疾病。正如健康与幸福调查组所说："比起衣食无忧的中产阶级，在贫困中挣扎的美国人更容易罹患慢性疾病，抑郁症对于穷人的影响也是最大的。约有 31% 的美国穷人表示，他们曾被诊断为抑郁症，而在非贫困者中，这一比例只有 15.8%。美国的穷人也更容易患有哮喘、糖尿病、高血压和心脏病，穷人与富人患病的比例分别为 31.8% 比 26%。"[11] 考虑到穷人家庭易于罹患抑郁症等慢性病，锻炼和健康饮食对于低收入家庭的积极影响实际上更大。

随着健康医疗支付体系开始向医院、医疗组织和其他医疗供应商支付固定金额的费用，后者也更有动力以较低的成本提升患者的健康水平。实现该目标成本最低的方式就是鼓励更健康的建筑。罗伯特·伍德·约翰逊基金会的研究成果也表明，步行、10 分钟公园生活圈之类的社区特征对健康有正面影响。所以打造良好的环境不仅能提升大自然的健康质量，也能提高人类的生活质量。也许用不了多久，我们的健康保险费率就会根据所在地和居住社区的环保程度而重新测定。

人类行为的影响

随着建筑越来越节能，居住者的行为也日益成为能源消费的重要决定因素。美国军方想知道计划兴建的新家庭住宅需要按照何种环保水平修建。他们打造了一个由四个样板家庭组成的试点社区——一户按照正常军队标准建造，一户按照现代环保标准，一户达到很高的环保水平，最后一户则要达到理论上的零耗能——在自家屋顶便能获取充足的太阳能资源，屋内配备节能电器，理论上来说无须任何额外能源。然而，军队针对四个家庭收集了一年数据之后，得出的结论却让人很是费解。正常标准住宅的耗能量竟然是最低的，零耗能住宅实际耗能反而最高。这究竟是怎么一回事呢？答案就在于居住者的行为。居住在正常住宅的家庭相当谨慎——他们离开一个房间时会随手关灯、关电视，会用晾衣绳晾衣服，只在天气特别热的时候才打开天花板吊扇。而零耗能家庭则完全相反，任何时候都是电灯、电视、游戏机、空调全开。所以，仅仅改变建筑方式还不够，改变生活方式同样重要。

对于写字楼的耗能来说，人的行为亦举足轻重。1985年，插塞载荷，也就是插入式设备消耗的能量占普通写字楼耗能总量的15%。到2010年，办公楼的插塞载荷占比上升到45%。每年，我们都会看到越来越多的用电设备被添置进来：电脑、智能手机、iPad、智能白板、咖啡壶、微波炉、爆米花机……我们的有些行为也受到了建筑设计的影响。如果一个房间的照明情况很差，我们就更有可能增加一盏台灯；如果供热系统供热不均匀，即便是寒冷的冬季，我们也有可能在房间温度过高时推开一扇窗户。人们的很多行为其实都是设计的结果，而这些行为其实比较容易得到改善。

选择构架（choice architecture）就是这样一种策略，意思是通过技术设计来制造导致某些行为的自然偏差。位于科罗拉多州博尔德的美国国家可再生能源实验室（NREL）是一栋标志性的环保建筑，它的卫生间有一个节水设计——抬起手柄冲水一次，推下手柄冲水两次。尽管应用的是节水科技，但实际上能节约的水并不多。因为大多数人都会选择下推手柄来冲水。实际上，还有不少人用脚踩踏手柄。如果卫生间设计成之向下推即冲水一次，自然会有更多人这样做，从而达到节水的目的。美国酒店房间也是一个典型的例子，很多人白天离开房间时不会随手关灯；而在欧洲酒店，入住者必须把门卡插入开关才可以开灯，取出门卡时房间自动关灯。

人们还会按照社会准则来选择个人的行为。正如我们所知，堆肥属于旧金山的社会规范，但在圣保罗就行不通。如果办公室中绝大多数人离开房间时都自觉关灯，其他人也会跟着关灯，即便他们在家里并不会这么自觉。通过改变行为来节能有两个优势：一是见效快，二是几乎不耗费任何成本。所以设计环保策略时，考虑哪些行为可能阻碍或提升能源效率是相当重要的一件事。

加里森研究所（Garrison Institute）的气候心理及行为项目是最早提出人类可以通过自身行为来减轻对气候影响的机构，而反馈则是改变行为的关键支点：调节自然生态的信号同样可以用来调节人类行为。需要承担能源费或水电费的人所消费的能源或水远比无须承担费用的人少。前者更可能在离开房间时自觉关灯，或者攒满一桶衣服后再去洗。如果租金里面已经包含了水电费，我们就更可能做出浪费的行为，因为我们会觉得不用白不用。问题就在于，我们一般是在用电用水一个月后才会收到账单，所以很难把当时的行为与要付出的成本直接联系起来。智能仪表倒是能给出即时反馈。比如，人们总是误以为电视进入待机状态就相当于关机了，但其实这种状态下的电视机耗电量比一台节能型冰箱还多。如果家里安装了智能电表，它就会提醒你关闭电视机一个月能节约多少度电，我们自然也就更可能拔掉电视机插头。

如今，越来越多的城市应用这些策略来改变行为，从而增强城市的健康度和韧性。设置分离的自行车道，在城市里骑自行车就会更轻松也更安全。在如今的美国，10 英里以下的路程，骑自行车反而是最快的交通方式。推广智能电表并即时给用户反馈的城市，其能耗量也较低。如果城市提高水价，用水量就会减少。如果城市对没有做好垃圾分类的居民实施罚款，垃圾回收率便会增加。如果城市制定了明确、清晰的环保目标，并想办法鼓励人们改变行为，就定然会得到最佳的效果。

生态建筑挑战

2006 年，国际生态建筑协会及卡斯卡迪亚绿色建筑委员会联合发布最环保、最完整的建筑指南：生态建筑挑战。他们提出了几个问题："如果每项设计和建筑工程都能让世界变得更美好，情况会是怎样呢？如果每项干预措施都能带来更大规模的生物多样性，让土壤更加健康，为美丽的事物和个人提供表现平台，增进人们对解气候、文化和地域的理解，重新整合食品和交通系统，让人们更理解打造资源和机会平等的地球所具备的意义，世界又会是怎样的呢?"

这些振聋发聩的问题，呼吁我们从设计和建造环保建筑转向设计和建造有助于恢复健康、自然和社会生态的建筑，减轻人类对环境的影响。试着把城市想象成一座森林，其中的每一棵植物、每一种动物、每一种深藏在地下的有机物都在为整个生态系统的健康贡献力量。生态建筑挑战鼓励我们从这一角度来思考每一栋新建筑。

2014 年开放的布利特中心是布利特基金会位于西雅图的总部大厦，也是第一个满足生态建筑挑战要求的多层建筑。该建筑的扁平式屋顶太阳能系统能够提供建筑本身所需的电量的 160%，剩余的 60% 的电则被输送回电网。这种令人惊叹的净能量是通过优化和整合多个建筑系统并减少能源使用来实现的。举个例子，该建筑的窗户使用隔热性极强的玻璃，电脑控制的感应器和计时器会根据指令打开或关闭外部百叶窗，在最小化能源消耗的同时保证最大的舒适度。自动开合的窗户让建筑内部的空气得以流通。百叶窗甚至能推至不同角度，根据需要让阳光洒入，满足室内取暖和采光需求。而以太阳能为基础的供热系统则利用土壤恒温层作为太阳温度的补充，同时也可以调节建筑物内部的温度。

布利特中心顶部的太阳能光伏面板同时也收集雨水，用于灌溉花园、冲洗厕所以及使用淋浴设备。该建筑的废水也得到了回收利用，污水在地下室经过过滤处理后流入屋顶的自然湿地，经由自然微生物的作用得以净化，然后再流回建筑物底部，作为自然地下水系统的补充。布利特中心的管理者们也倡导用环保文化来改变住户的行为模式，从而实现环保目标。

微电网

如今，城市系统趋向统一相连，却未必能做到互联互通。建筑物与街道、供水、下水道、电力、数据系统之间存在直接联系，但这种联系往往都是单向的。打造布利特中心这种可以创造出富余太阳能和净水的建筑，就能让建筑融入生态社区。电力是最容易入手的领域。在绝大多数城市，电力来自少数几个超大规模的发电厂。这些发电厂往往利用化石燃料发电，然后将电力送入电网。这种电网一般由已经过时的模拟系统进行管理，并不能有效应对电力需求的波动。一旦电网承受过大压力，整个系统就很容易陷入瘫痪，就如同 2012 年印度北部所遭遇的断电事件一样。同样，每年美国电网因电力输出、库存过剩、延迟生产而遭受的损失高达 250～700 亿美元。[13]

扩张电网的一个好处是可以让城市享受更多远程太阳能、风能、水力资源。如果能源系统能将布利特中心屋顶那种大规模中央集成化电力太阳能系统纳入进来，也就是用更小规模的本地智能化系统来控制大规模的能源供应，能源系统的活力和韧性也会增强许多。多个能源供应商提供的规模化的能源供应，再加上本地化电力库存，由智能反馈机制统一把控，就是所谓的微电网。摩托罗拉前任总裁兼 CEO 罗伯特·加尔文（Robert Galvin）说："这种新兴的微电网就像中世纪骑士的锁子甲，有着化零为整、聚小成大的魔力。"[14]

如果无法实现这种连接，当前大电力系统的运行效率将严重不足。一个蒸汽燃煤发电厂能把39%～47%的煤炭热能转化成电能。还有6.5%的能量会因线路损耗或电网的"摩擦"而损失。[15]大规模电力系统的灵活性也特别差。煤炭发电厂需要每天24小时运转，想要关闭或开启都不那么容易，更重要的是还会造成巨大的环境污染。

微电网则可以把数种资源整合到一起，实现太阳能、风能、（垃圾处理厂的）沼气、热电的联产，进而实现发电、供热和大电力的统一。采用本地化电力供应，线路损耗自然也会少很多。布利特中心这种连接智能微电网的建筑，既是消费者又是生产者，既能购买能源又可以出售资源。白天电价高时，住户们可以使用停车场里电动车的存电，到了晚上价格下降时再去充电。随着蓄电池技术的不断进步，越来越多的建筑会在白天电价高峰期使用蓄电池，这样既可以缓解电网的需求压力，又可以增加整个系统的承载力。

微电网的规模大小不一，小到屋顶上的太阳能供电面板，大到燃气联产工厂。以社区为基础的微电网正变得越来越可行。正如我们所看到的那样，污水处理厂可以利用沼气池发电，生成的电力足以满足附近几千户家庭的用电需求。大型工业建筑屋顶的太阳能也可以产生富余的电力，由社区居民共享。

智能微电网最终形成一个网络，在这个网络中，每一个节点都有能力生产并输送能量和信息，同时也能传递其他节点的能量和信息。即便网络中有一个或多个节点出现问题，其他节点也能立马顶上。这样，这种微电网就具备了自愈能力。由于多种动态平衡的能量和信息通道紧密相连，即便其中某个连接断开，其他连接也会继续提供电力。智能微电网还可以自动识别电力失衡或断电，分析起因并迅速应对。电网会观察人类及其他用电设备的行为模式，学习预测其使用模式，并提供反馈信息，减少电高峰期的电力使用。这种能源和信息的结合逐渐形成"能值"，也就是霍华德·奥德姆所说的在存在熵的前提下让系统重建。

智能微电网不仅能获知电力大系统的大数据，同时也会接收小数据、本地化数据，这些数据对于庞大的系统可能意义不大，但在细微处却有着无可比拟的作用。比如，冰箱耗能最大的部分就是它的除冰系统。电力短缺时，小型的本地化网络可以感知到范围内所有冰箱的运行情况，并暂时中断除霜器的工作，直到紧急状况解除。网状能源、信息网络可以就能源使用为消费者提供直接的反馈信息，改变其消费行为，并通过社交媒体形成能源保护的文化。微电网还能支持生态经济的发展。与那些超大型能源寡头不同，网状能源系统的绝大多数组成部分都属于用户而非投资者。这种多样性、统一性、可持续性有力促进了整体的繁荣。

随着城市化进程不断推进，世界也开始变得电力化，这当然是一件好事。或许可以说，电力系统恐怕是改变人们生活最大的现代系统。有了电，才有了生产力的巨大飞跃。有了电，孩子们晚上也可以学习。有了电，我们才可以用手机，才能上网，才能随时随地保持与他人的联系，获取更多信息。

传统的电力系统并没能让地球上所有民众享受电力的好处。根据国际能源组织的预测，每年全球需要为未来50年的能源基础设施投资 2500 亿美元。但这些投资其实还可以换一种方式。随着世界电信系统拓展到发展中国家，这些国家就可以跳过昂贵的、集中化的固定陆地化模式，直接进入输送式无线手机模式。因此，到 2014 年，全世界 70 亿人口中有 60 亿人已经用上手机，这一数字比能用上冲水马桶的人还要多出 15 亿。同样，微电网也能让世界快速增长的新城市和城市贫民窟更快速、成本更低地享受到电子化带来的好处，同时也让太阳能和风能等绿色能源更容易被接受。

生态区

生态区，也就是共同规划和建设统一系统的社区，将智能、规模化和微电网的多样性应用于尽可能多的城市基础设施。明尼阿波利斯大学大道区的能源系统提议整合多种用户群，包括明尼苏达州的蓝十字蓝盾协会（BlueCross BlueShield）、森帕能源（CenterPoint Energy）、明尼阿波利斯公共住房管理局、明尼苏达大学、私人建筑所有者和埃克西尔能源（Xcel Energy），目标是将用户的电力、供热、制冷、开放空间、降水、停车和其他新陈代谢元素整合起来，增加系统的生态性、经济效率和韧性。例如，一栋建筑物废水中的热量可以引入水循环系统，用于加热其他建筑物。来自屋顶的太阳能和来自地下的地热能，以及来自服务器和冰箱的多余热量都可以被整合到一起。与系统相连的每作建筑物都是热量的产生者和消费者。几乎没有什么热量会被浪费掉。每座建筑物都能节省锅炉的费用。研究表明，此类系统的构建和运行成本较低，并且因其构成多样且对环境的影响极小，对故障的抵御能力会更强。

　　建设生态区，我们需要从新的角度切入思考。不同于那种互不打扰、彼此隔绝的建筑设计，我们首先需要从共建共存的角度出发。在变幻不定的世界中，这种依存将大大增强建筑的生命力。随着越来越多的系统融入生态区，它们也将逐渐具备生物复杂系统的适应性。生态区将带来主动的韧性。

被动韧性和主动韧性

　　21 世纪地球将遭遇剧烈的气候变化。我们的城市将受到热浪、寒潮、洪水、干旱的猛烈侵袭。而和谐的第三个特质，也就是绿色城市的韧性，有助于缓和这种剧烈的动荡和冲击，减轻气候变化造成的不利影响，并帮助我们逐渐适应这种变化。

　　我们需要重整环境策略。我们要做的不仅是减少伤害。我们必须把着眼点放在伤害之外，想出对人类、自然、个人、城市及其环境都有利的办法。

　　和谐自然的观点倡导我们不仅要从个人的角度，还要从大自然的角度来审视环境 —— 大自然不存在任何浪费，一切都是纯粹天然的。只有追求把城市的新陈代谢建设成大自然般的纯粹天然，才可以真正实现与大自然的平衡和谐。

第四部分

社区

　　和谐城市不仅要能调节变化的环境所带来的压力，还要有能力应对如今这个变幻莫测年代所带来的认知和社会压力。其目标是培育内心和谐的个人，并形成能为所有人提供平等机会的社会制度。正如城市不可能独立存在，其繁荣必然深植于由水、食物、能源所构成的复杂代谢性网络一样，人的成功与幸福也与家庭、社区，以及认知网络紧密相连。它们对于居住者的生活会形成超越文化和行为的影响，一如生物宏基因组对于生态的影响。

　　回顾历史可以知道，智人的革命性成功来自人类的社会属性、利他主义和群体智慧。最新的认知科学研究表明，连通和文化是幸福的核心条件。事实证明，幸福是一种集体行为，需要和谐的第四种特质——社区才能实现。社区的特点深深影响着个人生活的品质和特点，同时也与下一代的命运息息相关。

　　健康的社区是建立在 9C 特点之上（认知、合作、文化、热量、集中、商业、复杂、连接及管理）。事实证明，形成世界最早社区的这些基本条件，时至今日仍然是最好社区的关键组成部分。一个健康的社区可以改善居住者的生活，而培养集体效能对于健康城市至关重要。

打造机会社区

机会社区是什么？"社区"的英文（community）可以追溯到拉丁词 communitus。cum 的意思是"与……"或"一起"，而 munus 的意思是礼物。"机会"这个词的英文（opportunity）则起源于拉丁语 opportunus，拉丁词根 ob 的意思是"以……为方向"，而 portus 的意思是港口。opportunus 指的是引领旅行者到达目的地也就是安全海港的风。今天 opportunity 被用来形容一种勇敢出发的姿态，但其词根的含义还是重回安全，或者说回家。所以当这两个词合到一起，community of opportunity（机会社区）这个词的拉丁词根指的就是团聚的礼物，勇敢探险之后回到安全的海港，回到家。

旨在推动经济和社会公平的国家级研究和行动组织 PolicyLink，把机会社区定义为"一个教育平等、工作机会优良、待遇可观、居住条件舒适、公共交通发达、街道安全且景色宜人、服务完善、公园林立、食物健康且有着强大社会网络的地方"。[1] 企业社区合伙组织（Enterprise Community Partners）对于机会社区居住条件的愿景则是："有那么一天，所有人都能在充满活力的社区买得起一栋房子，每个人都拥有对未来美好生活的向往和机会。"[2] 这可以成为地球上大多数人对社区发展的共同远景。

这两种定义和理解都强调连通性，其前提是社区的连通程度足以满足其代谢需求，比如安全的能源和水供应，废水和降水能得到有效处理，固体垃圾分类放置和定期处理。尽管很多美国人对此习以为常，但这些基本的服务在很多发展中城市并未得到有效普及。

机会社区定然消除了人身和社会威胁，包括暴力和任何形式的伤害。机会社区的水、土地和空气中不会出现有毒化合物，社区居民都有能力负担医疗以及社会和精神健康服务。机会社区拥有良好的公共教育制度，让范围内的每一个人都能获得公平的教育机会。社区将不同的人和住宅容纳其中，充满不同的机会。其管理当然也是公开透明的，没有贪污腐败，每一位居民都在长期规划和短期决策方面扮演重要角色。

所有这些因素对于社区及其居民的福祉都是至关重要的。所有元素必须整合起来，形成密不可分的社区网络。机会社区还必须形成互帮互助的文化，意识到每一个人都相互依存。

社会网络

自 18 世纪中期伟大的文艺复兴开始，文化就在倡导理性主义，西方和古典经济学越来越倾向于把人看作个体，认为每个人都注重满足个体需求，而个体选择的总和会通过市场反映出来。

这种观点对 21 世纪芝加哥学派经济学，也就是新古典经济学，产生了巨大影响。新古典经济学认为社会幸福的源头在于自由市场，这个市场由能充分获取信息且能根据自身状况做出更优选择的个体组成。这种观点假定，个体选择的总和能够实现最佳的社会结果，而任何一种政府干预都将扰乱个体选择的总和，导致更坏的结果。

20 世纪 80 年代里根主义推行后，上述世界观就对美国的公共政策形成重大影响。然而事实证明，这种世界观并不完整。尽管个体选择是良好运作的社会的组成部分，但集体需求也同样重要。根据纳什均衡理论和布雷斯悖论，制度的设计与其结果直接相关。另外，由于深受社会网络的影响，个体选择并不单纯。市场选择也从来都不是一件简单的事情，任何人都不可能在掌握全部确切信息或者衡量某个行动的全部后果之后再去选择。举例来说，如果一个公司通过削减成本来增加盈利，结果却对邻近地区造成污染，让周边居民受到有毒致癌物的侵害，这家公司的价值可能更高。即便附近的人饱受有毒物的折磨，因此而付出健康医疗成本甚至是生命，公司的市场价值也不会受到贬损。这种对于制度本质的偏颇理解导致环境受到巨大破坏，收入不平等加剧。

另一方面，如果一种经济制度可以把企业与对社会系统的影响联系起来，那么企业不仅会为自己影响他人的行为付出代价，同时也能从节约的成本中受益。现在有一种新兴运动把住宅与人们的健康联系在一起，并且对健康的、稳定的、价格合理的住宅进行补贴，因为这种住宅有助于降低居民的医疗保健成本。比如，纽约州白原市的 YWCA 组织专门在住宅中为低收入老年女性引进一种远程医疗项目，把每位居民前往医院就诊的频率从每月 11 次减少到了 2 次，一年净节省资金 15 万美元。如果深受高昂的急诊成本困扰的医院和医疗系统可以与 YWCA 共享这些节约出来的资源，就可以支付更多以住宅为基础的健康和社会服务。

21 世纪最初几年，行为经济学通过研究人们真实的行为而非经济理论假设出来的行为，对新古典主义经济学的一些限制发起了挑战。结果表明，我们的决定并非是纯然以独立个体为出发点做出的，相反，我们的行为深受社会和文化背景的影响，也受到此前讨论过的认知偏差的影响。甚至几代以前的事件都可能影响我们的行为——这种影响已经深植于基因。（比如，研究表明外祖母曾在孕期遭受饥饿的人更容易肥胖。）因此，人类的行为是非理性的，我们做出的决定并不总是最符合自己利益的。社会科学的结论是，人类存在本身就是互相依存而非彼此独立的。我们会随大流。

如果我们希望通过行为增强所在城市的生命力，就需要改变所有相关群体的行为，而非简单地约束或激励个体。要做到这一点，就需要了解社会网络到底是如何运作的。

20 世纪最受瞩目的城市思想家简·雅各布斯观察到，人类无法在不形成社会网络的情况下创建社区。社会网络是一种复杂的、具有适应力的系统，由不同个人、群体和组织之间的复杂关系所塑造。尽管这些网络是由个体组成，但网络的特质或者说特性却是由人与人之间的关系决定。这并不是说，个体没有自己的力量，他们当然有。但人类是高度社会化的动物，个体力量要通过社会网络的影响体现出来。因此，集体力量对于社区生命力的重要性几乎相当于活力与压力对于能源及其他系统生命力的重要性。

　　飓风、龙卷风、洪水会对城市的实体产业造成严重破坏，而热浪甚至可能将城市置于死地，它所带来的死亡率甚至比其他三种灾害加起来还多。[3]1995年7月，美国中西部地区温度骤升，农作物损毁严重，大量城市处于灼烧状态，许多人因此而丧命。芝加哥的死亡率最高，总共有739人因此丧生。(这一数字是超级飓风珊迪袭击纽约和新泽西所造成的死亡人数的7倍。)[4]大多数受害者都贫穷且年迈。很多人家里没有空调，即便有，也负担不起电费。由于社区安全性差，这些人还不敢在晚上打开门窗通风，许多人就在孤独中被活活热死。

　　死亡率最高的10个社区中有8个是以非裔居民为主的社区，这些社区的犯罪率和失业率也居高不下。但令人奇怪的是，死亡率最低的10个社区中也有3个以非裔为主，犯罪率和失业率同样很高。那么，这些社区之间到底有何不同？

　　恩格尔伍德位于芝加哥的南端，曾受到城市制造业衰落的沉重打击。1960—1990年有超过一半的居民选择搬迁，留下大片荒废的宅地、废弃的房屋、垂死挣扎的零售商店和少数几座教堂和社区活动中心。与之相反，相邻的奥本格雷沙姆社区尽管同样缺少工作机会，人口却一直没有大规模流失。这个社区的商店继续营业，教堂维持会员级别制，街区居民协会也始终保持活跃。恩格尔伍德社区在1995年的热浪灾害中死亡率最高，而奥本格雷沙姆社区的死亡率却保持在最低水平——事实上，后者的死亡率甚至比芝加哥北端的许多繁华白人社区还要低。[5]《热浪：芝加哥灾难的社会剖析》(*Heat Wave: A Social Au-topsy of Disaster in*

Chicago）作者，社会学家埃里克·克林恩伯格（Eric Klinenberg）总结认为，这种差异主要是由于社区的社会网络性质造成的。

贝蒂·斯沃森在奥本格雷沙姆社区居住了超过五十年，她说："热浪期间，我们每个人都彼此关照，邻居们互相敲对方的房门，询问情况……街区的负责人对社区情况了如指掌，知道谁一个人在家，谁上了年纪，谁正生着病。碰到天气特别热或者特别冷的时候，我们都会这么做。"[6]

8 年之后，2003 年的七八月份欧洲经历了百年一遇的持续时间最长、温度最高的热浪，社会网络对于生存率的影响再次被验证。该热浪总共造成 70,000 人死亡，其中 14,802 个死亡案例发生在法国。跟芝加哥一样，老年人在这种灾难中最容易受到伤害。欧洲的这次热浪来得出乎意料，法国没有任何准备。一般来说，法国的夏日夜晚是比较凉爽的。即便温度较高，大多数法国人居住的石头、砖瓦和混凝土房子到了晚上温度也会降下来，无须开空调。然而 2003 年的热浪之所以影响惨重，是因为八月正好是大多数法国人都外出度假的时候，没有多少人留在家中照看老人。

令人惊讶的是，死亡率最高的不是有精神疾病或身体残缺的老人，反而是相对健康的老人。较为虚弱的老人原本就需要家人照看，或者被送到了疗养院，因此情况比身体更健康、生活更独立的老人好得多。独自生活的老人就只能默默承受高温的折磨，不能及时打开风扇或喝水，为身体补充水分。[7]跟芝加哥一样，热浪期间法国生存率最高的老年人社区与其社会网络的绵延深度直接相关。

社会网络可以通过采访民众、找出人与人的交往绘制出来。

在社会网络地图上，每个人都由一个点代替。与他人保持密切联系的人在地图上会有许多往来交错的线，形成某个特定的形状。比如，以某位活力领导为中心形成的网络，其特点是围绕中心点向外辐射许多线条，线与线之间很少有交集。势均力敌的朋友之间形成的网络看起来则像是彼此交融的雪花。我们可以从一个社区的社会网络地图中看出许多东西，比如思想和行为最可能传播的方向和途径。令人惊讶的是，影响力最大的人往往并不是最强势的，他们的合作性一般都很强。

大家还记得梅特卡夫定律吗？该定律认为电信网络的价值与接入系统的用户数量的平方成正比。这也就解释了为什么城市之间的互通会上升成为文明，形成远大于部分之和的整体。传真或移动电话网络能让越多的人加入其中，这一网络的用处就越大。但他的理论并不将个体结点区别对待，每一个个体都是相同的。然而现实中的人从来就不是这样。社会网络中的一个关键变量就是人的位置。我们来想象这么两个秘书，一个是美国总统的秘书，一个是某小城市市长的秘书。两个人都有权接触一些机密信息，也都具备一定的影响力，他们都接近互联网络的核心，然而总统秘书拥有的权力却大得多，因为总统掌控的是一个规模更大的网络。

社会传染

21 世纪头十年的社会科学为我们提供了足够的数据，佐证了我们一直以来的直觉：个体和社区网络的规模和形态以及我们在其中所处的位置，与我们的健康、经济前景和整体生活状况有着莫大的关系。一个人在网络中的位置越靠近中心，他接收到的内容也就越多，受这些信息的影响就越大。这些内容可以是指导生活的有用信息，也有可能是流言蜚语，甚至是疾病这种负面的东西。但无论正面还是负面，越接近一个网络的核心，我们受这个网络的影响就越大。

《大连接：社会网络是如何形成的以及对人类现实行为的影响》（Connected: The Surprising Power of Our Social Networks and How They Shape Our Lives）一书的作者尼古拉斯·克里斯塔克斯（Nicholas Christakis）和詹姆斯·富勒（James Fowler）认为，人与人之间的连接，要么是与朋友的二级关系，要么是与朋友的朋友的超二级关系。行为就是这样从一个群体迅速、高效地传播到另一个群体，进而渗透到社会网络的各个方面的。如果你的配偶或好友抽烟，你很有可能也会学着抽烟，如果他们开始戒烟，你有可能也会跟着戒烟。你或许以为这一切都只是自己的选择，但其实你的选择很大程度上受到人际网络中其他人的影响。行为在特定群体社区中的传播被称为传染。这种传染可能是随波逐流，也有可能是有意为之。

为更好地理解这一现象，1968 年，耶鲁心理学家斯坦利·米尔格拉姆（Stanley Milgram）与同事安排了一个研究助理到纽约市一条人潮拥挤的人行道上。按照安排，这位助理需要突然停下脚步随机看向旁边一栋建筑的六楼窗户，驻足凝神看一分钟。与此同时，一台隐藏摄像机会记录下人行道上其他行人对此的行为表现。米尔格拉姆发现，当助理停下脚步抬头望向一个窗户时，人群中约有 4% 的人也会停下来跟着看过去。而如果同时安排 15 个助理停下脚步抬头望向某个地方，人群中跟着抬头的行人比例就会达到惊人的 86%，其中 40% 的人还会跟着驻足。[8] 这些人的行为显然受到了群体的影响，是在研究者的有意推动下做出的。

行为的传染是相当迅速的，这一点我们常在金融现象中见到。查尔斯·麦基（Charles Mackay）在《大癫狂》（*Extraordinary Popular Delusions and the Madness of Crowds*）一书中通过剖析荷兰郁金香狂热最早描述了这种现象。1600 年代初，随着阿姆斯特丹的商人们逐渐富裕起来，他们开始打造漂亮的郁金香花园来展示自己的财富。因为郁金香从播种到开花需要 7～12 年，所以开花的郁金香种球风靡一时。于是，种球逐渐供不应求，价格也跟着水涨船高。当时，稀有且让人过目难忘的郁金香花球的市场需求特别旺盛。1634 年，投机商人开始进入市场，把这种本就稀少的种球全部买下，然后以原价四五倍的价格对外出售。

目睹了这种投机行为获利颇丰，越来越多的人涌入市场。郁金香投机如燎原之火迅速传播开来，在 1637 年达到顶峰，麦基称当时一个郁金香种球可以换得 2last① 小麦，4last 黑麦，4 头肥牛，8 头肥猪，12 头肥羊，2 桶葡萄酒，4 桶啤酒，2 桶黄油，1000 磅奶酪，1 张床，1 套正装，1 个纯银酒杯。当年 2 月，买家们却没能现身哈勒姆郁金香种球拍卖会，因为哈勒姆当时正遭遇黑死病的肆虐。或许买家们当时退避三舍是因为害怕疾病，但拍卖会失败的消息却不胫而走，担心郁金香市场崩盘的言论甚嚣尘上，各路郁金香拥有者急于售出手上的种球，导致价格一落千丈。郁金

---

① last，荷兰重量单位。按照荷兰东印度公司的度量，17 世纪 1last 约等于 1250 千克。——编者注

香种球原本的功能价值就不高，只不过被赋予了过高的社会价值而已。涨落之间，我们可以看到估价是如何在社会系统中传播的。

理解社会系统的价值流动方式，是打造更健康社区的关键所在。所以运动等健康行为和回收等保护环境的活动，我们都要大力推动。

六度分离和三度影响

1967 年斯坦利·米尔格拉姆还只是哈佛大学社会学系的一位助理教授，他组织了一项名为"六度分离"的著名研究，但实际上这个项目研究的是人与人的关系紧密度。斯坦利在威奇托、堪萨斯、奥马哈、内布拉斯加随机挑选了一些人，让他们想办法将一封信从他们各自的家中送到身在莎朗或马萨诸塞州波士顿的两个人中的一个。每个人都被要求先把信寄给一个可能与下一个目标认识的人，再让那个人帮忙把信送到目的地，或者至少靠近目的地。结果表明，平均每封信经过 5.5 步就能成功送到目的地，米尔格拉姆由此得出一个理论，全世界任何两个人之间只需要 6 步就可以建立起关系。也就是说如果我们想要认识某个人，我们只需要找出中间的六个传递者就可以。1967 年要建立这种联系还比较困难，可在如今这个以互联网为基础的社会网络中，要做到就简单多了。

斯坦利·米尔格拉姆的研究目标并不是漫无目的地乱寄信，靠运气看收信人是否认识波士顿的某个人。参与者是把自己认识的所有人都筛选一遍，然后把信寄给那个最有可能认识最终收信人的人。比如，他们可能回想起他们的医生曾经在东部上学，或许会认识波士顿的什么人，又或者记起自己有一个朋友搬去了马萨诸塞州。这些行为都是有意为之，而非率性而为，而这种有意性对于整个系统获取智慧至关重要。

为进一步探索关系这一主题，2002年，社会学家邓肯·瓦特（Duncan Watts）和同事在网上招募了60,000名美国人，持续追踪这些人需要经过多少关系周转才能完成13个预先确定的联系目标，其中包括常青藤学校的教授、爱沙尼亚的档案检查员、澳大利亚的政客，以及挪威军队里的老兵。事实再次证明，任何一个人只需要经过大约六个人就能与最终目标建立联系。如今全球人口已超过70亿，绝大多数人的都与他人距离遥远，但米尔格拉姆和瓦特的研究让我们看到，其实只需要有意识地打开几条人际关系通道，就能迅速拉近人与人之间的距离。因此，从人类精神的角度来讲，我们有能力把距离无限远的模式转为一种人与人之间亲近联系的模式。

在追踪研究吸烟和饮酒特定模式的过程中，研究者们发现，跟肥胖一样，吸烟喝酒也会以三度影响的方式进行传播。不过，并非每一个连接点的影响力都一样大。比如说，如果一个女人开始沉迷喝酒，那么这个女人的男性和女性朋友都很有可能加大自身的酒精摄入量。可如果一个男人增大了饮酒量，他的男性和女性朋友受到的影响就要小得多。这样看来，女性的社交圈影响力更大。

了解社交圈的力量对于提升城市的整体健康水平意义重大。如果周围有朋友得了流感，自己也就更容易患上流感。如果有人成功减重并且保持住了，刚好他又是减肥观察者之类的团队的成员，那么这些成员的配偶也常常会跟着减重。如果家人和好友拥有健康的生活习惯，人们就更有可能在饭后散步。

我们每个人都在不同网络中扮演着不同的角色。如果我们处于网络的边缘，就不太可能影响这个网络或被其影响。社区健康的很多方面都有赖于所有人的参与。比如，如果很多人放任院子里的水洼不管，那里就会滋生蚊虫，为疟疾和西尼罗病毒的传播创造条件。天花和麻疹这种疾病，只有每个人都接种疫苗才能成功抑制，而那些不让小孩接种疫苗的家长，不管他们是生活在西雅图还是在苏丹，都无异于罔顾孩子和他人的性命。

按照六度分离理论，我们或许可以与这个世界中的任何一个人建立起联系，但事实上个人的影响力是有限的。为了研究行为是如何在群体之中传递的，尼古拉斯·克里斯塔克斯和詹姆斯·富勒仔细检索了弗雷明汉心脏研究 —— 全球范围内规模最大的持续性人口研究之一 —— 的相关记录。该项研究始于 1948 年。在位于波士顿郊区的弗雷明汉，有三分之二的成年人同意分享自己的健康数据，并定期接受参与该研究的医生对其进行身体检查，旨在找到维持心脏健康和造成心脏疾病的长期模式。随着时间的推移，许多早期患者的子女，甚至于他们的孙辈，也都同意参与这项研究，尽管他们当中很多人已经搬离了弗雷明汉。

克里斯塔克斯和富勒最初使用弗雷明汉研究项目的数据追踪肥胖症的情况。肥胖的成因可以归结为个人的行为选择，比如缺少锻炼和吃垃圾食品等。肥胖也是心脏疾病和多种癌症的预警指标。肥胖者往往备受疼痛、糖尿病、心脏病、关节病、抑郁和其他一些疾病的折磨。肥胖能导致人的预期寿命减少 7 到 8 年。[9] 在过去的半个世纪中，美国的肥胖发生率已然从总人口的13%剧增到34%。除此之外，肥胖问题也耗费了社会巨大的经济成本。2012年，仅仅美国，就有超过1900亿美金花费在肥胖相关的健康问题上。[10] 所以，弄清楚肥胖如此普遍的缘由至关重要。在弗雷明汉，肥胖症往往存在聚集发生的现象，而且这种聚集并不只限定在某个社区。研究发现，关键在于朋友之间的交往。

克里斯塔克斯和富勒深挖社会网络效应对于行为的影响，发现我们的行为还不只影响身边的朋友，还会影响到朋友的朋友——也就是三度影响。在经过三度传递之后，这种影响力逐渐减小，不过在前面的这三度传递中，其影响力不可小觑。就以肥胖症为例，克里斯塔克斯和富勒发现，如果一个人的朋友变得肥胖，那这个人发生肥胖的概率会陡增57%。

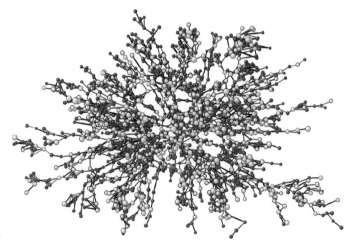

肥胖症的社会网络图
（来源：尼古拉斯·A.克里斯塔克斯，詹姆斯·H.富勒）

在互相认可的朋友中——也就是双方都认为对方是自己的朋友——这种传递效应更为增强，肥胖率的发生会增至惊人的171%。[11]

如果一个城市想要提倡接种疫苗等积极行为，最有效的策略就是把握好社交圈核心的人群，通过这些人把倡议传播出去。正如克里斯塔吉斯和福勒所说："要想让人们戒烟，就不应该把所有人排成一排，然后引导第一个人戒烟并希冀由他传递下去。相反，我们应该把吸烟者围成一个圈聚集在戒烟者的周围。"[12]

曼米特·卡尔（Manmeet Kaur）和她的丈夫普拉齐奥特·辛格（Prabhjot Singh）博士就是通过这一策略来改善哈莱姆区居民的健康状况的。二人成立了"城市健康协作"组织，专门从周围社区挑选富有同情心且人脉广的居民，让他们担任社区健康的顾问。

这些顾问可以接触到常受困于慢性疾病和精神疾病的边缘人士。这些顾问成为整个关怀系统的连接点，把健康关怀、社会需求和机会带给每一个人，帮助他们实现自身目标。这种方法将动机采访技巧和先进技术结合起来，正在逐渐改变低收入居民蜂拥到传统急救室看病的情况，一方面让患者获得了更好的服务，另一方面降低了整体成本。

弱关系的力量

马克·格兰诺威特（Mark Granovetter）是一位出身哈佛的社会学家，他把社会联系分为强关系和弱关系两类：我们与最亲近的家人和朋友之间是强关系，而与点头之交之间是弱关系。格兰诺威特提出，或许弱关系的用处远远大过强关系。[13] 这是为什么呢？因为强关系并不能扩展我们的生活圈，也无法让我们接触到多元的知识和关系。我们最好的朋友和家人本身就对彼此了如指掌，也会花大量的时间待在一起，强化互塑对方的世界观。不同的是，弱关系不仅可以让我们接触到更丰富的想法和关系，乃至其他社交圈，进而见识更多东西。一封信通过六度分离即可送到全世界任何一个人手中，其实也是利用强关系和弱关系牵线搭桥的结果。

在找工作方面，弱关系尤为有效。比如说，如果某个城市的就业率下降，这一地区之内的强关系很可能在找新工作方面爱莫能助。如果有工作机会，同一个圈子里的人要么都会知道，要么都不知道。而弱关系的另一方可能生活在就业机会多的其他地方，自然就能帮上忙了。

通过研究波士顿地区刚找到工作的一批人，格兰诺威特发现17%的人是通过亲朋好友找到工作的，55%的人是通过偶有联系的熟人找到工作的，另外28%的人则是通过鲜有联系的人找到工作的。"找工作需要的关键信息竟然来自那些在日常生活中完全被遗忘的人，真是令人震惊。"格兰诺威特写道。[14] 1983年，他在最初著作的基础上进行了更新，通过引证许多不同研究，力求证明一个人的社会阶级越高，就越有可能通过弱关系找到工作。[15]

弱关系也是社交分离群体之间传递信息和态度的关键。聚集在芝加哥南岸的普尔曼铁路公司的搬运工们就是一个典型的例子。普尔曼铁路公司由乔治·普尔曼（George Pullman）于1862年创立，曾是美国最大的火车卧铺车厢生产商和运营商。普尔曼出租卧铺车厢给铁路，而搬运工们则负责为乘客们搬运行李、铺床、擦鞋、提供饮食。普尔曼选择刚获得自由的奴隶作为搬运工，因为这些人愿意为了微薄的工资而卖命工作，而且奴隶往往接受过多年的训练，可以提供普尔曼所需要的服务。

普尔曼公司在其 20 世纪上半叶的巅峰时期雇用了超过 20,000 名搬运工，而这些搬运工无一例外都是非裔美国人。他们在工作中找到了自尊，也建立起了团队精神。在普尔曼搬运工的推动下，历史上第一个非裔美国人联盟在 20 世纪 20 年代成立。他们提出工资补贴，让搬运工的收入达到了中产阶级水平，绝大多数人都有能力置业，很多人还把孩子送进了大学。普尔曼搬运工组织——卧铺车厢搬运工联盟的领导者 A. 菲利普·伦道夫（A. Philip Randolph）也成了美国民权运动的早期先锋。

相比其他生活在芝加哥的美国黑人，普尔曼搬运工为何更有可能从奴隶阶层进入中产阶级呢？其中一部分要归功于搬运工与乘客之间的弱关系——乘客中有医生、律师、商人、娱乐明星和政府官员。与其他绝大多数美国黑人比起来，这些搬运工拥有更多接触中产和上层阶级的渠道和机会，眼界也要开阔许多。普尔曼的搬运工们在耳濡目染中，逐渐也在自己所处的社区中注入了这种中产阶级文化。[16]

信任也很重要

一般来说，强联系可以在社区中形成凝聚力，但也可能让社区发展僵化，不能很好地适应变化。历史学家弗朗西斯·福山认为，一个社会如果家庭价值观特别强，那么这种信任辐射半径一旦超出家庭范围往往就会变得很弱。这种文化趋向于发展规模更小、活跃程度更低的商业网络。17世纪初阿姆斯特丹鼓励社会关系多样性，许多重要的经济组织应运而生，人们和社会也因此得以接触日常接触不到的新思想和关系圈。[17]

弱关系对于建立信任社会至关重要。一个社会的广泛信任程度与其经济表现之间有着紧密的联系。《财富的起源》(*The Origin of Wealth*)一书的作者埃里克·拜因霍克(Eric Beinhocker)曾在书中写道："高度信任能促进经济合作，让社会走向繁荣，而繁荣将进一步加强信任，形成良性循环。较低的信任度则会降低合作度，导致贫穷，从而进一步破坏信任，形成恶性循环。"[18]

在《文化的重要作用》(*Culture Matters*)一书中，劳伦斯·哈里森(Lawrence Harrison)和塞缪尔·亨廷顿(Samuel Huntington)曾按照信任程度对世界各国进行排名。他们观察到内部信任度最高的社会，比如瑞典、挪威和德国，其经济发展是最为繁荣的。而信任程度较低的国家，比如尼日利亚、菲律宾和秘鲁，其国民生产总值(GNP)也是所有被研究的国家中最低的。

这一理论同样也适用于国家内部。一项针对美国各地区信任度差异的研究显示，一个地区信任他人者的比例与其经济增长指标、寿命长短、健康情况、犯罪率、选举参与度、社区活动参与度、慈善事业以及儿童的学业表现有着高度关联。信任度最高的地区在上述所有这些指标方面均有着很好的表现。而随着界限从北向南推移，信任程度随之降低，健康状况、选举参与度、学业表现等其他指标也跟着变差。[19]

在第1章中，我们讨论过利他主义带来的革命性优势。信仰利他主义的个人或团体，会把自己看作一个更大网络的一部分，认为自身幸福与整体的幸福密不可分。合作会带来互惠互利，所以一旦合作成为常态，社区定然会蓬勃向上地发展。马克斯·普朗克研究所著名的奥地利古典经济学家恩斯特·费尔（Ernest Fehr）认为，绝大多数人都是"有条件的无私者，一旦他们认为别人会给出互利回报，他们就愿意合作"。[20] 这种对于其他人给予互利回报的信心便是繁荣文化的关键特征。另一方面，如果相当多的人认为他们的所得必然建立在他人所失的基础上（即认为合作是一种零和游戏），整个社会就会充满不信任，从而陷入埃里克·拜因霍克所说的"贫困陷阱"。最具活力的城市往往具有倡导竞争的文化，同时也要融竞争于合作之中。

　　为测试利他主义的变化条件，斯坦利·米尔格拉姆在从哈佛转到耶鲁任教之后，便着手进行另一个开创性的实验。他准备了300封贴了邮票、写了地址的信件，将它们随意扔在纽黑文市的人行道上。按照信封上的信息，一些信是写给一个叫沃尔特·卡内普的杜撰人物，一些是写给医疗研究机构，还有一些则是写给纳粹党朋友。米尔格拉姆的猜测是，那些把信捡起来并寄出的人是出于纯粹的好心，因为这一个举动并不能带给他们任何外在的认可或好处。不过，最终寄回来的信的数量并不平均。从米尔格拉姆的这个实验可以看出，无私行为是受社会评价影响的。写给医疗研究机构的信寄回率为72%，紧随其后的是写给沃尔特·卡内普私人信件，寄回率达到71%，而写给纳粹党朋友的信件则只有25%的寄回率。[21] 从那之后，掉信实验就一直用来评估社区的合作度和包容度。

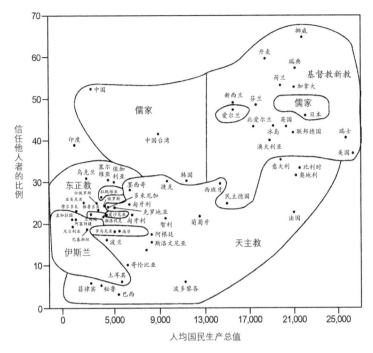

信任与经济表现之间的关系

注：一个社会的信任度越高，人均国民生产总值就越高。值得注意的是，一般说来新教国家信任程度最高；天主教国家信任程度较低，人均国民生产总值表现也差强人意；而伊斯兰国家的信任度和人均国民生产总值最低。

搭便车的人试图享受社会网络带来的好处，却不贡献任何力量。他们的自私行为往往都会加以粉饰，具有欺骗性，也因此损害了利他系统的可行性。如果所有人都变成占便宜的利己主义者，社会系统就会崩塌。根据社会学家皮特·海德斯托姆（Peter Hedström）的测算，如果一个社会的利己主义者比例达到5%，人与人之间的互相影响最终将让条件性利他主义者的利他行为减少 40%。[22] 如果所有人都不再无私地为社区贡献力量，那么个人和家庭取得成功的土壤也就不复存在了。正如达尔文观察到的那样，本质奉行利他主义的群体始终都比非利他主义群体出色。为实现群体性的利他主义，我们不断进化，而占便宜者则化身"惩罚者"，有意把后果和责任推到无辜的人身上。

这些表面光鲜的占便宜者其实是一群孤独者，或者说被边缘化了的人，他们大多与社会网络脱节，鲜少给予也鲜少得到。社区领导者的一个关键任务就是要平衡不同类型的人，维护社区的互信互利、互相分享和团结统一。很多时候，好的社区领导者还会维护积极的社会标准，为建立互信打造稳定的社会基础。

然而在动荡的时代，社会准则或许并不能很好地适应变化不定的外部环境。面对这种情况，社会就需要"有正面影响的离经叛道者"，也就是那些行为偏离既定社会常规却能更好地适应周遭环境的人。"有正面影响的离经叛道者"这个词出自塔夫斯大学营养研究员玛丽安·赛特林（Marian Zeitlin），这位研究员发现在极度营养不良的社区，有些家庭会养成一些新的行为方式，而这些行为方式反倒对子女有利。1991 年，与赛特林一道进行研究的杰瑞·斯特恩尼斯（Jerry Sternins）成为"拯救越南儿童"组织的新负责人，当时越南有 65% 的儿童都处于营养不良的状态。而斯特恩尼斯的任务就是在 6 个月内，也就是签证过期之前减少挨饿儿童的数量。

于是，斯特恩尼斯和妻子莫妮卡马不停蹄地拜访各大村庄，利用现有的社会网络选出了一批值得信赖的社区成员，组成健康委员会。委员会成员会对村庄家庭进行一对一访问，找出孩子最健康的家庭。他们发现，健康孩子的父母会在日常饮食中掺入在稻田里抓到的小虾，以及番薯叶等绿叶蔬菜，一天给孩子提供四餐饮食，而非两餐。这些办法行之有效，但并不符合社区的习惯。

为了找出把这些措施推广开来的办法，斯特恩尼斯夫妇近距离接触了四个小型社区的村庄健康委员会，这四个社区约有2000名儿童。委员会在推广的过程中发现了一种之前不为认知科学家所知的原则：先要改变行为，然后态度才能改变，反之则行不通。行为是一种具体的经验——一旦人们开始改变行为，他们的态度也将随之改变。光靠口头宣传饮食方式并不能取得多大的效果。相反，村庄健康委员会选择逐户拜访，教大家如何在稻田里抓虾或采摘番薯叶，然后将其混合进孩子的食物中。这种做法取得了巨大的成功，短短6个月内，越南儿童的营养不良率就降低了80%。

为什么这么好的喂养方式此前没有大规模传播呢？这是因为奉行这一喂养方式的人生活在社会网络的边缘，不具备话语权。不过也正因为他们生活在社会边缘，才有了这种试验性喂养的自由。是健康委员会把这些带来正面影响的离经叛道者带到了社会网络的中心。正所谓旁观者清，有时候社区本身看不清的问题，外人反倒能看得清楚。但如果要让社会内部大范围接受新行为，也只有依靠内部人士的帮助。

相邻效应

城市由邻里组成，而每个邻里社区都有自己的特点。事实表明，人会影响所在的邻里，同样邻里也会影响其中的人。

社会科学家罗伯特·桑普森（Robert Sampson）在芝加哥大学任教期间开展了芝加哥社区人群发展（PHDCN）项目。[23] PHDCN收集了大量数据，对比不同城市社区的社会表现，试图弄清社区社会健康运转的关键驱动力，以及社会健康对儿童和青少年的影响。桑普森以收入、种族混合度以及暴力发生率为指标对比不同社区的表现。该项研究还花费7年跟踪了6000名随机选出的儿童和青少年。结果表明，社区文化对居民行为有着重大影响。

桑普森的研究表明，学业表现最好的社区也是最健康的，犯罪率最低而且青少年怀孕人数最少。这些表现彼此相关。有意思的是，这种结果不随时间和地点而改变：即便社区有人迁入迁出，表现最好的社区始终都是最好的。桑普森在其轰动一时的书籍《伟大的美国城市：芝加哥和持久的邻里效应》（*Great American City: Chicago and the Enduring Neighborhood Effect*）中表示，影响社区质量最重要的两个因素，一个是社区对于失序的认知，另一个则是集体效能，也就是他所谓的"社会凝聚力加上对于社会控制的共同期待"。[24] 这两个条件是息息相关的。

邻里失序

认识到邻里失序有两种形式，一种是社会层面的，一种是物理层面的。墙上的涂鸦、废弃或年久失修的房屋、无人打扫的垃圾站、破损的窗户，这些都会放大物理层面的失序。而社会失序则反映在公开卖淫、公开毒品交易、醉后露宿街头、言语骚扰、大声播放音乐和无业者聚集等方面。在"邻里幸福、邻里失序、心理压力及健康的要素"（On the Factors of Neighborhood Well-Being, Neighborhood Disorder, Psychological Distress and Health）一文中，凯瑟琳·罗斯（Catherine Ross）、特伦斯·希尔（Terrance Hill）、罗纳尔德·安吉尔（Ronald Angel）写道，过多的邻里失序会造成认知压力，导致抑郁水平提高、内心被无力感支配，最终令幸福感减少。[25] 亚特兰大 VA 医学中心和埃默里大学的一项研究显示，长期接触失序的邻里，认知方面受到的影响无异于创伤后应激障碍（PTSD）。[26] 与之相反，绿树成荫、街道干净整洁、邻里友好相处，或人行道旁咖啡厅飘出古典音乐的社区，往往幸福水平更高。

1982 年，社会科学家詹姆斯·Q. 威尔森（James Q. Wilson）和乔治·L. 凯林（George L. Kelling）在《大西洋月刊》（Atlantic Monthly）上发表了"破窗"理论。在调查邻里失序现象日益增多这一现象的过程中，他们发现如果一个城市出现了几个破窗户且没有及时修好，那么打破窗子的人很可能会继续这一破坏行为。如果人们注意到一些建筑物无人看管，就很可能在房子前面乱丢垃圾。这种对于微小破坏行为的容忍，往往会传达出社会支持犯罪行为的信号，从而导致入室盗窃案增加。

"破窗"理论说明无序行为具有传染性，如果一座城市强烈释放出对犯罪活动零容忍的信号，就能阻止这种行为，从而避免更多、更大犯罪活动出现。

这一理论既对城市产生了正面影响，也造成了负面作用。受此理论启发，20 世纪 80 年代晚期，纽约市开始竭力清除遍布地铁站内的涂鸦，也鼓励民众清除住房周围的涂鸦。20 世纪 90 年代，纽约市市长鲁迪·朱利亚尼领导下的警察部门开始大规模逮捕乞丐和街头贩毒者，释放出要建立更有秩序的社会行为准则的信号。游客多的地方，比如时代广场，更是大力贯彻这一政策，以便让游客对城市的整体安全感形成正面印象。不过，这一激进政策也造成了深刻的负面影响，它让很多年轻黑人因为一点小事就锒铛入狱，以致获得成功的机会大大减少，最终也将更多的"监狱文化"引入了社区。

集体效能

所谓集体效能，是指一个社会网络或团体为社区整体利益而做成某些事情的共同信念。密切的个人联系和行为的社会传染有助于形成集体效能，但这些并非产生集体效能的原因。集体效能需要忠实于社会准则的领导者、共同遵守的利他文化、彼此间的相互信任，搭便车的人不能太多。成功抵御1995年热浪袭击的南芝加哥奥本格雷沙姆社区的教会团体及街区协会，就有着较高的集体效能水平。桑普森观察到，如果居住者对于所在社区的社会控制有着共同的期待，彼此信任，凝聚力强，这种街区往往会表现得很好。集体效能高的街区一般犯罪率也较低，而且很有可能未来的犯罪率还会进一步下降。在社会管控效率高的街区，民众会自觉地照看邻居的孩子，看到街上大呼小叫的青少年会出言制止，也会不时照看社区内的老年人。这些社区的青少年怀孕率和婴儿夭折率往往也更低，健康和幸福水平更高。无论是白人社区还是黑人社区，无论贫穷还是富裕，情况都是如此。

集体效能与利他主义也存在紧密联系，道德犬儒主义影响较小。在地图上找出所有城市非营利组织（包括社区组织、社区花园、家长教师协会和其他集体行动枢纽）的位置后，桑普森发现这些组织的密度是预测集体效能最强有力的指标。正如我们看到的这样，形成这种组织最关键的因素就是信任。

社区三度影响

把社区研究的数据扩展到芝加哥地图后，罗伯特·桑普森立刻发现了一种有意思的现象。正如人与人之间存在三度影响，社区与社区之间也存在三度影响。如果某个社区的犯罪率较高，相邻社区的犯罪率很可能也比较高。如果一个社区的凶杀率猛增40%，其相邻社区的凶杀率也会增加9%，而紧挨着相邻社区的社区的凶杀率同样会增加3%。另一方面，如果某个社区的集体效能有所提升，相邻社区的凶杀率也会随之下降。

社区之间的三度影响也解释了芝加哥及美国其他地区的一些种族差异现象。与中产阶级白人社区相邻的往往也是中产阶级白人社区，甚至是更富裕的社区。由于歧视的历史渊源，中产阶级黑人和拉丁裔街区往往与较低阶级的社区相邻。因此，即便一个中产阶级黑人社区可能拥有较高的集体效能，看起来也比白人社区更有秩序，它们也会被相邻的贫穷社区拖后腿。好消息是，如果一个城市集中力量改善某个社区的健康、安全和稳定状况，这种改善也会通过三度影响传递出去。

社会资本和积极的社会行为

　　社交圈和信任是社会资本的两个重要组成部分。《独自打保龄：美国社区的衰落与复兴》（*Bowling Alone: The Collapse and Revival of American Community*）一书作者，哈佛大学的社会学家罗伯特·帕特南（Robert Putnam）将社会资本定义为人与人之间的联系，社交圈和互惠互利、彼此信任的准则就从中而来。从这种意义上来说，社会资本与所谓的"公民道德"有着密切关系。[28]《国家隐藏财富》（*The Hidden Wealth of Nations*）一书作者兼英国政府行为洞见团队的负责人大卫·哈尔彭（David Halpern），认为，社会资本是"我们隐藏的财富，也就是由本地技能、信任、知识、基于交换的高效交往和关心所组成的非财政资源"。[29]罗伯特·帕特南将社会资本分为两种的：连接和桥接。连接资本是由相似群体的联系产生，比如家庭、移民或邻居。低收入社区的居民在较强社会联系的基础上，往往拥有大量的连接资本。

　　连接网络中的人会相互照应。运动队、本地酒吧，甚至是黑道团伙，都拥有不少的连接资本。连接资本与"彼此照顾"这一理念息息相关，比如不求回报地照顾彼此的小孩或父母。芝加哥热浪之所以幸存率那么高，就得益于连接资本。在韩国，这种连接被称为"woori"，意为"我们"。但由于这种关系十分紧密，因而一般都集中在一个团体内部。社会科学家把这种网络与网络之间的鸿沟称为结构洞。

　　桥接资本则源于集体或圈子之间的联通，其基础是我们前面探讨过的弱社会关系。桥接资本在探索新的做事方式、获得工作机会，或者成功找到投资等方面至关重要。当不同的网络或群体跨越结构洞彼此连接起来，成员们的信息、选择和世界观也就得到了大幅拓展。正如我们所见，生活状态好的人往往会积极地"建立人际圈"。帕特南的研究工作主要关注两种强大的连接网络——保龄球俱乐部和社区唱诗班。他注意到，随着这两种连接性网络的减少，社区内部的社会效能也随之下降。美国建筑师协会或美国医药协会之类的专业组织会为成员提供大量与他人接触的机会，由接触得来的新的思想又可以改善成员工作，让他们获得更多机会。

社区及其成员要想获得成功，连接资本和桥接资本都不能少。2001 年，在哈佛的肯尼迪学院教授公共政治的迈克尔·乌尔考克（Michael Woolcock）提出第三种社会资本，也就是连接不同社会层级的关联资本，他认为这种资本也是社区繁荣发展的关键。迈克尔认为桥接资本属于水平连接，而关联资本则是人和机构之间的垂直的联系。[30]

在安定时期，连接资本相对可靠。然而在动荡和变幻莫测的时代，连接资本就显得势单力薄了。如果要扩大社区的思想及关系基因池，就需要用到桥接资本。关联资本则可增强社会引进适应性资源的能力，这一点对于弥合美国和法国郊区，以及发展中国家迅速扩张的城市边缘地带的物质差距与社会割裂至关重要。

领导力的社会资本

罗伯特·桑普森的芝加哥研究既追踪普通住户与社区领导者

之间的关系，也关注领导者与领导者之间的关系。一个社区的幸福感越差，其住户与所谓领导者之间的亲近感就越低。社区既受益于感知方面的效能，也受益于真实存在的效能。首先得让民众相信，他们的努力可以改变社区，让社区变得更好。如果这些努力确实产生了正面效果，他们对于集体效能的信心便会随之增长。

芝加哥研究还关注了商业领导者、政府官员、中小学及大学校长、警察局长、市议会医院、非营利组织及社区协会负责人的社会资本。他们采访了超过 1700 名领导者，目的是要找出社交网络、名誉职位与其他因素之间的关系。每位领导者列出和自己关系最紧密的五个人，在此基础上归纳出领导力网络最核心的枢纽。结果表明，上述六种类型的领导者的影响力同他们彼此之间联系的紧密度直接相关。

关系的互惠性越强，跨越弱关系的效果就越好。比如，一位部长可能让一位商人把他介绍给某位大学校长，这样他就能代表非营利机构与大学建立联系。

桑普森的研究显示，领导者的关系密度与名望、社会效能、社区的幸福度直接相关。目中无人的地头蛇与受其欺压社区往往关系不佳。

社交网络与城市密度

城市领导者应对全球大趋势的方式及其行为的后果，与社会网络的质量密切相关。2004 年，麻省理工学院产业绩效研究中心研究院肖恩·萨福德（Sean Safford）的博士论文，便以社交网络在美国铁锈地带制造业衰落中扮演的角色为主题。肖恩的论文以"为何花园俱乐部无法拯救扬斯顿：经济危机中的城市基础设施和迁移"为题，对比俄亥俄州扬斯顿与宾夕法尼亚州艾伦镇的社交网络，并审视社交网络在两座城市的不同命运中所扮演的角色。

这两座城市都成立于 19 世纪头十年，相距仅 335 英里，都因成为交通枢纽而有过一段发达的岁月。两者都发展成了钢铁制造中心，由安德鲁·卡内基及其朋友圈（这又是一个非常强大的社交圈）提供资金支持。一个多世纪之后，到了 1950 年，艾伦镇和扬斯顿仍然情况近似。当时艾伦镇的人口为 208,728 人，扬斯顿的人口为 218,816 人。两座城市的经济也仍然以制造业，尤其是以钢铁制造为基础，尽管到了 20 世纪 50 年代中期钢铁产业已开始现出衰退迹象。于是，两座城市的主要银行家和产业人员都要求当地的公民协会聘任顾问来研究现状并给出建议。结果，两座城市的研究顾问给出的建议也相当一致，都是建议实现产业基础的多样化。1977 年，一次罢工运动对钢铁制造业造成了严重一击，最终在 1983 年，两座城市的钢铁企业全部关门大吉。

两座发展相当的城市面对同样的全球大趋势，各自的命运却截然不同。20 世纪 50 年代，艾伦镇接受了咨询顾问给出的建议，扬斯顿却没有。结果到了 2015 年，艾伦镇的人口比扬斯顿要多出 80%，家庭收入中位数也高出了 30%。为何会出现这种局面？ 20 世纪 70 年代，艾伦镇的领导者制定出了城市产业多样化政策，吸引电子产业和专用化学品产业进驻，并将这些产业与当地大学联系起来，扩大所在地区的交通网络。社区领导者也设立了私募股权资金，投资新兴产业并兴建产业园。如今，艾伦镇投身电子、

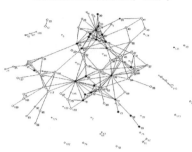

艾伦镇的经济和民间组织，1950 年

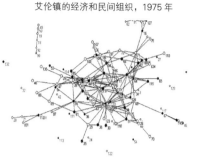

艾伦镇的经济和民间组织，1975 年

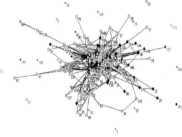

扬斯顿的经济和民间组织，1950 年

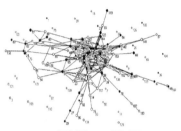

扬斯顿的经济和民间组织，1975 年

○经济组织 ●民间组织　　　　　○经济组织 ●民间组织

艾伦镇和扬斯顿的经济与民间组织对比图

注：图中可以看出，1950 年，跟扬斯顿比起来，艾伦镇的经济和民间组织之间的联系有多分散。到 1975 年，艾伦镇多样化的网络不断加强和增厚，而扬斯顿的中央网络却开始崩塌。

（来源：*Sean Safford, Why the Garden Club Couldn't Save Youngstown: Civic Infrastructure and Mobilization in Economic Crises [Cambridge, MA: MIT, 2004], pp. 42, 45*）

仪器制造业和特殊化学品产业的人口比例是扬斯顿的 8 倍。艾伦镇的领导还成功说服宾州州立大学在这座小城设立分校，联合遍及全州的本·富兰克林合作协会来开展研究、培养人才，为新兴产业提供支持。如今的艾伦镇俨然已成为宾夕法尼亚州发展最迅速的城市。

　　在此期间，扬斯顿的领导者却一直按兵不动。直到 2000 年代才开始着手进行产业多样化，改善社区学院和大学系统，在衰落了几十年之后开始以后来者的身份进行追赶。肖恩·萨福德在其博士论文中指出，两座城市之所以会出现这种差别，主要是因为领导者的社交圈不同。艾伦镇的社交圈将一大批与财经界没有什么联系的演员融入进了几个为社区发展制订重要战略的团体。这些团体中最重要的就是当地大学和美国童军组织（Boy Scouts of America）。美国童军组织的董事会由各大公司的 CEO 组成。这些公司的负责人此前并无太多业务来往，经由这个平台，这些此前只有弱关系的人紧密地联系到了一起，为经济发展的多样化提供了基础。艾伦镇的经济负责人在决定成立里哈谷合作组织以吸引和发展新兴产业时，把目光投向了美国童军的负责人——一位聪明、雄心壮志、行事有效的年轻人。这位青年领袖他们非常了解，他从不囿于成见。所有会员签字同意辅佐这位年轻人，事实也证明他确实成了一位伟大的领导者。

　　相反，扬斯顿的公民领导力却集中在少数几个显要的家族手中，这些人思想保守，社交圈严重重叠。比如，联合国民银行的行长同时还兼任 16 个当地企业与非营利组织的董事会成员。城市的重要民权枢纽组织是花园俱乐部与红十字会，而这些组织又由上述显要人物的妻子掌管，同属一个乡村俱乐部。这些重要组织对于形成多样化的观点或寻找新的经济力量之源贡献甚少。

　　萨福德在论文中写道："它们没能成为交流的平台，只不过是用来强化社会地位的工具而已。"[31] 扬斯顿受制于领导者之间太过强大的连接资本，很少接触外界观点，桥接资本和关联资本也太过短缺。

一个城市或地区领导者的世界观同样会影响这座城市与世界经济的融合方式。比如 1950 年的艾伦镇和扬斯顿，以及亚拉巴马州的伯明翰和佐治亚州的亚特兰大，两座城市的人口规模和经济发展曾经非常接近，但经过几十年的发展，最终的命运却大不相同。

1871 年，许多本地商人看到亚拉巴马—查塔努加以及南—北亚拉巴马铁路的繁荣前景，决定经营两条铁路线未来交界的地方，于是伯明翰诞生了。伯明翰的缔造者以英国伯明翰为其命名，希望有一天这个地方也能成为一个重要的工业城市。该地铁矿、煤矿、石灰岩资源十分丰富，这三种原料正好可以用来炼钢。19世纪末 20 世纪初，伯明翰的钢铁及煤炭产业蓬勃发展，获得了"魔法之城"的称号，10 年后又被称为"南方的匹兹堡"。不过，伯明翰的政治文化完全由亚拉巴马的白人控制，故而乡村地区拒绝向发展中的市区移交权力。

始建于 1847 年的亚特兰大同样位于两条铁路线——西部铁路线和亚特兰大铁路线的交界之处。交界处刚好跨越查特胡奇河，后来的南部铁路线也与该处相连接。于是，亚特兰大逐渐发展成为美国第一个中心辐射型的铁路枢纽。此前，亚特兰大的经济以棉花产业为主，后来跟伯明翰一样，也成了钢铁业主导的城市。

1930 年，发迹于路易斯安那州门罗的当时还只是小邮件托运商的达美航空，开始在伯明翰和亚特兰大之间开设客运航班，机票的价格只有火车票的一半，吸引了大量客户前来体验。到 1950

年，亚特兰大的人口增长到 331,314 人，比伯明翰的 336,037 要少 2%。

20 世纪 40 年代末，成为南方航空前身之一的达美航空，开始接触伯明翰和亚特兰大两座城市的领导者，想知道哪一个城市愿意投资打造全美国第一个中心辐射型客运航空网络枢纽。达美航空提议把南部城市与地区性网络连接起来，然后通过新建的枢纽站连接芝加哥和纽约，并通往第一个跨国站墨西哥城。这是一个很好的理念，通过打造关键的国内外交通中心来填补南方城市的结构洞。在社会化网络理论发表之前，达美航空就已提出它所能带来的好处。

亚特兰大十分支持达美航空的想法。它发行债券筹措资金扩大机场，大力投资修建飞机跑道和航站楼。对于三角洲航空的提议，伯明翰的反应却是提高本地航空燃油税。被称为"大骡子帮"的伯明翰领导者既担心芝加哥的工会会影响伯明翰未参加工会的工人，又害怕墨西哥人会大批涌入，于是拒绝了达美航空的提议。

20 世纪 60 年代，民权运动席卷美国南方。1961 年 5 月 14 日，3K 党在伯明翰的 Trailways 公交站下车时突然袭击了一群非暴力自由运动的骑手。当时以布尔·康纳（Bull Connor）为首的伯明翰警察选择袖手旁观。记录下这一暴力事件的照片震惊了全世界。作为回应，亚特兰大的市长威廉·B. 哈茨菲尔德（William B. Hartsfield）声称亚特兰大"忙到没时间憎恶"。[32] 1972 年，梅纳德·杰克逊（Maynard Jackson）被选举为亚特兰大市市长，他也是美国第一位担任大城市市长的黑人。杰克逊支持进一步把机场改造成为国际枢纽。他推出了美国第一个战后通勤铁路系统

MARTA，把市区、机场与各地区连接起来，城市与郊区的命运也因此紧密地联系起来。此外，他还拒绝建设割裂市内社区的高速公路。80 年代末，杰克逊带领亚特兰大成功申办 1996 年夏季奥林匹克运动会，亚特兰大的国际声望由此大为提升。与此同时，亚特兰大本地的媒体企业家泰德·特纳（Ted Turner）推出了全世界第一个 24 小时全球有线电视新闻网 CNN。亚特兰大完全成为有着多元化领导和共同目标的外向型城市。

20 世纪 60 年代，在亚特兰大向着多元化的方向发展之时，伯明翰却用警犬、消防软管和逮捕手段来回应。马丁·路德·金著名的"伯明翰监狱来信"事件就由此而来。伯明翰一座黑人教堂的可怕爆炸事件震惊了全世界，四名无辜的年轻女孩在事件中丧生，进一步加深了人们对伯明翰落后、顽固的印象。尽管如今的伯明翰也在想办法克服这些遗留问题，但人们依然可以从两座城市这 50 年的发展路径中看出不同的世界观对城市命运的影响。

到 2013 年，亚特兰大的城市人口达到 447,841 人，辐射区域总人口达到 5,529,420 人，是该城人口的 12 倍。与此同时，伯明翰的人口却缩减至 212,237 人，都市圈人口为 1,140,300 人，仅为核心城区人口的 5 倍。还有一组能说明问题的数据：2011 年亚特兰大地区的收入中位数为每户 51,948 美元，在美国所有城市中排名第八，而伯明翰的家庭收入中位数仅为 39,274 美元，仅排在第124 位。亚特兰大的哈茨菲尔德-杰克逊机场是全世界最繁忙的机场之一，繁忙程度是伯明翰沙特尔沃斯机场的 30 倍不止。当然亚特兰大也有问题需要解决——城市的扩张和收入差距的增加。然而，相比伯明翰，显然亚特兰大能为民众提供的机会要多得多。

两座城市走上不同的路，交通和社会网络的连通性起到了很大作用。伯明翰的经济领导者思想保守，受小农思想支配。亚特兰大则更加多元，接收了很多全球化思想。由三角洲航空和 CNN 放大的关系圈并不重叠，而是彼此映衬，相得益彰，进一步扩大了城市的影响力。

向着协调社会发展

我们生活在一个高度相连的世界，我们的关系、态度以及行为会影响我们的生活状态，也会影响到邻里和我们所在的城市。现在我们做出的每一个选择都会影响城市的宏基因组，进而影响城市的连通程度以及未来的繁荣发展。

小生态是大生态系统最基础的组成部分，而社区则是每位居住者影响最深，也受影响最深的小生态。一个社区的社交健康程度对于本社区的发展机遇来说至关重要，也是建设健康城市、促进地区发展的基础。而打造健康社区，首先要依靠坚韧、适应力强、内心和谐的居民。

第 10 章

机会社区的认知生态学

社会由许多元素组成 —— 街道、学校、商场、办公楼、公园等 —— 但最重要的莫过于家庭住宅。城市的本质在于它是人居住的地方。住宅是家庭取得成功的起点，也是一个家庭最大的开销所在。安全、地理位置好、条件优良、价格适宜的住宅是打造机会社区的根本条件。可惜，到 2015 年，全球仍有 3.3 亿户城市家庭住在条件简陋的住宅中。麦肯锡全球研究所预计到 2025 年，这一数字将增长到 4.4 亿，占全世界城市家庭总数的三分之一，涉及总计 16 亿人口。[1]

在美国，哈佛大学联合住宅研究中心发布报告称，超过三分之二的美国穷人花费一半以上的收入在住宅上。[2] 加上食物、交通、日用品、手机、网络、衣物、教育以及健康医疗的费用，真的不知道这些人该如何把所有事情搞定。所以，很多低收入家庭往往两三个人挤在一个房间中，要么住在极度拥挤的环境中，要么就不停搬家，尽可能寻找最便宜的容身之所。

除住宅之外，第二个严重影响低收入人士生活的便是交通。

在欧洲，穷人一般居住在交通不便的郊区，而在发展中国家，贫穷工人往往住在城区外缘的非正式贫民窟，每天上下班要花费两三小时。在美国，超过一半的低收入家庭生活在郊区，总收入的20%～30%都花费在以汽车为主的交通上。他们住的地方往往保温隔热条件不好、能源效率低，这也让水电开支十分庞大。

能找到稳定住所的低收入家庭就靠着每个月的工资勉强度日。一旦有额外的医疗开支或家庭紧急情况，就可能面临失去经济来源的窘境，有时还不得不做出艰难的生活选择。按照低收入家庭工作行业的惯例，如果父母请假带生病的小孩去看医生，就意味着他们会被扣掉这一天的工资，甚至被降职或开除。这样一来，低收入家庭更加无力支付房租，不可避免地滑向绝望的深渊。

这种脆弱性影响了许多家庭。美国信贷咨询基金会 2011 年的一份报告显示，64% 的美国人用于应对突发状况的存款低于 1000 美元，30% 的人压根就没有存款，更不用说退休基金了。[3] 存款是一个家庭经济韧性的重要组成部分，然而在住房、交通、水电费、健康医疗等开支的重压之下，美国的工薪阶层只能勉力支撑，很少能存得住钱。这种生活在剃刀边缘的现状削弱了美国社会的整体幸福感，企业社区伙伴称之为"住房不安全现象"。

根据企业社区的数字，2015 年，约有 1900 万户家庭——占美国家庭总数的六分之一——要么无家可归，要么收入的一半都用于住房。其中大多数还只是租赁房屋。如今美国租金较低的出租房屋一般都年久失修，条件很差。更糟糕的是，尽管需求不断增长，住房供给却在不断减少。

联合中心还公布，1999 年出租给低收入家庭的房子，10 年之后有超过 29% 的已经荒弃或者倒塌。[4] 在旧金山这种高消费城市，2015 年的平均月租金为 4225 美元，一个家庭必须年收入达到 169,000 美元[5]，差不多是旧金山家庭收入中位数的两倍，才能确保租金成本占总收入的 30%。因此，即便是中产阶级家庭也不得不面对住房风险。美国梦正在一步步破碎。

对于中低收入家庭，寻找和确保找到一个安全的、有保障的、位置不错的地方居住是一件压力很大的事。只有不到四分之一的人可以找到有补贴的经济适用房。剩下的人往往住在保温隔音条件差、年久失修、不利于健康的房子里，一旦交不起房租就只能等着被赶出去。低收入社区还要面对犯罪率高、社区暴力频发、工作岗位低薪资低发展、医疗资源差、食物差、学校教育质量差等压力。即便这些社区的居民有了一定的经济储备，他们也没有足够的认知和情绪储备来应对这些压力。

尽管这种社区往往存在社交隔离，但他们与其他社区一样也要受到全球大趋势的影响，其中包括气候变化、全球化、收入不平等增加、经济波动、疾病传染、难民涌入等。这些变化不定的宏观大趋势又在常规难题之外造成了偶发的压力。卡特里娜飓风、超级风暴桑迪、制造业工厂关闭、房屋止赎潮、失业罢工潮……长期处于压力之下的社区及其社会服务系统已然无力支撑，却没有任何应对措施。

安全堡垒及认知生态

过去 20 年，认知科学的发展加深了我们对于人类大脑和思维发展的了解，也让我们进一步明确了认知健康与个人幸福、家庭幸福及社会幸福之间的重要联系。认知科学发现，一个安全、稳定的家庭对于打造安全堡垒至关重要，只有在这一物质安全堡垒的基础之上人才能获得精神上的幸福。1988 年，英国心理学家约翰·鲍尔比发表《安全堡垒》一书，他在书中写道，一个健康小孩的成长需要"一个安全堡垒，孩子或青少年可以从这里出发去接触外部世界，他知道无论何时回来都是可以的，他会在这里得到情感上和心灵上的滋养，压力会在此得到释放，恐惧会在此消散"。[6]

个人、家庭及社区认知方面的安全感与精神、心灵的健康息息相关。社区的集体认知形成了认知生态，也就是思考、感觉和关系的精神景观。认知生态既受社会网络的强烈影响，又深深地影响社会网络。

孩子在认知生态中成长，成长过程中的生理及心理健康状况会影响他们的一生。比如贫穷、住房风险等特定压力会毁掉一个人的安全感。此外，不受任何个人或社会控制的偶然性压力，会对儿童认知安全感提出更多考验。

一个社区的认知生态尤其受到暴力环境的影响。比如，越南战争期间，美国训练数百万的年轻人使用武器，然后把他们一批批地运到国外，在那里很多人遭受了精神创伤，学会了吸食海洛因，然而美国却没有行之有效的计划帮助这些归国青年疗伤或者为他们安排合适的工作。工作机会缺失、通货膨胀、能源成本上涨加上暴力飙升、吸毒贩毒，老兵在东南亚遭受的战争创伤，让这些贫困社区深陷泥潭。

1976 年一份名为"暴力法案与暴力时代：战后凶杀率的比较研究方法"（Violent Acts and Violent Times: A Comparative Approach to Postwar Homicide Rates）的报告中，社会科学家戴恩·阿彻（Dane Archer）与露丝玛丽·加特纳（Rosemary Gartner）利用 1900 年以来 50 个国家的数据探索战争对谋杀率的影响。他们观察到，在绝大多数国家，战后凶杀率都会上升，无论战争是在国境之内还是国境之外，也无论战争结果是输是赢。越南战争期间，美国的谋杀率直接翻倍。20 世纪 70 年代的认知系统还无法理解这种增长[7]，但我们现在很清楚创伤后应激障碍（PTSD）对于战后老兵的影响。比如，2010 年海军陆战队的一份研究发现，患有 PTSD 的海军士兵具有反社会和攻击行为的可能性比常人高出 6 倍。[8]

社区的认知生态还受到许多外部因素的影响。比如长期以来遭受种族歧视的年轻黑人男性，他们不能真正安定下来，会大大降低个人和集体效能。许多城市现在还要安置大量因内战而流离失所、恐惧绝望的难民，以及一些因气候变迁而无法在故土生存下去的人们，这些人也把他们的伤痛带入了城市。按照罗伯特·桑普森的说法，这样的外部因素同样会影响社区。加上过度拥挤、住房风险、环境毒素，在这样的环境下要养育出健康的孩童难度更大了。

童年不良经历

几年前，我碰到一位非营利社区发展公司的领导人，他说：

"我的社区正面临着严重拥挤。有一个家庭十三四口人挤在一栋房子里。一个傍晚，醉醺醺的叔叔回到家竟然强奸了自己年幼的侄女。家里所有人都知道这件事，却个个讳莫如深，也个个被这件事折磨着。只要能把妈妈和孩子送到安全的公寓，就能帮助他们开启新的生活。"

强奸幼女是一件很恐怖的事。医疗协会称之为"童年不良经历"（ACE）。这些 ACE 事件，会给孩子造成很大的创伤，严重影响孩子的成长和发展。ACE 一般分为三类：虐待、忽视及家庭失和，具体包括情感虐待、身体虐待、性虐待、情感忽视、生理及情绪忽视、家中噪音过度、突然被驱逐、看到母亲遭受暴力、财产侵害、同伴欺侮、社区暴力、父母无休止吵架、挥霍家产、家族精神疾病、父母分居或离婚，以及父母入狱。9

1993 年，疾控中心的流行病学家罗伯特·安达（Robert Anda）教授与圣地亚哥恺撒医疗机构的内科医生文森特·费莱蒂（Dr. Vincent Filetti）开始了一项长达十年的研究，参与者为恺撒医疗系统中的超过 17,000 个人，目的是更好地了解童年不良经历会对人造成怎样的影响。超过 75% 的被研究者为白人，拥有大学文凭，然而还是有 12.6% 的人在 ACE 测试中得到 4 分甚至更高的分数，这意味着他们拥有 4 次或更多次的童年不良经历，由此可见 ACE 在社会中是多么普遍。

ACE 还会产生剂量效应——遭遇的 ACE 越多，人生受到的影响就越大。如果一个人童年时期经历过 4 次以上的 ACE，抽烟的概率会是常人的 2 倍，尝试自杀的概率会是常人的 12 倍，酗酒的概率为常人的 7 倍，使用街头毒品的可能性则为常人的 10 倍。

这些孩子 15 岁之前发生性行为的可能性也是普通孩子的 4 倍，而 40% 遭受 4 次甚至更多 ACE 的女孩会在青少年时期怀孕。[10]

孩子的 ACE 得分与其健康程度也有着密切关系。相比 ACE 得分为零的普通人，经历过 4 次或更多次 ACE 的成人，儿童时期患有慢性阻塞性肺病的概率是正常儿童的 2.6 倍，患有肝炎的概率为常人的 2.4 倍，患有性传播疾病的概率为常人的 2.5 倍。经历过 6 次 ACE 事件，罹患肺癌的概率就会增加 3 倍，预期寿命也会减少 13 年。经历 ACE 事件的次数与因风湿病等自身免疫性疾病住院的次数也有直接关系。[11] 从安达和费莱托的研究开始，很多人都在研究 ACE 对儿童的影响，而上述结论也一次次得到证实。不论收入高低，这种可怕的经历在全世界都广泛存在，但主要还是集中在低收入社群。

童年不良经历与大脑

当我们遇到威胁时，大脑会向下丘脑发送信息，下丘脑负责控制人体的自主神经系统和自体调节系统。它会把面对的威胁与海马体中的记忆进行对比，如果记忆与当前危险有所关联，便会释放荷尔蒙让脑下垂体命令肾上腺进一步释放两种荷尔蒙：皮质醇和肾上腺素。这一应对潜在危险的网络被称为 HPA 轴 [下丘脑（hypothalamus）、脑下垂体（pituitary）、肾上腺（adrenal）]。想象你在森林中行走时，迎面碰上一只熊。HPA 轴便会释放肾上腺素，让你通过加速心跳、缩小瞳孔来集中注意力，做好战斗或逃跑的准备。如果你需要奔跑很长时间，脑下垂体便会释放皮质醇，让血压和血糖增加，同时关闭免疫反应，这两者都有助于提高长距离奔跑能力。不过要是熊缓慢地从你身旁走过或者你已成功逃离，心跳就会放慢，身体其他部分也会恢复正常。

正常情况下，HPA轴处于放松状态，身体系统也处于平衡中。但一旦遭遇持续性的压力，或者创伤性的压力，HPA通道便会猛然打开，即便不再需要也会处于启动状态。有过数次负面经历的儿童，其HPA设置会始终保持开启，前额皮质也会较小，前额皮质与杏仁核之间的控制联系也相对较弱，而大脑的杏仁核部分主要与情绪、攻击性以及记忆相关。上述部位是自我管控很重要的一部分，尤其对于感知威胁并做出反应来说非常重要。反应过度的HPA轴会产生持续的愤怒和焦虑。

因此，长期受到有害压力或频繁遭遇负面经历的儿童更容易性格内向，无法有效管理自身行为，在学校无法专心，也不太可能积极参加活动或与他人做朋友。青春期之前，他们一直处于逃离模式，青春期过后则转为战斗模式。这种神经元的发展状况导致孩子们中途辍学、加入帮派、参与犯罪及其他高风险行为。醉心于谈情说爱的女生无法控制自身行为，往往会过早怀孕。这些满心怨恨、压力巨大的母亲，能给自己孩子提供的环境还是一样地糟糕。

童年负面经历对大脑神经造成的影响甚至具有遗传性。现在我们已经知道，ACE会引起基因的甲基化，导致出现自杀等精神障碍行为，而且有可能代代相传。这种表观遗传的过程会破坏社会的宏基因组，造成较高程度的创伤，让精神和身体状况变差，很难形成积极正面的社交网络。[12]

居住环境挤迫和驱逐

创伤不仅直接来自 ACE，也可能由孩子所生活的环境造成。混乱的居住状况、居住环境挤迫、噪音过多以及生命的无常都可能对孩子造成不良影响。居住环境挤迫不仅是指家庭的规模，甚至不仅是指家庭收入不够用，而是由于一个房间的人口密度太大所致。如果 10 个或者 15 个人挤在一个房间，就会造成群体性的传染，只要有一个人存在吸毒、酗酒等负面行为，就可能影响到全部人。成年男子虐待年轻女子的概率也会大大增加。

加里·埃文斯（Gary Evans）是康奈尔大学人类发展、设计与环境分析系的一名研究员，他的研究显示，居住环境过于挤迫会对儿童的人际行为、精神健康、动力、认知发展以及皮质醇水平产生负面影响。生活在挤迫环境中的父母对于小孩的需求回应较少，这或许源自其自身的童年不良经历。根据埃文斯的研究，在拥挤环境中抚养小孩的父母较少跟孩子对话，即便对话也很简单。莱斯大学的贝蒂·哈特（Betty Hart）和托德·里斯利（Todd Risley）的研究测算得出，低收入家庭的孩子到四岁听到的词语比高收入家庭的小孩要少 3000 万个。更糟糕的是，低收入家庭的孩子会听到 125,000 个负面词汇，而高收入家庭的孩子却能听到 560,000 个赞扬的词语。[13] 这同样会对小孩的认知产生影响。

在过度挤迫的房子中养育孩子，父母更有可能施加惩罚，这会令孩子更为沮丧。正如埃文斯所说："上小学的孩子如果生活在过度挤迫的环境中，往往在精神上更加痛苦，在学校也很难有好的表现……长期的拥挤会影响儿童完成任务的动力。无论家庭整体收入如何，如果居住环境过于拥挤，6~12 岁的孩子都会有动力下降的表现，而且会显露出一定程度的习得性无助——他们认为自己无力控制局面，因此也不会尝试改变，即便他们有改变的能力。"[14]

被赶出家门也是一种 ACE，而经济萧条更会让问题加剧。2010—2013 年，密尔沃基的驱逐案例上升了 43%。正如研究密尔沃基驱逐现象的哈佛社会学家马修·戴斯蒙德（Matthew Desmond）所说："你可能以为被驱逐是因为失业，但我们发现被驱逐其实会导致你失业。"[15]一旦被驱逐，人的抑郁程度也会随之增加，婚姻关系变得更差，温饱成为问题，能获得的医疗服务也很少。

那些被驱逐的家庭最后怎么样了呢？在美国，他们不得不与朋友、亲戚挤在一个房间里，蜗居在车里，或者搬到流浪者庇护所。纵观全球，因战争、气候变化或内战而流离失所、背井离乡的家庭最后的归宿只能是难民营。而所有这些住宅方案都过于挤迫、混乱、吵闹和变化无常。如果孩子被带去这样的地方，不能获得他们极其需要的安定环境，日后的生活就只会更加风雨飘摇。

正因为很多社区缺少稳定住所，社会网络才会充斥这么多 ACE 相关问题，而且这些问题又开始反作用于社区的认知生态。21 世纪的职业市场不仅需要人们掌握多种职业技能，还需要人们具备注意力集中、系统思维、使用多种语言等能力。在过于拥挤、混乱的家庭中长大或遭受过虐待的孩子，往往缺乏这些能力。

有毒物质

2015 年 4 月 15 日,一名 25 岁的年轻黑人弗雷迪·格雷
(Freddie Gray)被巴尔的摩警方逮捕,警察把他手脚铐住扔进了
警车。在此过程中,格雷脊椎严重受伤,最后不治身亡。6 名涉事
警察被起诉。之后,又有一名年轻黑人死在警察手上,这一度让
社区处于暴乱边缘。一开始还只是些小规模的抗议,到 4 月 27 日
格雷下葬那晚,事情进一步发酵,巴尔的摩爆发了骚乱。

弗雷迪·格雷可能永远都想不到自己有一天会变成当地人的
英雄。他连高中都没有念完,因为藏毒被抓过无数次。其实事情
从弗雷迪出生那一刻就注定了。他的母亲是一名吸食海洛因的瘾
君子,他从小就在充斥着毒品、暴力和犯罪的贫穷的巴尔的摩北
部社区长大。他的成长环境混乱而喧嚣,他在其中备受忽视,这
显然对一个孩子的认知发展造成了很大的负面影响。更糟糕的是,
在弗雷迪很小的时候,他和她的双胞胎妹妹弗雷德里卡就经常接
触斑驳的铅画,所以他们的血液中铅含量都超标了。两个人在学
校的时候就有注意缺陷多动障碍(ADHD),最终也没逃过辍学的
命运。弗雷迪沾上了毒品,弗雷德里卡则常常有暴力行为。

每分升血液的含铅量超过 5 微克,儿童的认知能力发展就会
受到严重的阻碍,导致执行能力、情绪控制能力欠缺,注意力无
法集中。缺乏这些能力的孩子往往学业表现不佳,中途辍学,犯
罪累累。弗雷迪 22 个月大的时候,每分升血液的含铅量就高达
37 微克。

丹·莱维(Dan Levy)是约翰·霍普金斯大学的一名儿科助

理教授，专门研究铅中毒对青少年的影响，他说："天哪，格雷先生的血液含铅量如此之高，肯定会影响他的思考能力、自控能力，并且彻底摧毁他处理信息的认知能力。铅中毒最悲剧的一点还在于它造成的伤害是不可逆的。"[16] 2015 年秋天，新闻爆出密歇根弗林特市的饮用水含铅量竟高于美国国家环境保护局推荐含量的 5 倍。

铅还只是妨碍人体神经元发展、影响儿童智力的毒素之一。如果母亲孕期就暴露在这种环境中，危害就会更大。哈佛医学院的神经学教授菲利普·格兰德基恩（Philippe Grandjean）联手纽约西奈山医学院全球健康负责人菲利普·兰德里甘（Philip Landrigan），在著名医学期刊《柳叶刀》上发表文章，论证有毒物质的传播会对胎儿的大脑造成损伤。"我们担心全世界的儿童都面临未知有毒化学物质的威胁，这些有毒物质可能在不知不觉中减损智力，影响行为，妨碍未来发展，甚至危害社会。"[17] 根据哈佛医学院教授大卫·贝林格（David Bellinger）的测算，美国人因为铅、汞、有机磷而损失的 IQ 得分高达 4100 万分。[18]

弗雷德里卡·佩雷拉（Fredericka Perrera）教授是梅尔曼公共卫生学院哥伦比亚儿童环境健康中心的负责人，他注意到接触有毒化学物质还会导致婴儿夭折、出生体重低、肺功能不全、哮喘、发育失调、智力障碍、注意缺陷多动障碍，罹患儿童癌症的概率也会增加。胎儿期或儿童期接触酒精、尼古丁、可卡因也会对大脑的结构发育造成毁灭性且不可逆的严重影响。

童年不良经历还会导致哈佛儿童发育中心主任杰克·肖恩克夫（Jack Shonkoff）教授所说的"毒性压力"。关于毒性压力与毒性化学物质的共同作用暂时还没有太多研究，但可以预测，结果肯定不会好。一旦免疫力因毒性压力被削弱，儿童就更容易受到环境中神经毒素的侵害。这种毒性的伤害是压倒性的，却往往肉眼不可见，常隐藏在建筑材料、家具、杀虫剂和其他现代生活用品中。未来，很重要的一件事便是要研究这些有毒物质的构成和叠加影响。除铅之外，霉菌、虫子、杀虫剂和粉尘也会对孩子和家庭造成负面影响。这些东西可能出现在任何一所房子，但低收入家庭和社区往往最多。隔热条件差的住宅一到寒冷的冬天，就会使用燃气炉、燃气灶来取暖，这进一步增加了室内空气中的毒性。

现代城市生活十分复杂，而且只会越来越复杂。要与新的城市系统和谐共处，就更加需要用到认知能力。情商和社交能力是人在学校、工作和社区生活中立于不败之地所必需的。在高压、毒性大的环境中长大的小孩很难获得这种成功。而在竞争激烈的21世纪，如果相当一部分居民无法对经济和文化做出应有的贡献，一座城市又如何能够繁荣呢？

巴尔的摩的骚乱反映出美国大多数城市富裕阶层与贫困阶层之间的巨大裂痕。美国梦究竟能否确保每个人的孩子都有机会在安全的、可以负担的房子里生活呢？

缺乏稳定的社会基础，建造和谐社会只会是空谈。而安全的、可以负担的、无毒的住宅更是文明发展不可或缺的前提条件。这是基础。单单有基础还不够，我们还必须修补因暴力、创伤和童年不良经历而撕裂的社区认知生态，培养人与人之间的信任，毕竟信任是社会资本发展的关键因素。一旦孩子有了负面经历，他们可能变得更加谨慎，不敢信任他人。ACE 多发的社区往往也混乱无序，缺少让居民快乐幸福的社会效能。

解决办法

由普遍存在的家庭和社区创伤带来的损伤是可以补救的，引入系统性的办法就可以做到。有四个关键切入点：家庭、住房、学校和健康医疗系统。只有这四个方面互相协作，才能成功解决 ACE 问题。在华盛顿州的塔科马港市，塔科马住房委员会（THA）的负责人迈克尔·米拉一直致力于改善流浪儿童和寄养儿童的生活条件，他逐渐意识到，如果当地学校不参与进来，局面永远不可能有所改观。[19]

麦卡佛小学距离塔科马住宅委员会的主场很近，它也是美国第一家公立中学。这所学校最初是自主废除种族歧视计划的一部分，可惜近年来教育质量严重下降。学校里有很多流浪儿童和低收入家庭的孩子，ACE 非常常见，学生流动率也是整座城市最高的——每年学生流动率高达 179%。这种不稳定不但会影响到转校生，留下来的学生也会受到不小的影响，因为他们没有办法与人形成稳定的关系。老师对此也非常头痛，纷纷跳槽到更稳定的学校。高学生流动率加上高教师流动率，让学校本身成了 ACE 的制造者。

米拉意识到，如果要继续改变居民的生活，就必须要稳定住房租赁市场，并对学校进行改造。米拉在麦卡佛的幼儿园选择了50 个无家可归或者处于崩溃边缘的有孩家庭，为他们提供租房票，第一年要求他们每个月仅支付 25 美元的租金，剩余部分由塔科马住房委员会承担。在接下来的 5 年里，受助家庭需要逐年增加承担的租金比例，最后需要为两房公寓支付 770 美元的月租金。为了帮助这些家庭赚到租金，住房委员会为家长提供了职业培训、医疗保障和 GED 项目，并帮他们联系了 30 多种国家保障性服务。

与此同时，住房委员会还增加了慈善基金投入，以帮助学校改善教育质量。通过这些努力，2011—2012 学年，参加该项目的学生只有 4.5% 离开麦卡佛小学。家长的就业率增长了 4 倍，所有 50 个家庭的平均月收入翻了一番。小学的教育质量也得到很大改善，通过国际学位认证走向正轨。跨越资金障碍之后，项目又利用自有资金投资学校的教师培训项目。2014 年，学校教师的年度流动人数降低到 2 人。

迈克尔·米拉的项目具有创新意义，投入多，作用也大。相比什么都不做，这种项目要划算很多。城市每年为流浪者耗费的警察、法庭、监狱、医院、紧急安置成本有上百万美元。科罗拉多的丹佛市发现，为流浪者提供住房，平均每年每人可节约 31,545 美元，急救室的压力和成本可下降 34.3%，医院住院成本可下降 66%，戒毒门诊可下降 82%，禁闭天数和成本可下降 76%。用节省下来的资源支付所有住房、社会服务、医疗方面的投入后，项目每年还能为每人节约 4745 美元。[20]

除开住房、家庭和学校，医疗系统也是很重要的支点。纳迪恩·布克·哈里斯（Nadine Burke Harris）医生对此十分关注。纳迪恩医生在帕洛阿尔托长大，是牙买加移民的后裔。她先是从哈佛大学取得公共健康硕士学位，后又在加利福尼亚大学获得医学学位，在斯坦福担任住院医师。后来，纳迪恩加入了加利福尼亚太平洋医疗中心，这是一家私立健康医疗网络，在湾景猎人角开了一家诊所。猎人角是旧金山最贫穷的地方之一，失业率高达73%，辍学率达到53%。2005—2007年，这一地区的暴力发生率是旧金山其他所有地区的十倍。

布克·哈里斯医生诧异于她的儿科病人竟然存在这么多健康问题，决心找出背后的原因。在了解了ACE和毒性压力之后，她认为它们很可能就是湾景猎人角疾病横行的原因，因此决定从此入手找出解决办法。布克·哈里斯医生的项目现在叫作"青年健康中心"，试图利用多学科方法来解决问题。首先，他们需要发现早期ACE，因为及时的干预可以重建健康的认知模式。创伤事件至少需要19天才会对大脑造成伤害，所以只要在此期间采取有效措施，就能防止伤害。

青年健康中心同时对受影响的儿童及其父母采取措施，因为他们的问题是彼此依存的。医生和社会工作者首先在诊所、家庭和学校对其进行整体评估，确定儿童是否遭遇ACE以及事件对孩子健康的影响。然后医疗系统、家庭和学校合力解决问题。健康中心首先让父母了解慢性压力的起因和症状，再提供解决办法来减少压力。

加州大学旧金山分校的儿童创伤研究项目及路希尔·帕卡德儿童医院的早期压力及儿童焦虑项目也向受影响儿童和家人提供心理治疗。另外，青年健康中心还会训练患者的警觉性和应对技巧，帮助儿童及其家人形成应对未来压力性事件的能力。旧金山的公共住房计划Hope SF也启动了新的项目，将创伤意识引入所有住房工作。从认识创伤对住户的影响入手，根据具体情况给出全方位的解决方案。

替代性创伤

2003 年，我的妻子戴安娜·罗斯作为驻军研究所的创始人，联合著名冥想导师莎朗·萨尔兹伯格成立了一个项目，试图解决纽约市家暴受害者的毒性压力。她们还创建了"基于沉思的韧性"（CBR）项目，试图深入了解和缓解社会服务工作者所承受的毒性压力。这些工作通常都是在普遍存在毒性压力的认知生态中进行，深受其害的不仅是居住其中的家庭，就连试图给予支持和帮助的护工也难以幸免。

创伤造成的影响可能经由创伤者传递给照顾他们的人，形成替代性或次级创伤。这一鲜为人知的现象其实是发飙、压力、抑郁甚至自杀的主要原因之一，极大地影响了照顾创伤者的社会服务人员和医护人员。要成功解决 ACE 及毒性压力大范围传染的问题，首先要帮助这些与受害者接触的专业人员。CBR 培训采用四管齐下的办法，帮助愈合替代性创伤：一是瑜伽，因为创伤会具体反映在身体上；二是通过冥想净化心灵；三是进行心理疏导；四是通过社区建设来帮助受创伤的工作者重建社交网络，回归人群。驻军研究所团队也把这一方法成功应用在全世界救助难民的人道主义援助工作者身上。事实证明，关爱关爱者是打造健康社区的关键支点。

社区的认知生态是文明形成的土壤。正如气候变化、疾病频发、生物多样性减少会使社区的适应能力降低一样,这种源自低收入家庭、普遍存在的 PTSD 和 ACE 压力也导致认知生态的适应能力下降。这些情况由住房的不稳定进一步激化,通过社会传染广泛传播,社区影响及环境毒素更是进一步放大了影响。打造认知生态是治疗人们心灵创伤和拯救失败社区的良方。

健康的社区需要集体效能和强大的社会网络。毒性环境和认知压力摧毁人与人之间的信任,影响社会统一团结。住房的不稳定让人们难以与邻居形成良好稳定的交往,影响打造强大社会网络所需的社交可靠性和凝聚。这些认知缺陷又进一步加大了民众设想未来、规划愿景的难度。于是,这些压力便在社区内部形成一个负面反馈圈,进一步强化当地的持续性贫困。

应对毒性压力的四大策略

尽管应对毒性压力的工作尚在起步阶段,但具体的四大策略已初见雏形。首要策略便是打造稳定的居所——一个能保障人身安全、心理安全、环境安全的地方。这样的住所对于遭受慢性压力的家庭的幸福健康至关重要,也对服务于他们的工作者和医护人员至关重要。企业社区伙伴发现了改善贫困阶层家庭住房的四个重要方法。首先是要推广 Section 8 和其他联邦扶助计划,增加这些家庭搬往更好社区的机会。其次是要大幅增加投资,改善低收入社区的生活条件,让每一个孩子都能在机会社区长大。第三是要提高最低工资,增加居民获得高等教育的机会,同时利用其他投资提升低收入家庭赚钱的能力。第四点最让人意外——把富裕家庭获得的住房补贴直接转移过来资助这些项目。税收、贷款利息和房产税减免能让美国的业主每年获得超过 1000 亿美元的住房补贴。年收入超过 20 万美元的家庭分享其中 37% 的补贴，年收入低于 5 万美元的家庭获得的补贴却仅占 4%。如果把补贴金额的 25% 直接转移到低收入家庭，便能让美国所有家庭收入低于贫困线 50% 的家庭以及当前租金花费占总收入 50% 以上的家庭获得 Section 8 住房补贴资格。[21] 如果一般的家庭贷款补贴能够转移给贫困阶层，每年还可以多开发数十万套新的经济适用房。

第二个策略是运动。洛克菲勒大学玛格丽特·米利肯神经内分泌学实验室的负责人布鲁斯·迈克凯文（Bruce McKewen）表示，运动有很多好处，其中一个就是刺激健康的神经形成，也就是让大脑的再生。我们可以看到，住在距离公园和开阔地带 10 分钟步行圈的人更想去运动。社区所在的位置、组织形式以及彼此之间的连接性也很重要。《美国预防医学》期刊上的一项研究显示，生活在适合步行、智能化发展的社区的孩子相比生活在驾车环境中的小孩更爱运动。[22]

社区的步行适宜程度各不相同，它会受住宅密度、路口密度、土地用途、地铁站密度、零售建筑面积与零售土地面积之间的比例影响。而在郊区，如果社区缺少人行道和安全的街道十字路口，这些因素会被进一步放大。生活在适宜步行社区的人平均比生活在不适宜步行社区的人每周多运动 100 分钟。这种程度的运动量对糖尿病等健康问题能起到积极的效果。[23]

减轻压力的第三大策略则是让心灵安静，给心灵足够的空间。

威斯康星大学威斯曼中心健康心灵研究中心的创始人理查德·戴维森（Richard Davidson）教授针对心灵训练对压力的影响进行了很多研究，记录了运动对神经和免疫的好处。[24] 他的研究表明，冥想等沉思类实践可以增强儿童的自我管控能力和注意力，还有助于增强同理心和慈悲心等有利于社交的技能。[25] 减压行为还会刺激健康大脑结构的再生，使其最快八个星期就可以完成。冥想还有助于培养反思能力，这一点对于个体认识自身、社区和世界所存在的压力至关重要，也让我们有意识地做出系统性的回应，这种能力，在 21 世纪的就业市场越发重要。

应对毒性压力第四个关键就是形成健康的人际交往，与他人形成彼此支持的良性关系。埃里克·克林恩伯格关于芝加哥社区应对热浪压力的研究足以证明社交网络在保证个人和集体生命力方面的重要性。我们的大脑不仅仅只有打与逃两种模式。其实还有心理学家所说的"照顾和倾诉"，这一策略常常被女性所用。选择"打与逃"还是"照顾和倾诉"，这一点同样受桑普森的社区效应的影响。认知秩序好、集体效能感强的社区更有可能在面对动荡和压力时做出利他反应。

认知创伤及环境创伤代价高昂

疾病控制及预防中心在一项基于 2008 年数据的研究中预估美国一年仅由儿童身体虐待、性虐待、精神虐待和漠不关心造成的经济成本就高达 1240 亿～5850 亿美元。[26] 这一数字由短期健康护理成本、长期医疗成本、儿童福利成本、特殊教育成本、刑事审

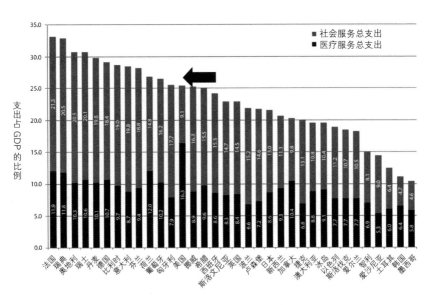

世界各国的社会和医疗服务支出

注：美国比任何一个 OECD 国家的健康医疗成本都高，社会服务投入却大大落后，因此健康程度和幸福程度都处在较低水平。（来源：*E. H. Bradley and L. A. Taylor*, The American Health Care Paradox: Why Spending More Is Getting Us Less, *1st ed.* [New York: Public Affairs, 2013]）

判成本和生产力损失相加得出。十年来所造成的经济损失，总额是任何城市预算、州预算，甚至联邦预算都无法负担的——这还未算上毒性压力给护理者造成的认知损害。如果我们现在采取措施预防和解决这些问题，那么长远来看个人和社会的收益都将是巨大的。

环境毒素带来的医疗费用同样惊人。纽约大学儿科、环境医疗、健康政策学副教授莱昂纳多·特拉桑德（Leonardo Trasande）

发现，美国儿童 2008 年与环境相关的疾病总花费为 766 亿美元，这些疾病包括铅中毒、产前接触甲基汞、儿童肿瘤、哮喘、智力障碍、孤独症、注意缺陷多动障碍等。

这些花费让我们开始从不同的角度来思考社区发展。长期来看，投资兴建安全、环保、地理位置优越的住宅，建设好学校，打造前瞻性健康医疗系统其实可以帮助社会省钱。仅对住宅、教育、健康之中的一种进行投入是不够的。我们需要多管齐下，如此才能铲除 ACE、毒性压力、代替性创伤的产生根源，节约未来的人力、社会和经济成本。此外，还需建立严格管控制度，消除建筑物、食物、土壤、水和空气中的环境毒素。

用于这些社会服务的资金其实已经到位，就藏在政府预算中。经济合作发展组织（OECD）国家在社会服务、教育和住房方面的开支平均是美国的 4 倍，因此其健康医疗开支仅为美国的一半。

这些非医疗服务其实是健康的重要决定因素。稳定的保障性住房、幼儿及家庭服务、良好的教育和心理社交医疗对于一个国家的健康影响巨大。把开支重点从健康护理转向社会服务不仅能改善健康，还能创造更多机会。

化创伤为韧性

如今，我们逐渐认识到儿童幸福与家庭、住房、社区和城市之间的关联，以及这些元素彼此之间的联系。我们采取的每一项针对性措施，即便只是针对一个孩子，也能为所有人的生活环境带来改善。

最后，我们再说回（community of opportunity）的拉丁语词根。在一起是一种恩赐，无论经历多少冒险，最终都能平安回家，回到平静安宁的港湾。我们生活在一个充满压力的时代。毒性压力和创伤具有社会传染性，让人消沉，让人孤独。它们破坏社交网络，也限制了社会资本的增长。尽管这一章主要讲的是情况最严重的低收入社区，但这一问题对任何社区都有借鉴意义。

第 11 章

富裕、平等和幸福

　　1930 年，20 世纪最伟大的经济学家之一约翰·梅纳德·凯恩斯发表了一篇名为《我们子孙后代的经济可能性》的著名文章，文中凯恩斯深入思考了一百年后经济的本质及人们的生活质量。如今距离 2030 年已不再遥远，我们也可以从现状看出些许端倪。就已发生的事件来看，凯恩斯的确很有先见之明，但仍有很多事情是 20 世纪无论如何都想象不到的。

　　凯恩斯 1883 年出生在英格兰剑桥。他从小在充满学术气氛、道德哲学受到重视、社会活动蓬勃发展的环境中成长。凯恩斯的父亲曾在剑桥大学教授经济学，当时经济学一度被认为是更宏大的道德体系的一部分，可追溯到最早期的思想家和作家，包括希腊的亚里士多德、印度的考底利耶和中国的秦始皇。凯恩斯的母亲弗洛伦斯是一位社会活动家。1904 年凯恩斯在剑桥取得数学学位之后，便开始了他的从政和学术生涯。在写作《我们子孙后代的经济可能性》之前，凯恩斯一直都在思考宏观经济系统的社会影响。这篇著名文章写于大萧条时期的开端，开头是这样的：

"如今经济悲观主义十分严重。19世纪经济飞跃的好日子已经到头之类的断语屡见不鲜，也有很多人说生活水准改善的步调一定会放缓——至少在英国是这样的。在接下来的十年，相比持续发展，等待我们的更有可能是经济的衰退。"[1]

凯恩斯直觉上认为一个社会的乐观或悲观程度，也就是他所谓的"动物精神"，与该社会在提升民众幸福程度方面的表现息息相关。我们现在都知道，社会必须相信其集体效能可以实现真正的繁荣，作为民众，我们也必须相信社会可以带给我们改善生活的希望，哪怕着希望只有一点点。

凯恩斯认为发展、富裕与幸福之间存在正相关性。他预计下一个世纪经济将实现复合式增长，而且一旦有足够的资源照顾到地球上的每一个人，财富也将实现平等分配。凯恩斯写道："所有我们不惜一切代价维持的影响财富、经济回报和惩罚的有关分配的社会传统和经济实践，从本质上讲都是灾难性且不公平的，因为它们对于推动资本积累作用巨大，但它们终将被舍弃。"凯恩斯最终的设想是，所有人都可以彻底摆脱经济必需品的束缚，所有物质欲望都能得到满足，所以大家可以一周工作15个小时，尽情享受休闲时光，实现文化追求。在这样的世界里，收入和财富平均分配，因为广泛的富裕已经实现，个体不再需要费尽心机守护自身的经济所得。

如今的世界比20世纪30年代要发达得多，但我们的社会准则和经济实践还是没能摆脱资本积累，收入分配仍然不平等。2015年，全世界最富有的1%人口所占有的财富超过剩下99%人口的财富总和。85名亿万富翁的个人财富与全世界一半较低收入人口的财富总和相当。2015 年世界经济论坛将收入不平等列为世界首要趋势 [2]，而且这一问题似乎愈加严重了。

资源紧缺型未来的繁荣

在凯恩斯的时代，牛津大学的生活质量被认为是极高的。然而当今很多中低阶级家庭习以为常的物质条件，却是那个时代世界上最受敬重的教授所缺乏的，其中就包括：中央供暖、空调、洗衣机、烘干机、电视机、家庭电脑、智能手机、轿车、快递次日达、互联网、WiFi、CT 扫描仪和腹腔镜手术等高新科技。

凯恩斯认为更高的国内生产总值（也就是常说的 GDP，用来衡量一个城市或国家的经济产出），必然意味着更高的幸福感，劳动压力也会减轻。然而，凯恩斯错了。从 1970 到 2015 年，美国的平均家庭居住面积翻了 1 倍，汽车数量翻了 1 倍，电视机数量翻了 3 倍，与此同时每户人数减少了 50%。然而，尽管拥有这些繁荣的外在标志，美国人的工作时间却越来越长，工作更加辛苦，工作稳定性也在降低。就连有钱人也无法摆脱工作压力和劳累。这是有史以来第一次，高收入人群每周的工作时间超过工薪阶层。飞速发展的生产和消费并没能成为通往幸福的通道。

在经济史的开端，全球经济与地里结出的果实直接相关。文明的发展有赖于我们种植的作物、喂养的动物，以及水、风等自然条件。希腊、罗马和拜占庭帝国时期 GDP 有所提升，但世界经济的真正发展却直到 1780 年才初见端倪。当时，地主和农奴之间的财富差距是惊人的，中间只有少数的中间阶层。有意思的是，从罗马帝国晚期到 1820 年，印度和中国的产出占全球 GDP 的 50%。[3]

所以 1780 年发生了什么呢？这一切都得益于詹姆斯·瓦特对蒸汽机进行的改良。在那之前，世界经济主要由农作物提供能量。而蒸汽机由煤炭提供动力，这是一种历经数百万年形成的浓缩型能源。煤炭之后又有了更高效的石油，以及以石油为基础的发动机和发电机。这种高投资回报的新能源带来了工业革命，开启了全球的城市化进程。

在 1780—1970 年这近 200 年的时间里，国内生产总值与所消耗的自然资源的重量之间的比率相当稳定：差不多每消耗 2 万亿吨资源可以创造 1 万亿美元的 GDP。比如 1900 年，全球 GDP 约为 3 万亿美元，当时开采或收获的原材料约为 6 万亿吨。到了 1970 年，全球 GDP 增长到 12 万亿美元，使用的原材料也增至 25 万亿吨。在这两百年间，全世界大部分的发达国家疆域扩大了，中产阶级的生活也更加舒适。

1971 年，世界脱离金本位制。突然间，用钱赚钱比生产商品赚钱更容易了。代理人基模型的模拟显示，同一代人中拥有更多金钱的人，老了之后往往会拥有大笔的财富，而事实也确实如此。新经济制度的结果之一便是经济不平等。尽管凯恩斯设想经济增长能让财富和幸福的分配更加平等，但实际上大多数社会的分配变得愈加不平等。凯恩斯没有预想到发展中国家中产阶级的增加，也没有想到发达国家中产阶级的减少。如今我们还逐渐发现，幸福感与财富的分配也常常并不匹配。

幸福和财富

2013 年，联合国儿童基金会（UNICEF）发布了一项报告，对比 29 个全世界最发达国家儿童的幸福程度。报告汇总了儿童的健康、安全、教育、行为、生活环境、物质幸福和主观的"生活满意程度"等数据。对于所有评判指标，美国几乎都在垫底，在 29 个国家中排名第 26 位，排在它后面的只有立陶宛、拉脱维亚和罗马尼亚。[4] 不知为何，美国的繁荣程度与家庭幸福程度之间存在巨大的落差。根据传统经济学的观点，以 GDP 为衡量标准的发展和生产力是一个社会成功与否的关键标志。UNICEF 幸福报告凸显出这一传统观点的片面性。收入不断增长的城市和国家正面临着不幸福增长的悖论，也就是说人均 GDP 的增长并没有带来个人幸福感的增加。

我们的早期城市似乎相当注重平等主义。巴厘岛的一位人类学家恩贡·伊斯梅尔（Engong Ismael）称之为角色明确的平行式种姓制度 —— 每个人因其对社会健康的贡献而受到尊重。但随着城市文化的发展，等级制度变得越来越严格。大部分的宏伟纪念碑都是由奴隶或契约劳工建造完成的。在城市愈加发达的过程中，如果最富有阶层和最贫困阶层之间的差距太过巨大，这座城市的社会凝聚力就会随之减损。正如我们看过的玛雅王国和俄罗斯帝国的故事，如果较低的凝聚力遇到了压力性环境，社会就会发生动乱甚至崩溃。

人们搬进城市，因为他们要寻找机会，希望改善生活，摆脱终身贫困的泥潭。贫困是一件特别让人无力的事情，长时间的贫困会限制一座城市繁荣的能力。和谐城市的目标是为所有民众提供减轻苦难和改善生活的机会。物质繁荣并不一定能带来幸福，但极度贫困一定会让人不幸，除非能让这些人相信他们面前有通往更好生活的道路。正如我们所看到的，贫困还对城市生活有着传染性的负面影响，包括毒性压力、PTSD、住房短缺或不稳定、工作机会少、教育质量低，让城市无法为人提供在 21 世纪竞争成功的机会。增加低收入家庭的收入是促进幸福因素的第一步。

城市化与经济发展密切相关。对于 20 世纪大多数城市来说，城市化也与财富相关联。人均收入最高的国家城市化程度也最高。[5]但对于许多发展中国家的城市来说，城市化程度并非与经济增长以及个人财富的增长相平行。全球一天最多有 20 万人因内战、部落斗争、宗教暴力、农村贫困、气候变化等原因迁往城市。如果城市缺少为这些移民或难民打造机会社区的经济、技术、政治和社会结构，那么城市在人口总数增加的同时，富裕程度或幸福感并不会得到提升。

第二次世界大战后，世界银行集中力量促进城市经济发展，以此来克服贫困造成的负面影响。世界银行的大部分努力都产生了积极的经济成果，可是今天很多生活在城市中的人并不比以前开心。现代社会的纷繁复杂和变化多端给人造成了很大的压力，而且这些压力难以把控。就连有钱人也未必因经济发展而变得更快乐。事实证明，尽管金钱对繁荣发展至关重要，但关乎幸福的其他元素也很重要。可惜，我们关于发展繁荣城市的知识远比发展幸福城市的知识要多。

1974 年，南加州大学的教授理查德·伊斯特林（Richard

Easterlin）发表了一篇开拓性的论文"幸福经济学"（The Economics of Happiness）[6]。伊斯特林的论文对比分析了不同国家的幸福程度，提出收入提高能增加低收入国家个人的幸福感，但随着国家的富裕程度到达一定程度，额外的收入并不能让快乐增加。这种现象又被称为伊斯特林悖论。毫无疑问，穷人遭受的许多苦难都能随收入增长而缓解，但如今我们越来越清楚地看到，收入并非幸福的唯一驱动力。

在 2009 年一份面向 45 万美国人的研究中，经济学家安格斯·迪顿（Angus Deaton）和丹尼尔·卡尼曼（Daniel Kahneman）发现，美国人的幸福曲线大约在家庭收入达到 75,000 美元时趋于平缓。家庭收入超过这一数字，即便远远超出，似乎也不能让人变得更幸福。有意思的是，75,000 美元的界限与生活成本并无关系。也就是说当家庭收入达到 75,000 美元，无论是在纽约这种高消费的城市还是在其他生活成本较低的城市，幸福感都是一样的。一个原因可能是，尽管大城市的住房成本更高，但交通成本和食物成本更低，而且有更好、更丰富的商品及服务可以选择。事实上，城市的规模每增加 1 倍，可供购买的物品数量会增加 20%，成本会下降 4.2%。[7]

还有一个更深层次的原因。幸福与迪顿所说的丰富情感的社会经验（emotionally enriching social experience）有关。卡尼曼教授说："一个人所能经历的最好的事，便是与自己喜欢的人待在一起。那是最幸福的时刻。"[8]另外，人们打发时间的方式也是幸福感的重要组成部分。卡尼曼及其同事在另一项研究中追踪人们一天的生活经历，让被研究者每隔 15 分钟记录所发生的事件并进行评估。散步、做爱、运动、玩乐、阅读是人们认为最愉快的活动。那么最不让人感到幸福的事情是什么呢？工作、通勤、照顾小孩和使用个人电脑。试想，有多少人会真正享受一整晚在无尽的电邮间往返？[9]

我们不应被这一调查误导，认为工作没有价值。工作也可以带给人深深的满足感和意义感，也能让人建立丰富的社交关系。就业也是幸福感的关键组成部分。从数据上来说，失业或者未充分就业的人更可能英年早逝或处于亚健康状态。中年失业且难以找到新工作的人更有可能抑郁，未来十年患心脏病和中风的可能性也会增加 2~3 倍。[10] 所以 21 世纪城市面临的关键挑战之一便是发展出能为所有民众创造鼓舞人心且富有成效的工作的经济。

过去，我们一样有自己的工作，或者是牧羊人，或者是中世纪行会的成员，又或者受雇于大公司。如今，普通的"千禧一代"在 40 岁之前从事过的职业多达到 11 份。除了技术能力之外，这无疑也要求人们掌握更多其他的技能。令人满意的工作通常不仅要求受聘者受过高水平的教育，而且要有高情商和社交智能，以便成功地完成团队工作。未来电脑编程可能变得跟流水线工种一样普通，而高等教育、高情商、社交智能等将变得日益重要。随着农业产业化水平越来越高，农民们蜂拥进入城市寻找工作。然而被机器人取代的流水线岗位越来越多，未受过教育的人能找到的工作将越来越少。

那么，城市工作的前景是怎样的呢？凯恩斯预测自动化会让人变得更加清闲，但实现这一点需要经济体的利益分配超越其设计水平地广泛。与凯恩斯的设想不同，如今不仅未受教育的人工作机会少，就连受过教育但不能适应快速变化的工作环境的人，也面临工作机会紧缺的现状。失业及未充分就业人员往往郁郁寡欢。这个问题我们需要从长计议，不然它将令社会陷入更大的伤痛。

2005 年，盖洛普公司在世界几乎所有国家进行了一次民意调查，以衡量各国民众的幸福感水平。调查中问到人们的就业状况、对政府的信任程度、对公共教育质量的信心、对食品安全的感受以及其他各种问题。受访者要用蒸蒸日上、步履维艰或备受折磨来描述自己的生活。事实证明，这些问题的答案是评估一个社会稳定性的重要指标。

2005—2010 年，突尼斯的 GDP 增长率达到惊人的 26.1%[11]，埃及的增长率更是达到了难以置信的 53.4%。[12] 但盖洛普民意调查从侧面反映了一些其他情况。2005 年，有 25% 的突尼斯人认为他们的生活蒸蒸日上，可到 2010 年，尽管 GDP 大幅增长，但认为生活蒸蒸日上的突尼斯人下降到了 14%。埃及的情况更加糟糕。2005 年，有 26% 的埃及人认为自己的生活蒸蒸日上，可到 2010 年，这一比例下降了一半以上，仅为 12%。[13] 造成这种下降的一个关键原因便是这些国家的 GDP 增长还伴随着大量的腐败，因而经济发展带来的利益并未得到平等的分配。比如，最近的一项研究显示，突尼斯 22% 的企业总利润由当时总统的亲戚的公司所得。所以 2011—2012 年秋冬这些国家爆发大规模的抗议也不是什么令人惊讶的事情了。

西迪布济德是突尼斯中部一座仅有 39,000 人的城市，位于首都突尼斯城以南 160 英里处。世界经济论坛曾将突尼斯列为非洲经济最具竞争力的国家，排在欧洲的葡萄牙和希腊之前。突尼斯的经济来源于其连接欧盟和北非阿拉伯国家的桥梁地位。可惜，港口城市享受到的地中海贸易利益，地处内陆的西迪布济德民众却很难享受到。地理上的不利导致该城市失业率高达41%，贫困率位居全国首位，约为平均水平的2倍。更糟糕的是，西迪布济德腐败横行，侵害了众多勤恳劳作的小企业主和企业家的利益。

西迪布济德原本不太可能获得全球的关注，但2010年12月17日，这里发生了一件震惊全世界的事件：穆罕默德·布瓦吉吉（Mohamed Bouazizi）自焚。

穆罕默德当时年仅26岁，一直在当地市场勤恳贩卖蔬菜养活母亲、叔叔和兄弟姐妹，还要供一个妹妹上大学。每天穆罕默德推着满载蔬菜的推车穿过街道去到市场，贩卖结束后再推着车子回家。他的梦想就是存够钱买一辆皮卡车，把生意扩展到食品经销，争取让收入更上一层楼。

12月17日，穆罕默德从放债者手中借得200美元，买了满满一车的水果和蔬菜，却被一位女警察索取贿赂。索贿无果的女警察没收了他没有牌照的推车、磅秤和货物，还对他罚款10第纳尔。正如拉尼娅·阿伯塞德（Rania Abouzeid）之后在《泰晤士报》上所写："这种事并非第一次发生，却会是最后一次。当时布瓦吉吉不愿接受10第纳尔的罚款（相当于7美元，约为他辛苦一天的收入），那名女警当时便掌掴了这位瘦骨嶙峋的年轻人，还出言侮辱他死去的父亲。羞愤难当又沮丧失望的布瓦吉吉希望能投诉那名市政女警，但总督却连见都不见他。当天上午11:30，也就是遭遇女警刁难不到一小时之后，布瓦吉吉没有告诉家人，回到那座有着拱形蓝色百叶窗的漂亮双层白色建筑前，往自己身上淋上汽油，一把火点燃。"[14]

穆罕默德·布瓦吉吉的行为引发了突尼斯全国上下年轻人的示威请愿，他们对警察的横行霸道感到沮丧，对自己缺少上升机会、贪污腐败和穷富阶级之间越来越大的鸿沟感到失望。28 天以后，2011 年 1 月，突尼斯的总统本·阿里辞职。几周之后，突尼斯的这把火烧到了阿拉伯世界人口最多的国家：埃及。

2011 年 1 月 25 日，一小群人在位于布拉卡的海伊思甜品店的外面聚集，这是 20 世纪 70 年代开罗外围发展起来的一个非正式定居点。埃及人称这种社区为 ashwaiyyat，也就是"混乱无序的地方"。最早一批搬到布拉卡居住的人多半在附近的可口可乐装瓶厂、香烟厂和上埃及铁路公司工作。20 世纪 90 年代，该贫民区人口更为稠密，欣欣向荣的社区出现了五层砖瓦建筑、商店和小型工厂。[15] 跟巴黎郊区和里约热内卢的贫民窟一样，布拉卡距离富裕社区并不远，仅被三条铁路线、al-Zumor 运河和高高的篱笆相区隔。它与城市其他地方仅靠两座人行桥和公交车站相连。唯一的政府管理就是偶然驾临的警察。

20 世纪 90 年代至 21 世纪头几年，埃及面临爆炸性的人口增长、快速城市化以及中东日益增加的暴力等大趋势。数十年来，政府的运转依靠石油和天然气收入、苏伊士运河的费用，以及苏联和美国的援助来维持，而这两个超级大国都想争取埃及的忠诚。随着苏联解体和国际油价的下跌，胡斯尼·穆巴拉克总统没能让收入提高到足以支撑人民生活的程度。可他没有选择让经济步入正轨，发展经济，或加重他那些富豪朋友的税负，反倒削减了布拉卡这种贫民区的财政预算和服务。这种做法导致布拉卡没有一所在建的公共初中，也没有一个公共健康中心，即便该社区的人口已经超过了 50 万（比佛罗里达和迈阿密的人口还多）。穆斯林兄弟会及伊斯兰慈善组织填补了这一空缺，为居民提供教育和医疗场所，同时帮助民众铺建非正式的污水管道。

1 月 25 日（讽刺的是这一天刚好是埃及纪念警察的节日），一小群抗议者在海伊思甜品店外聚集，游行穿过布拉卡的人行桥到达开罗的塔利尔解放广场。第一批抗议者抵达之后一直与警察处于对峙状态，在此过程中也一直有其他人加入。到黄昏时分，塔利尔解放广场已经聚集了 5 万名抗议者。一周过后，广场上聚集了数百万人。18 天之后，总统穆巴拉克辞职。

之后，利比亚、巴林、叙利亚和也门也相继爆发抗议，社会动乱也不仅限于西亚与北非。2011 年夏，伦敦爆发骚乱。有意思的是，这场骚乱并非发生在伦敦城最贫困的地区，而是发生在边缘地带——位于中低收入社区和中等收入社区之间，在这里英国社会无形的障碍线阻碍了民众上升的通道。紧接着，特拉维夫和耶路撒冷也爆发了示威活动，抗议者的不满集中在缺乏保障性住房、工作和机会，以及无处不在的腐败上。2011 年 9 月 17 日，占领华尔街运动把不平等的议题带到了美国金融区的核心地带，也把一个根本性问题摆在了众人面前：美国前 1% 的顶级富豪与剩下 99% 的人之间的收入鸿沟真的公平吗？抗议者没能给出答案，但占领运动迅速蔓延到美国 100 多个城市。

对于不平等的抗议还在全球范围内蔓延。圣保罗爆发了针对公交费的抗议，这场由工人阶级领导的抗议活动认为，巴西为 2016 年的奥运会和世界杯比赛斥巨资建设基础设施，增加了民众的税负和公交支出，却没有带来一点好处。在美国密苏里州的弗格森市，白人警察戴伦·威尔森枪杀黑人年轻人迈克尔·布朗，引发了全国范围的大规模游行。

这些抗议活动全都始于城市，而且并非起自城市最贫困的地区，而是那些感觉自己因贪污腐败、种族歧视，或其他政治制度和经济结构性问题被不公地剥夺了机会的人。军队历史学家埃里胡·罗斯（Elihu Rose）注意到，几乎所有革命皆始于此前未受重视的寻常事件。仅当其他救济手段未能奏效且制度未能及时给出有效回应时，抗议活动才会上升为暴力。这些抗议无一例外都是当局始料未及的。革命即将来临，政府部门或大型跨国机构为何一点迹象都没发现呢？因为他们的数据有误。中东地区的 GDP 处于增长状态，当局相信不断提升的生产力将是通往幸福的道路。可惜他们错了。

不幸福增长悖论

在人类大部分的历史阶段，政府并不衡量该国的 GDP。GDP 的概念首先由经济学家斯坦利·库兹涅茨（Stanley Kuznets）提出，并于 1934 年在给美国国会报告经济和大萧条时引入。第一个担心 GDP 不能衡量幸福的也是库兹涅茨本人，他的报告还颇有先见之明地提示了指标单一所带来的风险，认为我们需要进一步研究收入分配的问题："除非个人收入分配是公开的，不然经济福利就无法有效地得到衡量。然而任何一种收益计算方法都不会评估收入的另一面，也就是为获得这些收入所付出的努力和遭遇的不快。所以，一个国家的福利很难根据上面定义的国家收入来进行推断。"[16]

库兹涅茨还有一个值得注意的发现——除了收入本身，收入的分配方式同样对一个国家的幸福感至关重要。这一洞见被惯常的 GDP 概念掩藏长达 75 年，直到 2008 年全球金融危机之后，很多人才意识到不惜一切代价求增长并不能让人更快乐。

布鲁克林学院学者卡罗·格拉哈姆（Carol Graham）和爱德华多·劳拉（Eduardo Lora）一直研究发展和幸福之间的关系，其研究在世界范围内持续了十余年。他们的研究结论不仅支撑了国家繁荣与幸福之间并无直接联系的观点，还发现高水平的发展似乎反倒减少了人们的幸福。如格拉哈姆所说："伴随着经济快速发展而来的还有巨大的不稳定和不平等，这些因素让人愈加沮丧。"[17]

格拉哈姆最新的著作论述了当前的幸福感与相信能让自己或者子女的未来更美好之间的相关性。[18] 相信自己未来会更好的人不仅更快乐，而且更愿意努力工作，为自己和子女的教育投资。而认为机会有限的人则会因为生理、社会、教育、种族障碍与世界割裂，不愿为未来而投资。即便他们想要更好的未来，但加诸其身的毒性压力、ACE 和环境毒素都使这一目标难以实现。还记得伴随弗雷迪·格雷长大的铅涂料吗？如果换一个环境，弗雷迪和妹妹弗雷德里卡可能已经成了科学家、社会工作者或社区领导，整座城市也会因此而更加美好。

1911 年，毕业于耶鲁大学的律师乔治·W. F. 迈克梅兴（George W. F. McMechen）搬到了巴尔的摩最繁华的皇家山社区。不管从哪个方面来看，迈克梅兴都是皇家山社区的理想住户：教育程度、职业、社会地位、领导力，除了一项——他的皮肤是黑色的。迈克梅兴搬来之后，邻居们起草了一份法案，要求在巴尔的摩实施种族隔离。可笑的是，他们所引用的宪法第十四条修正案原意是为了保护平等，规定黑人不得搬入白人居民超过半数的街区，白人也不得搬入黑人居民超过半数的街区。这项被称为"巴尔的摩理念"的法条，最初在南方城市传播，后迅速被伯明翰、圣路易斯、温斯顿-塞勒姆、洛诺克、路易斯维尔等城市采用。这些城市至今仍在该理念的影响中苦苦挣扎。

自美国立国以来，住宅所有权便是家庭创造财富的方式。然而 1930 年代推出的联邦住房管理局的按揭贷款规则将"巴尔的摩理念"变为了一项政策，切断了非裔美国人的这一财富通道。于是，非裔美国人只能眼睁睁地看着自己与白人之间的差距越拉越大。所以，到 1992 年弗雷迪·格雷出生的时候，长辈们十分清楚他们的机会是多么有限。因为对更好的未来不抱希望，他们也无心教育和工作。再加上警察的刁难（用带有种族歧视性质的话语骂他们，还因为鸡毛蒜皮的小事将他们肆意逮捕并判刑），这些年轻的黑人可谓万念俱灰。

不仅是非裔美国人，很多人也对未来持悲观态度。美国全国有 62% 的人，不论种族，都认为生活将一代比一代差。格拉哈姆的研究显示，教育程度低、收入低的最不乐观的白人，其预期寿命已经下降，而那些对未来较为乐观的贫困黑人和西班牙人的预期寿命反而在上升。[19] 相反，生活在拉丁美洲的人对于未来更为乐观，只有 8% 的智利人认为他们的子女会过得更差。就连在经济停滞的巴西，都有 72% 的人认为自己未来的日子会越过越好。[20]

城市的发展机会多，但整体幸福却要看这些机会对所有民众开放的程度。人们可以依靠直觉分辨机会是否公平分配。当然这一点也可以进行具体的测算。

测算收入不平等：基尼系数

基尼系数是测定收入不平等程度的全球通用标准，由意大利数据学家克拉多·基尼在1912年提出。基尼系数为0代表的一个社会绝对平等，社会中所有成员收入完全相同。与之相反，基尼系数为1（或100%）代表一个社会的不平等达到极限，也就是说一个人掌握全部收入，剩下的所有人一无所有。按照联合国的警示，基尼系数超过0.40，一个社会发生动乱的风险就会增加。[21]

讽刺的是，克拉多·基尼并没有兴趣解决不平等问题，他是一位法西斯主义者，是优生学的早期倡导者，提倡把任何可能稀释一个国家种族血统的群体悉数消灭。基尼假定，一旦低收入群体与高收入群体的比率太过极端，那么低收入家庭中较高的生育率定然会稀释掉高收入家庭的遗传优点，让整个国家走下坡路，沦为他国征服的对象。他解决贫困的办法就是把穷人赶尽杀绝！

如今，全世界收入最平等的城市都在北欧。哥本哈根的基尼系数为0.27，汉堡和斯德哥尔摩的基尼系数是0.34。受全球金融危机引起的收入再分配影响，巴塞罗那的基尼系数从2006年的0.28上升到了2012年的0.33。不过，欧洲城市并非一直都是倡导平等的先锋。

法国1789年大革命可能是由知识分子领导的，但参与最多的还是那些来到巴黎在圣安东尼街区安家的穷苦农民，他们在皮革厂和生产车间找到了工作。那一地区刚好与巴士底狱相邻。就跟如今的城市移民省吃俭用把钱寄回老家一样，他们蜷居在拥挤的贫民窟，十五六个甚至更多人挤住在一间屋子里。光是买面包就占掉了他们收入的 60%。或许玛丽·安托瓦内特在听说这些穷人买不起面包时并没有说过"何不吃蛋糕"这种话，但这个事件本身已经成为收入不平等的象征。当革命的号角吹响，这些穷人一呼百应冲进了巴士底狱。

1875 年，柏林成为欧洲人口最密集的城市。新涌入的居民拥进所谓的"出租屋"（Mietskaserene），那是一些修建在大楼里的仓库，五层楼高，采光差，空气差，卫生条件也差。1930 年，维勒·黑格曼的《石之城柏林》（Das Steinerne Berlin）把柏林称作"世界最大的公寓城市"。即便到了 1962 年，也只有 19% 的"出租屋"带有卫生间，这些公寓就是滋生不满的温床。

不过，欧洲经历了帝国的衰落、残忍的工业化、法西斯主义和纳粹主义，以及两次世界大战的洗礼，形成了新的社会秩序，城市得以复兴。如今的欧洲城市已经成为地球上最注重平等的城市，这要归功于欧洲的领导人和人民有意为之。

总的来说，城市或大都市区越大，就越有可能变得不平等。譬如英国最大的城市伦敦，其最富有者与最贫穷者严重失衡，情况同里约热内卢、波哥大和曼谷一样。[22] 最不平等的城市大多位于发展中国家。理论上来说情况最糟糕的是约翰内斯堡和开普敦，这两座城市都位于南非，基尼系数达到 0.75，这是长达半个世纪的种族分离政策所造成的恶果。世界上有些城市真实的不平等现象可能更加严重，但由于贪污腐败和经济数据管理不善，真实情况未能得到准确的报告。

埃塞俄比亚首都亚的斯亚贝巴仅以微弱差距紧随南非城市之后，基尼系数达到 0.61，紧随其后的是哥伦比亚的波哥大，基尼系数为 0.59。巴西里约热内卢的贫民窟世界闻名，该市的基尼系数为 0.53，而它的姐妹城市圣保罗的基尼系数为 0.50。[23] 这些基尼系数高的城市都酝酿着动乱的暗流。

美国的整体基尼系数为 0.39，只比警戒线低一点点，很多美国城市单拎出来情况更为糟糕。纽约和迈阿密–劳德代尔堡地区的基尼系数达到 0.50，跟圣保罗差不多。新奥尔良的基尼系数也达到 0.49，旧金山、洛杉矶和休斯敦的情况也只是稍微好一点，基尼系数为 0.48。美国四个大都市圈中平等水平与欧洲城市相当的全部是些小城市，没有一个人口超过 100 万。其中包括宾夕法尼亚州的兰开斯特、俄勒冈州的塞勒姆、科罗拉多州的科泉市。犹他州的奥格登基尼系数全美最低，为 0.386，尽管这一数字比赫尔辛基的 0.26 高出了 40%。看起来如果你想生活在城市，又希望能享受到收入平等的幸福，最好还是选择一个中等规模的城市！

古希腊哲学家柏拉图说过："如果一个国家要避免……分裂……那么范围内任何一个地方都要避免极度的贫困和富裕，因为这两者都会带来灾难。"[24]

从玛雅城市的衰落、1603 年大饥荒后莫斯科的陷落、法国大革命和茉莉花革命等事件中我们可以看到，不平等毁坏了社会凝聚力——尤其是在压力时期。想想阿根廷悖论吧。1913 年，阿根廷发展迅速，成了全世界第十富裕的国家，阿根廷首都布宜诺斯艾利斯被认为是全球最美的城市。布宜诺斯艾利斯因其拥有全世界最好的歌剧院、宽阔的林荫大道、南美洲最高的建筑、南美大陆第一条地铁线路以及被棚户区包围的工业区而闻名于世。1930年，当经济大萧条波及阿根廷，贫富阶层之间的差距——收入的不平等就成了灾难的根源。由人民的不满引发的一场富裕阶层支持的法西斯政变推翻了长达70年的民主统治。与此同时，繁华的城区与满腹牢骚的劳工所居住的肮脏生活环境形成鲜明对比，进而演变成了1945年10月17日的全民动员事件。从那之后，阿根廷就一直在债务违约和经济重组的漩涡中挣扎。时至今日，阿根廷的经济命脉仍然掌握在对冲基金投机者的手里，这些人曾乘虚而入低价买入了大量政府债券。

基础设施

墨西哥城地处全球第十大都市区的核心地带，人口超过2100万。这是一座蓬勃发展的超级城市，是全世界第十六大发达城市[25]，只是这种繁华未能得到均匀分配。城市里大部分富裕人家都在安全的城市中心区生活和工作，或者住在有高档餐厅和名品店的西北社区，一段舒服的车程便能到达公司和想去的地方。然而墨西哥城只有30%的人有车，除了居住在最高档社区的人，其他人都要面临堵塞的交通和脏污的街道。没车的那70%的人多半生活在郊区，每天平均要花费3个小时通勤，交通方式就是独立厢货车和公交车组成的非正式collectivo系统。

跟世界很多其他大城市一样，墨西哥城及其所属地区正经历着快速增长，可是因为这种增长并没有经过规划，城市无法以一种平等的方式合理安排工作与住宅。对于墨西哥城这种面积广阔的大城市而言，解决办法之一便是发展多个城区，并通过高运力的公共交通系统将不同城区连接起来。新加坡的2014总体规划把城邦分成六个区域，每一个区域都设置中心区、健康及教育设施、公共空间、市政服务，并用强大的公共交通系统联通各区。

基础设施是文明进步的基石，它为人口密度的健康分布提供了必要条件，这种密度指的是工人与工厂、公司与市场之间的联系。基础设施同时也为信息流提供了基本框架，而这也是社会健康与幸福的基础。如果道路阻塞、机场超过负荷、电网脆弱、网速缓慢、水处理及污水处理系统老化、学校过时、市政管理缺乏信息和智能，城市自然无法拥有一个有活力的未来。上述这些设施都要重新设计，或者至少进行更新换代，才能应对气候变化、人口增长、资源紧缺、网络安全等全球大势带来的挑战。

为所有社会带来改善的首要办法是建设高效的公共交通。设计和建造新的基础设施，或修复升级现有基础设施还能创造新的就业机会。中国30年来的重大基础设施投资帮助其实现了经济的弯道超车。与之相反，美国近几十年来却在基础设施方面投资不足。上次我从底特律机场飞去香港，两个城市的对比实在是太强烈了。

社区的重要作用

城市的收入不平等现象首先体现在空间方面，反映在这座城市或富庶或贫穷的社区中。2010年，伦敦最富裕的三个区没有一项失业登记，而在伦敦最贫穷的社区，失业登记的人口高达 28.9%。[26]
伦敦地铁每向东边延伸一个车站，居民的平均寿命就减少一年。
而最好的社区与最差的社区之间，预期寿命相差可达 20 年。[27]

在中国，你需要有城市户口才能享受到城市居民能够享受的
福利。超过 8 亿中国人为农村户口，据估计约有 1.5 亿人在城市
打工。按规定，没有城市户口，这些人就不能享受公共医疗、教
育和社会福利制度，或者拥有城市住房。因此，他们大多挤在宿
舍或者地下室中，或者分租公寓。因为农民工的孩子无法在城市
上学，家长就只好把孩子留在村子里。他们每天长时间工作，只
为挣点钱寄回老家给祖父母带孩子用。《经济学人》2010 年最新
发布的一项报告估计，约有 1.06 亿儿童生活在混乱中，其中大部
分是中国的"留守儿童"。留守儿童承受的情感和社会伤害是巨
大的。城市农民工用自己的工资支持农村的父母子女的生活，而衰
落中的农村并不能像新兴城市那样提供优质的教育、医疗和社会服
务，其经济后果尚未得到解决。这个问题绝非中国所独有，全世界
几乎每个国家都面临这样的问题。城市与农村家庭的交叉补贴长久
以来都是迁移的动力，但在 21 世纪，这是否还是最好的方式呢？

正如我们在罗伯特·桑普森的著作中看到的，社区效应正日渐
明显。哈佛大学研究员拉杰·切蒂（Raj Chetty）和纳撒尼尔·亨德
伦（Nathaniel Hendren）研究了数百万家庭的数据，试图找出贫
穷家庭搬到不同社区的后果。他们的信息来自"向机会迁居"，
这是一个运行了 20 年的联邦住房项目，旨在为低收入家庭提供
住房券，以支付他们所能负担的房租与他们想要迁往的社区的市
场租金之间的差额。政府鼓励这些家庭迁居，有超过 500 万个家

庭获得了这些房券。有些迁到了中等收入社区，有些继续留在低收入社区。切蒂和亨德伦发现，穷人家的小孩长大后摆脱贫困的机会很大程度上与他们的父母何时决定在哪里生活有关。举例来说，在巴尔的摩出生并留在巴尔的摩的穷人家的孩子，相比在巴尔的摩出生但后来迁居到混合收入社区的小孩，平均收入要低 25%。

能让人向上发展的社区有几个共同特征：小学考试分数较高、双亲家庭比例高、居民参与民间和宗教团体的程度高，以及富裕阶层、中产阶层与贫困家庭混合居住的比例高。对于孩子而言，年纪越小的时候迁居对他们长大后的收入越有利，他们的父母离婚的概率也越低，而且他们有更多的机会进入大学。由此我们可以发现城市应该进行哪些投资来打造机会社区。

有意思的是，为穷人孩子提供更多机会的社区同时能会帮助富人家的孩子做得更好。比如，如果一个孩子的父母属于曼哈顿赚钱能力最差 25% 的群体，然后他们迁居到了新泽西的卑尔根郡，该地与纽约城之间仅隔着乔治·华盛顿大桥，到孩子 26 岁的时候，他的收入很可能会比全美贫穷家庭出身的孩子的平均收入高出 14%。而那些原本就居住在卑尔根郡的中上层家庭（他们的收入排在前 75%），子女的未来也会变得更好，收入平均比同龄人高出 7%。就连家庭收入排在全国前 1% 家庭的孩子到混合收入的卑尔根郡生活，26 岁时的表现也会更好。所以说地点很重要。[28]

不平等的形式多种多样

不平等无处不在，它们影响着城市居民的幸福程度，而收入不平等与基础设施的缺乏并非其唯一的表现形式。健康医疗和教育资源的分布同样不均衡。健康结果与一个国家的医疗系统的有效性直接相关。东京曾被很多人认为是全世界最健康的城市，然而其人均生活开销却不到美国的一半。更让人印象深刻的是，东京的老龄人口还十分庞大。这怎么可能呢？其实原因有很多，包括日本民众对公共健康的关注与执着，强大的公共交通系统减少了空气污染、温室气体的排放，也减少了通勤时间。强大的社会网络以及由新鲜鱼类、蔬菜和米饭构成的健康饮食习惯也功不可没。寺庙遍布城市，鼓励人们静下心来反思、冥想。

尽管美国的人均医疗花费是日本的 2 倍，但美国在 2014 年《经济学人》"健康医疗结果及成本报告"中仍仅排在第 33 位，而日本则位于该榜单首位。[29] 相比其他同类国家，美国在预期寿命、婴儿夭折率、出生体重低、创伤、自杀、青少年怀孕、性传播疾病、HIV/AIDS、毒品致死、肥胖、糖尿病、心脏病、慢性肺部疾病、残疾率等方面均表现不佳。[30] 日本的健康表现和其他 OECD 国家相当一致，而美国的数据却大相径庭，这也表明美国缺少一种把住宅、健康医疗、社会服务和健康食品融为一体并让所有人都能享受到的制度。

打造健康城市需要集体的努力。如果城市其他的人表现不佳，即便是城中最有钱的个人也很难维持健康。一座城市要保持健康，就必须为所有市民提供饮用水，建设污水处理系统和卫生系统，修建公共交通，打造公园和公共空间，还必须制订政策开发大量满足居民多样化需求且价格适中的住宅。此外，所有市民都要接种疫苗，防御早期儿童疾病，并齐心协力抵抗 HIV/AIDS、肺结核、寨卡病毒、耐甲氧西林金葡萄球菌及其他传播迅速的抗药超级细菌，因为少数人的健康问题可能威胁到所有人。

教育平等

2011 年，摩洛哥经济学家百纳德拉里·维尔（Benaabdelaali Wail）、汉切恩·萨义德（Hanchane Said）和卡马尔·阿卜杜勒哈克（Kamal Abdelhak）分析 146 个国家的数据，跟踪这些国家 1950—2010 年的教育不平等程度，并将其与各国的基尼系数进行对比。结果表明，教育平等性与收入平等性之间存在强大的相关性。他们认为："教育的分配是人力资本、发展和富裕的关键。"[31]

教育平等有两个主要组成部分：可得性和质量。要让可得性达到最大化，就不能让居民的学业因居所、性别、社会经济地位和身心障碍而受限。教育质量要根据城市设定的优秀标准和每个人能享受到的服务来评定。所以难怪新加坡、首尔、赫尔辛基不仅是全世界最易获得高质量教育的城市，它们在与幸福感有关的其他方面也都名列前茅。

1763 年，普鲁士国王腓特烈二世建立了世界最早的公共教育系统。他要求所有市民必须为 5～14 岁的所有孩子提供教育机会和资金支持。他要求学校教授阅读、写作、音乐、宗教和伦理 —— 这些知识也是打造现代社会至关重要的东西。该系统迅速搭建了卓越的教师培训和考试制度，形成了全国统一的教学大纲，并设置了义务幼儿园。世界上第二个公共学校系统于 1814 年在丹麦建立。该系统被称为"生活学校"，它把学术技能和生活技能，比如内省、合作和享受快乐的能力合二为一，既培养成功所需的工艺技能，也教授让人生活更美好的思考力。到了 19 世纪，普鲁士和丹麦失去大片领土，领土的萎缩往往会引发文化的倒退——但公共学校教给人们的品质和价值观让这两个国家获得了能够适应变化的认知能力和社会能力。如今，丹麦是世界最幸福的国家之一，而德国也是最富裕的国家之一。两者都有着强大的社会保障系统和环保政策。它们的通用课程让社会形成了统一的价值观、伦理道德和知识，而这些正是国家适应变化、取得成功的基础。

19 世纪初，美国为强化民主开始建设公共教育制度，他们把重点放在了阅读、写作、数学、公民教育和历史教育方面。20 世纪早期的课程主要是为工业化经济培训工人。然而，随着工种的迅速改变，这个教育制度并未跟上步伐，致使老师传授的技能与人们在变化迅速的世界中所需的技能并不一致。一份专门研究纽约市公共学校未来教育的报告指出，480 万名大学生中能满足纽约大雇主需求的寥寥无几。如今机器人已经可以取代许多劳动密集型工作，21 世纪的新兴职业要求劳动者具有系统思考能力、合作能力、批判性分析能力、适应能力，而许多在 20 世纪接受教育的美国终身教授并不具备这些技能。

吉奥夫·斯科特（Geoff Scott）是西悉尼大学的名誉教授，他采访了澳大利亚顶级行业的多名雇主，让他们列出他们最希望应届生具备的能力。斯科特和他的同事迈克尔·福伦（Michael Fullen）以这些答案为基础，给出了一张在这个日益复杂多变的世界中取得成功所需的技能的清单。有意思的是，雇主最看重的并非职业技能，而是"心态、价值观、个人能力、社交能力和认知能力，这些能力都是从之前的优秀毕业生和领导者身上总结出来的，他们有助于打造更和谐、更具生产力、可持续发展的职场和社会"。[32] 性格、公民精神、合作能力、沟通能力、创造力、批判性思考能力等特质会让员工站在世界公民的角度思考问题，更深入地理解不同的价值观，真正怀抱兴趣与他人协作解决那些影响人类与环境可持续性的复杂问题。

我们在同一条船上

1972 年，肯塔基州的路易斯维尔和密歇根州的底特律被法庭裁定废除学校的种族隔离政策。两座城市都被要求开展地区性规划，把城区和郊区学校连通起来，用校车把孩子们从社区学校转移到其他学校，以确保学生家庭背景的多样性。两座城市都是白人占 80%，黑人占 20%，但它们对法庭裁定却采取了截然不同的做法。路易斯维尔接受了这一裁定，而底特律却选择了另一条路。

两个计划一开始进行得都不顺利。在底特律，3K 党把庞蒂克郊区的十辆校车炸翻了。要求用校车接送学生的法官收到数起死亡威胁，心脏病发作两次，在案件为最高法院知晓之前便不幸逝世。而路易斯维尔有着长久的种族隔离历史，曾经激进地奉行巴尔的摩主义，20 世纪 70 年代时住宅仍然严格执行种族隔离政策。法院要求路易斯维尔的校区与附近杰斐逊郡的校区合并，这同样遭到了抗议。路易斯维尔精英家庭的领导者，也就是路易斯维尔员工最多的企业布朗福尔曼公司的所有者布朗家族也反对合并。5 年之后，发布终止隔离令的法官成了庆祝酒会的座上宾。教育成果也发生了翻天覆地的变化。2011 年，路易斯维尔有 62% 的四年级学生数学考试及格或成绩有所提高，该比例差不多是底特律的两倍。

底特律的做法最终让城市的隔离现象更加严重。2006 年，公立学校的学生中 91% 为黑人，只有 3% 为白人，而在邻近底特律的富裕城镇格罗斯波因特，公立学校中白人学生却占到了 89%，黑人学生仅占 8%。

出现这种情况的并非只有底特律。在美国绝大多数城市，20 世纪 70 年代早期的种族隔离废除令都促使白人涌向郊区。事实证明，人口下降、贫困人口集中和课税基础缩小的后果是灾难性的。所有地区的发展都以其核心城市为导向。正如迪恩·鲁斯科的研究所发现的那样，城市的健康对于郊区的健康至关重要。我们都在同一条船上。

路易斯维尔是美国为数不多的敢于承认这一点的城市之一，更令人钦佩的是，路易斯维尔位于种族隔离最严重的美国南方。把城区学校和郊区学校相整合，击碎了人们离开城市的动机。路易斯维尔号召民众留在城市。这一战略成效显著，2003 年，路易斯维尔政府与杰斐逊郡政府合并成为新的路易斯维尔大都会，不仅共享生源、税收收入、基础设施建设、经济发展机会等也都实现了共享。这种共同使命感成为大都市吸引力的关键元素。

路易斯维尔的经济发展并不均衡，人口普查显示超过 50% 的人口生活在贫困线以下，有些甚至比贫困线还要低 10%。由于所有学校都属于同一系统，所在社区与学校质量无关。事实上，杰斐逊郡最好的学校反倒位于最贫困的社区，吸引了不少白人家庭。

学校顺利实现了整合，再去整合社区就容易许多，政府推出“向机会迁居”代金券计划，吸引民众在孩子尚幼的时候搬去更好的社区。1990—2010 年，社区隔离率下降了 20%。

路易斯维尔取得的良好成果更为 21 世纪的发展做好了准备。美国商会对路易斯维尔校车计划的支持，让路易斯成了"与众不同的城市，你可以在这里放心雇用来自任何学校的人，这些人均受过同样良好的教育，懂得如何与他人进行团队合作"。[33] 路易斯维尔当初凭着直觉掌握了现在清晰体现在数据上的东西：一个地区越不平等，大家的日子就越不好过，有钱人也难以幸免。

在针对美国市场疲软的城市和地区的研究中，社会科学家曼纽尔·帕斯托（Manuel Pastor）和克里斯·布伦纳（Chris Brenner）注意到 1980 年中心城市与郊区收入差距最大的地区，在接下来的 10 年中就业岗位数量的增长幅度也最小。帕斯托和布伦纳得出结论："这项研究表明，平等不是一种奢侈品，或许应该说是必需品。很多时候收入不平等、贫困集中、种族隔离是城市和地区经济下滑的结果，但这些现象同时也可能引起衰退。针对市场疲软，城市的竞争策略应当是注重基础 —— 基础设施、好的政府以及积极的商业环境 —— 当然从内到外维护平等也很重要。"[34]

幸 福

如果说财富和收入是幸福的主要决定因素，科威特应当是全世界最幸福的城市。然而事实并非如此。正如伊斯特林悖论预测的那样，收入并非幸福的唯一组成因素，经济学家杰弗瑞·萨克斯也注意到，"我们需要高效运转的社会，仅仅经济发达并不能带来幸福"。[35]

第一个建立广义幸福观的政府是不丹王国。1972年，不丹60岁的旺楚克王，又称龙王，提出政府的角色并非增加国民生产总值，而是要增加国民幸福总值。这一理念经由国际智库进一步丰富，被几个城市和行政区采用，但大部分城市对此嗤之以鼻，直到2008年全球金融危机的爆发。随着经济发展的浪潮迅速退去，隐藏在社会深处的不安逐渐显露出来。突然间，大家开始重视起社会幸福和人的幸福。

2009年，盖洛普开始在美国和全球各地展开大规模的调查，以蓬勃发展、勉强支持和艰难求生为等级进行打分。2011年，联合国发布世界幸福报告，开始召开每两年一次的幸福会议，并更新报告数据。与此同时，经济合作发展组织（OECD）这个由全球34个最发达国家组成的非营利组织，提出了美好生活指数。法国寻求有自身特色的健康福利，聘请著名经济学家约瑟夫·斯蒂格利茨、阿玛蒂亚·森、让·保罗·菲图西（Jean-Paul Fitoussi）研究开发法国健康幸福指数。斯蒂格利茨的报告表明，一个国家的健康质量与其GDP之间并没有多大关系。比如说，自1960年以来，法国的寿命预期相对于美国有所增长，但它的GDP相对美国却下降了。[36]

这些指数计算的方法略有不同，但都具备一些共同的特点。所有指数都认可家庭收入、健康、教育、好的管理、有活力的社交网络和健康的环境对于幸福的重要性。除此之外，不丹还加入了精神幸福、社会活力、文化多样性与韧性、时间利用。经济合作发展组织增加了生活—工作平衡（这一点也与时间利用有关）、安全和公民参与等因素。联合国世界幸福报告则强调信任、慷慨和选择生活的自由。随着幸福科学的发展，这个单子也会越列越长，并结合神经科学、行为经济学、社会生态学、公共健康、城市信息学来界定和衡量健康社会。

繁荣／幸福／平等模型

由此看来，全世界最好的城市应当平衡繁荣、平等与幸福来打造健康福利社会。但我们如何来判断一座城市是否实现了这三者的平衡，并且人口蓬勃增长呢？关于收入、收入分配和家庭财富的数据已有很多，关于幸福的信息也越来越多，我们可以采用多种办法把这些度量结合起来，对城市的表现进行综合评估。

我的同事威尔·古德曼（Will Goodman）和我决定解决这个问题。我们从研究美国100个大都会区的幸福指标着手，逐步整合数据。过程中我们针对每座城市增加了基尼系数这一指标，构建出一个繁荣、幸福和平等的矩阵模型。[37] 美国繁荣、幸福和平等综合评估排名前十的大都会区如下：

1. 圣何塞–森尼韦尔–圣克拉拉

2. 华盛顿–阿灵顿–亚历山大

3. 得梅因–西得梅因

4. 兰开斯特

5. 火奴鲁鲁

6. 麦迪逊

7. 盐湖城

8. 明尼阿波利斯市-圣保罗-布卢明顿

9. 奥格登-克利尔菲

10. 西雅图-塔科马港市-贝尔维尤 [38]

值得注意的是，这些都是一些中等规模的社区，当然兰开斯特的规模比较小。这些地区全都有着优质的学院大学、健康医疗系统和稳定的经济。在全世界范围内，大城市往往经济最为发达，中等规模的城市往往幸福度最高。（完整名单详见本章注释38。）

公民领域

最长久不衰的城市往往会展望、发展和维护特别的公民领域。公共图书馆蕴藏着浩瀚知识；博物馆让我们忆古思今展望未来；艺术表演中心让我们停下脚步，深深沉浸在音乐、舞蹈和戏剧中；公园实现了人与自然的交融，运动场则激活我们的心灵，这些都能带给我们灵感。再加上交通、住房、健康医疗、教育方面的投资，正是这些卓越的机构和带来机会的基础设施让城市变得更加美好。

杰米·雷勒（Jaime Lerner）是巴西库里蒂巴一位富有远见的市长，他把城市的转型称为对杠杆支点的"城市针刺疗法"。库里蒂巴是巴拉那州的首府，约有150万人。在杰米的第一任期，世界其他地方都忙着把城市分解扩大，使其容纳更多的车辆，雷勒却开始限制主要道路的交通往来，着力打造一个以人行道为主的城市。无论距离多远，他都用统一的价格打造出综合性的公共交通网络，以此来降低那些生活在城市边缘的人的生活成本。

雷勒之后更新了库里蒂巴的区划，把发展与公共交通系统联系起来，让人口密度高的地方靠近公共交通线，人口密度低的地方离得稍远一些。由于缺乏大规模修建地铁的资金，库里蒂巴在1974年打造了世界第一个快速公交系统。[39] 为改善教育，库里蒂巴实施"知识灯塔"计划，修建带有图书馆、网络连接和文化节目的公共中心。这些地方均位于公共交通中心附近，方便市民来往。到20世纪80年代，职业培训和社会服务也聚集到了公共交通线的周围。从1970到2010年，库里蒂巴的人口增长了4倍多，绿色空间的增长规模甚至超过这一数字，从人均1平方米增长到了52平方米。城市的公园系统在防汛方面也发挥了巨大作用。

库里蒂巴的"垃圾不是垃圾"项目收集和回收了超过70%的废品，并将出售可回收垃圾获得的资金用于社会服务。负责回收垃圾的人员可以报销交通费用并免费获得垃圾，这一方面为城市节省了现金支出，另一方面也扩大了就业。由垃圾回收项目提供资金支持的一所开放大学还为民众提供了廉价的职业培训。退役的城市公交车被拿来当作移动教室和服务办公室。库里蒂巴的经济发展项目也带来了很多机会。跟大多数发展中国家城市一样，库里蒂巴也被市政服务匮乏的贫民窟包围。此后，政府开始着力在这些社区开展商业孵化，扶植小企业的发展。位于低收入社区的企业由 Craft Lycée 为其提供资金和商业教育。

得益于这些努力，库里蒂巴尽管不是全世界最富裕的城市，却变成了最幸福的城市。2009 年，库里蒂巴 99% 的民众表示自己过得很幸福，2010 年，它被授予全球可持续发展城市大奖。市长雷勒说："我认为城市可以也应该采取一些'剜骨疗伤'的办法，因为许多城市已经病入膏肓，几近死亡。正如治病开药需要医生和病人之间的交流互动，城市规划也需要城市做出反应——找出一块地方帮助疗伤，做出改进，并带来积极的连锁反应。要想让整个机体发生改变，就必然更新介入方式。"[40] 库里蒂巴的魔力源于相信要想让"我"取得成功，"我们"也必须成功。杰米·雷勒明白一个根本的道理：幸福和健康是一种集体性的体验。正是它们让城市变得更美好。

完成城市目标

我们现有的经济制度建立在一个有漏洞的前提假设之上：市场是高效的，这种内在效率本身会成就最好的社会。效率是一个完整的线性系统中相当重要的功能，但如果放到复杂系统中，就显得没那么重要了。20 世纪下半叶，经济学家把效率本身设定为我们最重要的价值，赞扬那些创造性的破坏活动和市场规则。一个高效的市场定然会放大不平等。奥斯卡·王尔德曾说："他知道所有事物的价格，却不知道其价值。"市场就是这样。温顿·马沙利斯曾说过："事物分崩离析，是因为人们的创造是为自身而庆祝，而不是拥抱整体。"

人类社会和城市是复杂系统。复杂系统既有其功能又有其目标。城市和社会的目标便是健康与幸福，而非效率。

复杂系统只有在实现最优化的时候才能实现繁荣。如果城市的所有组成部分 —— 所处的生态、所仰赖的新陈代谢、所依附的地区，以及里面的人和企业 —— 都能繁荣发展，这座城市也就实现了最优化。为实现这一目标，城市领导者需要把精力放在优化整体上面。

要在 21 世纪实现繁荣发展，人类需要从个人最大化的世界观转为生态世界观，认识到人的幸福健康来自系统的健康，而非某个单一节点。若城市把整体幸福当作目标，便会强化这种新的认知。系统也会自然而然地实现机会和幸福的平等分配。在追求完整的过程中，城市对这个变幻世界的适应力也变得越来越强。

为平衡城市提供资金

许多国家都具备让城市更为平衡的经济能力。2016 年春，美国联邦政府之所以把 30 年债券利率调整为 2.62%，将预算分为资金、营业预算和借入，目的不在于弥补赤字，而在于投资兴建新的学校、道路和公共交通系统、智能化可再生能源系统、循环水和污水处理系统、智慧城市运营系统、保障性住宅、社区健康中心、公园公共空间，以及其他机会社区所需的元素。这将创造上百万个本地就业机会，为未来的健康幸福奠定基础，同时还能减少环境破坏。如果国家把国内营业预算用在有事实支撑的可以解决健康医疗、教育和创伤问题的方案上，就能进一步做好准备，在 21 世纪实现繁荣。投资标准应该由地区幸福指数确定，因为这一指数更有可能反映社区的需求，受华盛顿形形色色的游说集团的影响也更小。

投资基础设施、人力发展和恢复自然，能让国家在 VUCA 时代具备更强的韧性。城市也能实现富裕、平等和幸福。唯一缺少的就是这样做的意愿。而要坚定这种意愿，就需要有同情。

—— 第五部分 ——

同情

　　同情是和谐城市的第五个方面，是指为所有人类减轻苦难的愿望。同情让人类与自然更加和谐，让人类的活动具有意义。从物理层面来讲，这种和谐将城市科技与大自然相结合，以增强城市的韧性。从执行层面来讲，它通过提升城市的适应能力来增强其韧性，顺应大趋势在动态平衡中实现进化，并始终关注其核心目标：人类与大自然的福祉。从社会层面来讲，同情提供了一种共同的价值和意义，是利他主义和文化韧性的关键组成部分。而在精神层面上，它能提升一座城市的共同目标感，使其上升为一种能带来承受力、治愈力和深层幸福的综合性整体观。同情是为一切生命设想和创造更好未来的意愿。

　　我们生活在一个竞争激烈、雄心勃勃的世界。每座成功的城市都必须有一个保护性系统来使其免受威胁。政治和经济力量是城市蓬勃发展的前提。但城市并非存在于真空环境，它们必须成为更强大的国家的一部分，这个国家能够为其提供防御、法律法规、专利保护、清正廉洁的管理，以及对于个人和集体权利的保障。尽管保护是必要的，但光有保护还不够。城市必须发展自身的同情力。让保护与同情彼此融合，城市的发展理念才可以从"变得更强"转变为"能更好地适应"。

利他主义作为保护因子

遭遇同一种疾病，为什么有些人生了病，有些人却不受影响？因为每个人的保护因子不一样。当个人、家庭和集体遭受压力或风险，保护因子能够加大获得积极结果和减少攻击的可能性。

保护因子存在于我们的 DNA 中。比如说，有些人天生对酒精不耐受。接种疫苗（比如麻疹和腮腺炎疫苗）可以强化保护因子。积极的认知生态也具有保护作用，它会提供稳定且有韧性基础，帮助孩子应对压力。利他主义，即对他人福祉的无私关切，也是一种保护因子。利他主义者通常更幸福、更灵活，也更不容易生病。利他社区有着更强大、紧密的社交网络，在压力面前更有韧性。充满利他主义的城市更信任、包容和宽容；拥有更强大、更多元化的志愿者网络；能更好地规划未来，并能采取必要的措施来高效执行这些规划。利他主义让个体充满目标感，这种目标感超越个体本身。集体利他主义则让一群人为一个共同的目标团结在一起，推动城市向和谐发展。

目标愿景

珍·切尔马耶夫（Jane Chermayeff）一生中大部分的时间都

在为儿童博物馆提建议和规划科学场地。她常说，若想打造一座伟大的城市，就一定要让它适合孩子生活。表面来看这似乎很简单，但如果让一座城市的每个项目、每座公寓和每个计划都遵照这一想法呢？

比如说，一座适合孩子的城市应当能让孩子安全地生活。这就要求有安全的街道，能够让孩子放心地步行或骑单车去上学，而且社区周围要有玩耍的地方。也就是说，孩子们不应生活在被流弹打中的恐惧中，也不应面临毒品的威胁。想象这样一座城市，它有着多样的认知机会，家庭暴力、虐待、不闻不问或其他负面童年经历统统不存在。要实现这一目标，城市需要有充足的经济适用住宅、健康医疗和社会服务，并且完全杜绝地区性贫穷。

为了让每个孩子都拥有平等发展的机会，城市需要建立初级教育制度，在住宅的步行范围内设立光线充足的绿色现代化学校，每一所学校都能提供好的教育，无论其社区居民的收入水平如何。学校的老师可以获得可观的工资和终身培训，并且生活在安全、舒适的家中，家人孩子都能获得充分的照顾和支持。

要让孩子们获得好的发展，他们所在的家庭也必须发展良好。所以城市应该为所有人提供多种机会，让每个人都能充分发挥自身潜能。而城市只有在财政稳健的情况下才能实现这些目标，于是建设公平的税收制度就是题中之义。通过抽丝剥茧地探寻让孩子们幸福成长的城市应该是什么样子，我们可以清晰地看到，要想获得成功，城市就必须致力于为所有人谋求幸福。

如果再把大自然的健康加入城市目标，鼓励城市恢复湿地，重建水滨，让街道与大自然融为一体呢？公园、树木、绿色屋顶和社区花园组成的网络将提升生物多样性，拓展本土鸟类和植物的生存空间。河流将得到治理，森林和田地也能得到保护。

事实证明，一座城市如果将同情设定为统摄目标的原则，就能在实现目标的过程中获得更好的回报。目标是无私的，城市的每个决定、项目和行动都深深受到这些目标的影响，从而引导城市向着人类与大自然的和谐发展不断前行，利他主义也将成为城市最大的保护因子。

交缠

城市的适应性

肯尼斯·伯克（Kenneth Burke）是 20 世纪最重要的美国文学理论家之一，他曾经写道："人适应了不适，就会变得不再有适应力。"[1]

如今许多城市都处在对不适的适应中。这些城市或许充分适应了短期发展的需要，但它们缺少在未来高压环境下实现繁荣的适应力。这些城市已经适应了这种不适的状况，因为它们并不理解自身真正的目标。

唐奈拉·米道斯（Donella Meadows）曾写道："一个系统中最易忽视的部分，比如它的作用或目标，往往是决定其行为的最关键因素。"[2]

从全世界第一个城市乌鲁克的兴起开始，城市的目标便是为居民提供保护和发展条件，确保资源和机会的公平分配，并保持人与自然之间的和谐。在这个变幻不定、日益复杂的时代，和谐城市需要一个能帮助它向更平衡的方向发展的系统，这个系统要能平衡富裕与幸福，同时高效、平等地恢复社会和自然资本。制订更大的目标，可以帮助城市找到实现目标的途径。

平衡的第一个方面——凝聚力，来自共同的愿景，这种愿景也是反映社区健康程度的指标，而一种动态的规划、管理和回馈系统可以帮助城市朝这一愿景迈进。第二个方面是人性，它要求城市形成具备适应力的、多元的、彼此互联的基础设施。平衡城市的第三个方面是韧性，来自技术与自然生态的融合。第四个方面是社区，需要有健康的认知生态打下稳定的基础，同时要保证机会的公平分配。而最后一个方面，同情，则需要普遍的利他主义目标感。这些特点结合到一起，共同打造出能不断适应 VUCA 时代需求的城市，它能把各个阶层的个体融合到更大的整体中，并不断向城市的利他主义目标靠近。城市中的人们也能够适应合适的状态，形成一种普遍的整体感。

法兰克福马克斯·普朗克研究所大脑研究中心的沃尔夫·辛格（Wolf Singer）观察到，健康的大脑并非通过中枢控制来协调不同的感官功能，而是要靠所谓的"同步性绑定"（binding by synchrony）——大脑不同系统共享一种波长，协调信息会以相同的步调传播，彼此之间保持一种永不间断的对话和倾听状态。善良、美丽、真理、尊严和同情都具备神经系统一致的认知特征，依靠同步性绑定来协调。如果我们的大脑里装满的是这些特质，便会形成更深刻、更有活力、更完整的感觉。[3]

健康的城市也要靠同步性绑定，其中个体、组织、社区团体、企业和机构不断感知更大的环境，并独立地适应于其需求，不断做出调整，通过一种分散但又富有凝聚力的方式来提升其表现。当它们通过善良、美丽、真理、尊严和同情心绑定在一起的时候，城市也就变得完整了。

巴赫平均律

1742 年，约翰·塞巴斯蒂安·巴赫写就了《平均律钢琴曲集》的第二辑，而当时的欧洲正经历从宗教改革进入启蒙运动的巨大文化转变。启蒙运动释放了科学理性主义，把欧洲从多个世纪以来的宗教禁锢中解救出来。这种新的思潮进一步演变，引发了美国独立战争和法国大革命，乃至工业革命。宗教世界开始与世俗世界分离。哲学和科学的关注点也从宇宙和神转移到了人，从复杂转移到了精妙。但巴赫从未动摇，他的伟大作品时至今日仍能让我们产生共鸣，是因为其中饱含着和谐的天才与深刻的精神灵感，而这些特质在文化启蒙运动中则被束之高阁。

1747 年，也就是巴赫去世前三年，他受儿子卡尔·菲利普·伊曼纽尔·巴赫之邀来到腓特烈大帝的王宫，小巴赫在那里担任首席键盘手。腓特烈大帝充满力量，可又有残酷的一面，他的性格很难定义：他身上有太多矛盾的东西。腓特烈大帝既是一个解放者，又是一个独裁者。他残酷地征服波兰，然而又建立起了全世界最早的公共教育系统。他喜欢自然，却抽干沼泽的水以开垦新的农田，毁坏地区的生物多样性。他信仰科学的力量，却又鄙夷普遍的道德。他喜欢愉悦感官的先锋音乐，而对巴赫毫无兴趣，后者认为宇宙是一个充满爱的神圣的、统一的整体。

所以腓特烈大帝决定让 J. S. 巴赫，也就是"老巴赫"，难堪一回。在老巴赫这位伟大作曲家抵达宫殿前，作为一名业余长笛手的腓特烈大帝临时创作了一个名为"皇家主题"的包含 21 个音的主题 (几乎可以肯定是在小巴赫的协助下)，并特意进行设计，使其几乎不可能在当时严格的作曲规则下实现音律的和谐。老巴赫乘坐马车长途跋涉，刚刚抵达，没来得及休息或沐浴，腓特烈大帝就带领他去参观 15 架击弦古钢琴，这是一种介于大键琴和钢琴之间的过渡乐器。然后，在一群受过专业训练的音乐家听众面前，国王问老巴赫能否为皇家主题即兴创作一个三声部的赋格。

只见老巴赫在一架击弦古钢琴旁坐下，即兴弹出一段行云流水般的音乐，在短短 17 分钟内让"皇家主题"出现了 12 次。由于主题本身很难达成和谐，他创作了三个彼此和谐的变奏，并将其整合为一段让人惊叹的美妙音乐：每个声部都彼此独立，但又达到一种绝妙的平衡。所有听众都被惊呆了。老巴赫用支离破碎的元素创造出了完整。

腓特烈大帝十分懊恼，于是他对这个主题稍加改变，命令老巴赫创作一首六声部赋格。老巴赫说他需要多一点时间。几周后，他从家中提交了皇家主题的六声部赋格，名为《音乐的奉献》。这便是老巴赫对于和谐是否有限制这一问题的回答，也是对人类超越神圣与世俗创造伟大和谐的一次无与伦比的实验。[4]

具有科学理性主义精神的腓特烈大帝欣赏各种令人惊叹的技术。接下去的几十年，技术的发展突飞猛进，成就了人类前所未有的繁荣，也给环境造成了巨大破坏。技术拯救了生命，同时也毁灭了生灵。

在巴赫的时代，技术创造城市是无法想象的事情，然而世界却一步步从耶利哥塔发展到了如今的超级大城市。但人类和自然的本质从未变过。当我们的心灵与音乐、美、真理、尊严、爱和同情形成同步性绑定时，我们仍然能感受到无与伦比的宁静和喜乐。时至今日，我们的城市掌握许多可能会让腓特烈大帝惊叹的技术成就，却少了巴赫以及城市的最初创造者所追求的那种和谐。

城市的目标必须是要把启蒙运动追求的科学与巴赫式的平衡统一起来，创造出适合人、适合其所在社区和大自然的条件。

里斯本大地震

在巴赫与腓特烈大帝会面的 8 年之后，又发生了一件动摇欧洲宗教根基的事情，加速了启蒙运动的发展，并引发了那个时代第一次城市重建运动。1755 年 11 月 1 日万圣节这天，一场大地震袭击了里斯本，40 分钟后又是一场大海啸，海啸过后，大火绵延了整整 5 天。里斯本城 85% 的建筑化为灰烬，几乎所有的教堂都坍塌、烧毁，或被洪水冲毁了。里斯本的伟大艺术藏品、图书馆，以及关于葡萄牙广阔殖民地的档案损失殆尽。横跨塔古斯河的皇家利贝拉宫也在地震中倒塌，后又被海啸带来的巨大洪浪淹没，收藏了 70,000 卷藏书的皇家图书馆也被摧毁。提香、鲁本斯和柯雷乔的画从此消失。里斯本的新歌剧院被夷为平地。大约有 25,000 人丧生，这差不多占里斯本城全部人口的十分之一。唯一幸免于难的是城市的红灯区。

里斯本大地震大大动摇了人们的宗教信念。这么神圣的节日，如何会发生这么大的悲剧？为何全城的教堂、神殿、住房都毁于一旦，唯独妓院毫发无伤？

上帝在人类和大自然的事情上到底扮演怎样的角色？这是否出自上帝对宗教法庭的天谴，抑或证明了上帝并不存在？

整个欧洲的知识分子抓住这一事件，大力推动启蒙哲学和自然科学的发展。康德就这一主题连写三篇文章，提出地震学的概念。让-雅克·卢梭则指出，城市里的人口太过稠密，人们应该过上更田园的生活。大地震也促使伏尔泰创作了小说《老实人》，讽刺教堂和认为世界受善良的神指引的想法。"坚实的哲学基础"这一普遍使用的比喻，被确定性是虚幻的这一理念所取代。启蒙运动让相对主义取代了绝对主义。

灾难发生一个月后，由于女儿坚持让全家离开城市去乡村做日出弥撒而侥幸躲过一劫的若泽一世会见了首席工程师曼纽尔·达马亚（Manuel da Maia）。马亚向国王提出了五个重建城市的计划，包括利用橡胶材料重建城市、铲平废墟另选地方重建城市等，总之，"要让街道畅通无阻"。[5] 最后国王选择在旧城遗址上打造一座全新的城市。

重建之后的里斯本成为欧洲第一座现代城市，建有大型广场、宽阔的林荫大道和抗震建筑。按照达·马亚的计划，社区中的每一个街区都按照统一的标准设计，建筑物中，门窗等组成部分也是量化生产。这推动了一种新的平等主义——富人不再能通过个性化的、富丽堂皇的庄园和宫殿来彰显自己身份。里斯本的重建催生了现代城市规划，让城市具备了应对和适应未来灾难的能力。

地震也促使人们改变应对大规模人口压力的方式。政府一开始的反应是调动军队，对抢掠者处以绞刑，但葡萄牙的首席大臣蓬巴尔侯爵意识到应该团结里斯本民众，而非对其进行镇压。他组织调查，收集居民对地震的看法，其中有些信息为地震科学打下了基础。他驱逐了手握重权的宗教激进主义耶稣会士，后者认为地震是对里斯本民众罪孽的惩罚，声称没有必要重建这样一座罪恶的城市。

蓬巴尔侯爵抓住机会，打破了旧阶层的制度性障碍，为人类潜力的释放打开了大门。他剥夺了教堂和权贵手中的权力，这些人曾经占据王廷的中心，想尽办法为自身牟利。蓬巴尔侯爵下令建设 8000 所中小学。还把数学、自然科学和启蒙哲学加进了科英布拉大学的课程表，并为其打造植物园和天文台。他的目标是要塑造新人类，使他们摆脱根深蒂固的偏见的束缚，接受最先进的科学、哲学和社会学理论教育。国王的权力得到加强，并将企业家纳入其支持者的行列。里斯本的再造以广场为中心，修建了对称辐射街道和标准化街区，整体的和谐感成为法国豪斯曼计划的一大范本，为后世追随。

信任的力量

为解决 21 世纪面临的大问题，城市需要本书中提到的所有解决方案——智慧且有活力的区域规划、循环水和污水系统、可再生能源微电网、区域性食物系统、多式联运交通系统、自然和技术系统融合、生物多样性、绿色建筑以及集体消费。城市需要廉价的住宅和健康的医疗、教育、职业培训系统。为了让城市居民获得知识和灵感，城市需要打造博物馆、图书馆、艺术表演中心、艺术和创造力集群等。为维持良好的运营，城市需要包容、透明、高效、清廉的政府按照定义清晰的幸福目标调整自身的进程，并与其他城市交换经验和最佳实践。城市需要恰当的管理来保护人类和大自然，监管又不能太过严格，为创新和企业留下发展的空间。城市还需要普遍的共情，它植根于社区、教堂和其他反思场所，通过营利和非营利社会企业家的集体效能加以提升，由反映健康社会未来价值的社会效益债券提供资金支持促使其实现，并由大公无私的领导领路。这便是 21 世纪的 meh，它只能在信任的土壤中生长。

卡特里娜飓风和丽塔飓风袭击新奥尔良时，抢掠和暴力事件增加了。"9·11"事件摧毁了世界贸易中心，却激发了纽约市民的同情、勇气和联系。《灾害乌托邦》（*A Paradise Built in Hell*）一书的作者丽贝卡·索尔尼特（Rebecca Solnit）描述了人们如何在灾害到来时齐心协力照顾彼此。1906 年，旧金山遭遇地震和随之而来的大火，人们自发地设立厨房，为无家可归者提供食物，并捐赠医疗帐篷为其提供蔽身之所。丽贝卡十分赞赏这种互助行为："关爱行动的参与者既是施予者又是接受者，这种关爱把他们彼此联系在了一起……这是一种互利行为，大家合作来满足彼此的需求和愿望。"[6]

俄国经济学家、地质学家和革命者皮特·克鲁泡特金（Peter Kropotkin）在其 1902 年的著作《互助：革命因素》（*Mutual Aid: A Factor in Evolution*）一书中对这种人类天生的互助能力进行过描述。他是对的，现在科学已经证明，面临革命性压力时，自私的个体很难通过自私行为改善境遇，但如果利他主义者之间能够进行合作，成功的机会则要大得多，即便仅出于自身利益人们也会选择合作。利他行为的好处要大于自私行为。

危机之中集体倾向于利他只有在信任程度较高的社会中才会出现。而城市中有太多社区已经失去了这种能力。如果一座城市充斥着无知、狭隘、基要主义、自私和自大，这座城市一定会变得不适，而这种不适会逐渐筑成种族主义的高墙，让人们失去机会。基要主义会抑制所有社区居民的自由表达；自私会破坏机会的公平分配；恐惧会破坏城市的认知生态；而无知则会摧毁智慧的根基。

这些条件最终会造成"对不适的适应"，让城市永远无法适应 21 世纪的复杂多变。

合适始于集体效能和社区秩序。城市的居民必须相信，无论是个人还是集体，他们都可以做出不一样的成绩，并且必须把集体效能的结果看作秩序。

为打造信任，城市必须确保其潜力的公平分配。如果机会能够得以公平分配，人就会向着机遇谋求发展，就跟大树朝向阳光生长一样。

在全世界的城市中，抗议运动往往源自机会长期分配不均。"黑人的命很重要"（Black Lives Matter）这项运动就是"巴尔的摩主义"造成的，后者衍生出来的 FHA 限制条款限制了黑人家庭平等建造房屋的权利长达几十年。正如我们在路易斯安那州看到的那样，这种障碍是可以跨越的。一个国家儿童的未来并不应该完全受限于生长地。如果我们能够剔除造成住房、教育、医疗、交通机会不均等的制度性障碍，城市就能民众之间建立起巨大的信任。这种信任正是适应力生长的土壤。

集体影响力

形成利他适应性需要的第二种因素是集体效能。

1831 年，法国贵族、政治思想家阿历克西·德·托克维尔来到美国，名义上是为了考察美国的监狱。事实上，他真正的目标是获取关于美国社会的第一手资料。他的经典著作《论美国的民主》写于 1835 年，以致敬这个年轻国家中非正式、非官方的社会组织对社会韧性的贡献。托克维尔描述了美国在形成凝聚力和紧密关系方面有多么高效，而这两者正是维持一个多元社会所必需的。

如今，美国的非政府组织（NGO）仍在不断加强城市的集体效能。城市应当鼓励这种传统或新型社区组织。有着 150 年历史的 YWCA 组织，如今的目标是要清除种族主义并赋予女性全力，为低收入女性提供住宅和保健服务。纽约大学服务之家和教育联盟等社区服务之家，以及费城 APM 等社区发展企业，都深深扎根于所在社区，为社区提供职业培训、社会服务，并为社区发声。犹太慈善基金会和天主教慈善会等社区服务网络会与其他机构共享实践成果。克利夫兰房地产网络等地区性廉价住宅联盟与企业社区伙伴等全国性机构，为低收入社区的复兴提供资金。公共土地信托基金会则对本地社区公园提供支持，让新鲜食物和大自然回归社区。

不过，仍有许多项目是独立运作的。城市如何将这些项目联合起来打造机会社区？方法之一就是借助"集体影响力"的流程，这是一个解决根深蒂固社会难题的框架，最早由约翰·卡尼亚（John Kania）和马克·克莱默（Mark Kramer）[7]在《斯坦福社会创新评论》（*Stanford Social Innovation Review*）中构建。这一方法与 Strive 的工作分不开，后者是一家致力于教育与职业培训的非营利组织，位于俄亥俄州辛辛那提。尽管当地预算削减且俄亥俄州受到全国性经济衰退的冲击特别严重，Strive 却取得了不错的成绩。那么多非营利组织面对同样的问题屡屡受挫，Strive 为何能取得成功？

Strive 汇聚了一批关键的社区领导者——资本家、教育者、政府官员、大学校长、企业高管等，这些人达成了统一的目标。这些经过广泛调研而确定的目标，重点关注儿童教育发展的关键指标，比如学前入学率、四年级阅读和数学分数、高中毕业率等。Strive 不再以某个受欢迎的教育课程表或项目为重点，而是致力于打造整体的项目生态，形成统一的目标：卓越教育。这个目标又被分为 15 个学业网络，每一个网络都关注教育环境的不同方面，比如课后辅导等。资金方面的决策都是基于对有效性的独立评估，越成功的项目得到的资金支持也就越多。该系统还设有反馈环，帮助教育向着卓越发展。

卡尼亚和克莱默还研究了一系列成功的城市实践，从其共同点中提炼出集体影响力的五个条件：共同的议程、共同的衡量标准、通过强化活动形成的相互作用行为、持续的沟通，以及通过投资基础设施来实现目标（他们称之为"支柱"）。集体影响力模型还应将多领域整合进统一的社区健康模型，并以社区健康指标作为指引。

　　但社区的改变不是从外向内强加的，它必须从社区内部自发形成，并利用互助的力量。或许圣雄甘地才是互助的最佳提倡者，他的思想在全世界范围内激起了集体效能。布施运动（Sarvodaya Shramadana）就是最好的例子，这一运动由 A. T. 阿里亚内特（A. T. Ariyanate）在斯里兰卡发起。起初，阿里亚内特通过发动学生和教师修建一所乡村学校来践行甘地的自助原则。为了把建筑材料搬到建筑工地，他们必须建造一座跨河的桥梁，而为了把建筑材料运到桥上，他们又必须改善公路的条件。做完这一切，他们发现自己不仅建了一所学校，而且还大大改善了所在村庄与外界的连通性。而且这一切都是依靠他们自己完成的，并没有等着办事拖延的政府出手来做。受此成功的鼓舞，他们又着手解决村庄面临的其他问题，并将自助这一理念推广到全国。

　　Sarvoday 在斯里兰卡语中的意思是"唤醒所有人"，而 Shramadana 的意思则是"贡献努力"。到 2015 年，布施运动已经为超过 15,000 个村庄提供学校、信用社、孤儿院、全国最大的小额信贷网络以及 4335 所幼儿园。它为社区带去了干净的用水系统、卫生系统、可替代能源以及其他基础设施方面的改善。而且几乎所有这些工作都是依靠以社区为基础的志愿劳动。Sarvodaya 还为成千上万的年轻男女进行培训，教给他们动员和组织本村村民的方法，以满足其基础设施、社会服务、教育、精神以及文化方面的需求。这是集体效能的一个极佳模型，展示了人们如何激发参与、建立信任、创造真实的影响并实现大规模的互联。

　　保罗·霍肯（Paul Hawken）把全世界范围内成千上万的本地

环境和社会组织称为"看不见的力量"。在他的一本同名书中，保罗注意到这些组织已经开始形成集体影响，构建起极大规模的免疫系统，治愈人与地球的伤痛。这些运动均是自发形成，没有中心领导，处理的也都是亟待解决的大问题。它们是回答21世纪超级问题的超级答案。

社区愿景、情景计划、强大且饱含同情的领导、富有活力的反馈系统、基础设施投资、管理工具、集体影响，以及自助运动，所有这些合在一起有助于打造和谐城市。

不过要想真正获得成功，城市需要结合两种世界观。第一种是系统观，也就是明白大自然是彼此深度依存的。第二种则是利他主义的进化性适应。城市只有先治愈各部分的伤痛，才能实现整体的疗愈。所有生命系统，包括人类与大自然，都是彼此依存的。这种观念植根于所有宗教和科学，是伦理道德与精神信仰的基础，能在未来的大趋势面前开辟出一条道路。

交缠的利他主义

量子物理始于对分子的研究，但很快就发现分子与分子之间是相互依存的。量子理论假定分子是彼此缠绕的，或者说在空间中彼此联系——改变一个量子的状态，其他相连量子也随之改变，即便其位于宇宙的另一端，也会以超越光速的速度即刻做出反应。艾尔伯特·爱因斯坦称其为"鬼魅般的超距作用"。诺贝尔奖获得者奥地利物理学家埃尔文·薛定谔称其为"量子纠缠"。

彼此纠缠是生命的必要条件。独立的亚原子离子、原子和分子本身是没有生命的。生命也并非作为独立实体存在。它源于能量、信息和物质的关系。而熵、系统的崩溃、热量和信息的传播也并非是独立分子的状况，它是互相依存的系统的一种特质。

城市就是深度纠缠。每一棵树、每一个人、每一栋建筑、每一个社区、每一个企业都彼此交缠。正如衍生自同一基因池的复杂生化系统，城市也有着让所有因素联系在一起的宏基因组。我们的经济、认知偏差和社会结构常常会放大不同密码的不同表达，造成失序。我们可能会打造出小规模的舒适区，但却推动了更大的生态向着不适的状态发展。比如，我们的经济系统无视税收减免、政府补贴、污染和自然资源枯竭等"外部条件"，鼓励公司开展适应性的活动，却为社区和地球制造了更大程度上的对于不适的适应。种族隔离或许能让某一个社区舒适，但事实上"人们或许因此适应了一种不适的状态"。

不过，人类进化出了一种天生的元代码，可以通过同步—利他主义把个体联系在一起。当利他主义遍布城市互相依存的社会与认知生态，并且深深嵌入系统的道德伦理中时，同步性就应运而生了。当利他主义深刻地影响到城市的每个决策、每个项目、每项行动，这座城市就是一座了不起的城市、一座和谐的城市。

马丁·路德·金博士曾经写道："被正确理解的权力是……创造社会、政治和经济变化的力量……历史最大的问题之一是，爱和权力的理念常常作为对立的两极，水火不容——选择爱就被视为放弃了权力，而选择权力就被视作放弃了爱。现在我们应该把这一点纠正过来……没有爱的权力是鲁莽而专制的，而没有权力的爱则是感性且无力的。最好的权力是在执行正义的过程中体现爱，而最好的正义是权力能够纠正一切对抗爱的事情。"[8]

和谐的城市让权力充满爱

希腊人描述过三种爱：eros、philia 和 agape。eros 是一种充满激情的性爱，让我们内心充盈着一种想要结合的欲望。philia 是一种深层次的、广泛的吸引，是对事物的偏爱，是自然世界的一种特质，跟重力一样。E. O. 威尔逊的亲生命假说所提出的 philia，是人对大自然的爱和对生命本身的爱，"是与其他形式生命结合的一种冲动"[9]，我们前面在绿色城市主义一章中曾经探讨过。philia 从物质和精神层面让我们进一步融入世界，把我们缠绕进去。第三种爱，agape，则是一种宇宙大爱。神学教授托马斯·杰·欧德把 agape 描述为"面对不幸事物时想要创造幸福的一种有意识的反应。简而言之，agape 是以德报怨"。[10] agape 是一种为全人类创造幸福社会的冲动。

当这三种爱融入城市，便会打造出一种充满活力的无私文化。为自然的纠缠注入一种有意性。我把这种以无私为指引的互相依存称为"交缠"。

交缠存在于世界主要宗教传统的核心。在佛教文化中，普遍的利他主义与对互相依存的意识被称作菩提心。而在伊斯兰教中，互相依存与利他主义的结合被称为 ta'awun，而 ithar 更是利他主义的巅峰。在犹太教中，tikun olam 是对用善行（mitzvoth）弥合世界伤痛的责任的认知。印度的圣雄甘地宣扬 satyagraha，这是一种面向真理和社会公平的非暴力力量，而教皇弗朗西斯的通谕信

"Laudato Si"倡导的是一种不可分割的生态,"包容一切"的统一大宗教就由此生成。

谱写完整性

巴赫的音乐由许多音符谱出,但单独的一个音符缺少意义、能量和目标感。《平均律钢琴曲集》的美在于音符的编织,一种音型可以扩展为一个主题,乐句又与其他乐句形成对位。音符,或者说分子,通过关系的力量,形成音波。

宇宙不是因为音符或者分子而充满活力,而是由它们所构成的不断展开的、复杂的、具有适应力的模式而充满活力。想想漩涡,漩涡中每一滴水都不曾停留在固定的位置,然而整体的形态却相当稳定。音乐、艺术、电影、写作、表演、宗教服务、祈祷和冥想都可以唤醒这种更大的形态或模式,帮助个体达到完整——将个体变化的生命融入更大的系统之中,由此我们可以理解这个宇宙以及我们在其中的位置。规划设计我们所在的城市同样可以做到这一点。

卢旺达战争的援助工作者发现,在难民营中受到最大创伤的人反倒展现出从难以言喻的痛苦中恢复过来的强大能力。深信宇宙论,认为自己可以解释所遭遇的一切事件的人,更有可能从伤痛中恢复。创伤就像散落于心灵的碎片,而宇宙论帮助他们将这些碎片排列整齐。信仰宇宙论可以起到疗愈的效果。

巴赫通过作曲来创造这种完整性。建筑学理论家克里斯托弗·亚历山大曾写道:"创造完整性有助于愈合造物主的伤痛……

人类建筑不仅能够愈合人类的伤痛。打造建筑这个行为本身对于我们所有人都是一种疗愈。"[11] 所以，打造一座反映更大和谐的城市不仅能增加城市的韧性，而且能增加我们自己的韧性。

回首人类第一个定居地，那里形成了共同修筑，维护水道，平均分配水源的制度。这些制度取得了成功，因为它们植根于利他主义和公平，由此人们获得了成为和谐社会一分子的快乐。这些特质已经写入了我们的神经，是我们感受幸福的基础。

随着城市中种族越来越多元，我们不能再依靠某一种支配一切的宗教、信条、种族或力量将我们交缠在一起。但我们可以唤醒更深层次的东西：内心的目标感。当一座城市的目标是谱写完整性，是实现人类与大自然的统一，是让同情渗入这个大系统的方方面面，那么无论它选择何种方式，那一定是爱的方式；无论它选择何种道路，也一定是和平的道路。

注　释

前言：未来的城市

1. Robert Venturi.*Complexity and Contradiction in Architecture* [M].New York: Museum of Modern Art, 1966, p. 16.

2. 简·雅各布斯（Jane Jacobs）. 美国大城市的生与死（*The Death and Life of Great American Cities*）[M]. New York: Vintage Books, 1961. p. 222.

引　言　答案是城市

1. http://www.geoba.se/population. php?pc=world&page=1&type=028&st=rank&asde =&year=1952.

2. https://www.un.org/development/desa/en/news/population/world-urbanization-prospects.html.

3. 勒·柯布西耶（Le Corbusier）. 模度：人体尺度的和谐度量标准 (The Modular, A Harmonious Measure to the Human Scale) [M]. 2004, 1:71.

4. http://www.yale.edu/nhohp/modelcity/before.html.

5. W. J. Rittel and Melvin Webber. Dilemmas in a General Theory of Planning [J]. *Policy Sciences* 4 (1973): 155–69, http://www.uctc.net/mwebber /Rittel+ Webber+Dilemmas+General_Theory_of_Planning.pdf.

6. http://www.acq.osd.mil/ie/download/CCARprint_wForeword_c.pdfClimate Change Adaptation Roadmap.

7. http://www.nytimes.com/2015/03/03/science/earth/study-links-syria-conflict-to-drought-caused-by-climate-change.html?_r=0.

8. https://www.upworthy.com/trying-to-follow-what-is-going-on-in-syria-and-why-this-

comic-will-get-you-there-in-5-minutes?g=3&c=ufb2.

9. http://www.donellameadows.org/wp-content/userfiles/Leverage_Points.pdf.

10. George Monbiot.RSA Journal *Nature*'s *Way*[J]. RSA, 2015, (1):30–31.

11. Stephanie Bakker and Yvonne Brandwink. Medellín's Metropolitan Greenbelt Adds Public Space While Healing Old Wounds [J]. Citiscope, 2016/04/15.

12. Donella H. Meadows,Diana Wright. *Thinking in Systems: A Primer* [M]. White River Junction, VT: Chelsea Green Publishing, 2008.

第 1 章　城市浪潮

1. http://artsandsciences.colorado.edu/magazine/2011/04/evolving-super-brain-tied-to-bipelalism-tool-making/.

2. 爱德华·O. 威尔森（Edward O. Wilson）. 群的征服（*The Social Conquest of the Earth*）[M]. New York: Liveright,2012, p. 17.

3. Naomi Eisenberger, "Why Rejection Hurts: What Social Neuroscience Has Revealed about the Brain's Response to Social Rejection," http://sanlab.psych.ucla.edu/ papers_files/39-Decety-39.pdf.

4. Ian Tattersall, "If I Had a Hammer," *Scientific American* 311, no. 3 (2014).

5. 文化关键元素之一是其潜移默化的世界观。世界观决定我们思考的方式。事实上，亚当被逐出伊甸园的故事也正是一个世界观改变的故事。

6. Dennis Normil.Experiments Probe Language's Origins and Development [J]. Science, 2012, 336(6080):11-408; DOI:10.1126/science.336.6080.408.

7. http://www.newyorker.com/magazine/2015/12/21/the-siege-of-miami.

8. http://en.wikipedia.org/wiki/History_of_agriculture.

9. http://www.newyorker.com/magazine/2011/12/19/the-sanctuary.

10. K. Schmidt. 'Zuerst kam der Tempel，dann die Stadt, ' Vorläufiger Bericht zu den Grabungen am Göbekli Tepe und am Gürcütepe 1995–1999." Istanbuler Mitteilungen 50 (2000): 5–41.

11. The Birth of the Moralizing Gods Science, http://www.sciencemag.org/content/ 349/6251/918.full?sid=5cc48fb0-a88f-4b50-aebb-00f4641c67dd;http://news. uchicago.edu/article/2010/04/06/archaeological-project-seeks-clues-about-dawn-urban-civilization-middle-east.

12. Luc-Normand Tellier. *Urban World History: An Economic and Geographical Perspective* [M]. Québec: Presses de l'Université du Québec, 2009; online.

13. 因为这件事早在 8200 年前就被发现了。

14. Uncovering Civilization's Roots [J]. Science, 2012, 335:791;http://andrewlawler. com/website/wp-content/uploads/Science-2012-Lawler-Uncovering_Civilizations_ Roots-790-31.pdf.

15. 同上。

16. 同上。

17. Gwendolyn Leick. Mesopotamia: The Invention of the City [M]. New York：Penguin, 2001:3.

18. William Stiebing. Ancient Near Eastern History and Culture) [M]. New York：Routledge, 2008.

19. 成周的指导原则：成周的城市规划平面图是一张九宫格状的标画出神圣领域的地图。位于四角、面积相等的四个方格为阴；五个位于轴向的奇数方格则为阳。阴阳平衡使得两气冲和，谐调流动。

成周四边各长 9 里，边缘筑有 20 米宽、15 米长的墙，每面墙各开三个门，门与门之间间距相等。城市内部又细分成方格区域，街道沿着主轴将一个又一个门贯穿起来，产生了南北和东西各三条大道。与之平行的是六条小道，尺寸为马车宽度的 9 倍。

这所城市的九宫各有所用。宫殿坐落于九宫格中央，即第 5 格；宗庙位于其左边的第 7 格；社稷坛占据第 3 格；市集则不那么重要，位于北面的方格中。公共礼堂在第 1 格。

宫殿所在的方格又由一些列墙与门圈隔，形成一座围城，诸如北京的紫禁城。地区首要城市及其副级、二级城镇也按照类似的规定布局建设。当时人认为城市形态对于气从天界到帝王再到苍生的流动至关重要，所以尽管建筑和园林随着时间而演变，城镇的形态一直维持不变，直至现代。

20. http://www.smithsonianmag.com/history-archaeology/El-Mirador-the-Lost-City-of-the-Maya.html#ixzz2ZfcGXkot.

21. David Webster. The Fall of the Ancient Maya: Solving the Mystery of the Maya Collapse)[M]. New York：hames & Hudson, 2002：317.

22. 凯文·凯利 (Kevin Kelly). 科技想要什么 (What Technology Want) [M]. New York：Viking, 2011.

第 2 章　发展规划

1. http://eawc.evansville.edu/anthology/hammurabi.htm.

2. http://www.fordham.edu/halsall/ancient/hamcode.asp; http://www.uh.edu/engines/epi2542.htm.

3. http://www-personal.umich.edu/~nisbett/images/cultureThought.pdf.

4. R. H. C. Davis. A History of Medieval Europe: From Constantine to Saint Louis), 3rd ed. [M]. New York：Pearson Education, 2006.

5. http://www.muslimheritage.com/uploads/Islamic%20City.pdf.

6. http://icasjakarta.wordpress.com/2011/01/20/the-virtuous-city-and-the-possiblity-of-its-emergence-from-the-democratic-city-in-al-farabis-political-philosophy/.

7. 引述自保罗·罗默（Paul Romer），由塞巴斯蒂安·马拉比（Sebastian Mallaby）2010 年 7 月 8 日发表于 Atlanta 杂志。
   http://m.theatlantic.com/magazine/archive/2010/07/the-politically-incorrect-guide-to-ending-poverty/8134/.

8. http://legacy.fordham.edu/halsall/mod/1542newlawsindies.asp

9. Daniel J. Elazar, The American Partnership: Intergovernmental Co-operation in the Nineteenth-Century United States [M]. Chicago：University of Chicago Press, 1962.

10. The Plan of Chicago)[M]. New York：Princeton Architectural Press, 1993 reprint.

11. http://www.planning.org/growingsmart/pdf/LULZDFeb96.pdf; https://ceq.doe.gov/laws_and_executive_orders/the_nepa_statute.html.

12. http://lawdigitalcommons.bc.edu/cgi/viewcontent.cgi?article=1963&context=ealr.

13. John McClaughry. The Land Use Planning Act—An Idea We Can Do Without) [J]. Boston College *Environmental Affairs Law Review*, 1974(3).

第 3 章　城市的无限扩张

1. Kenneth Jackson. Crabgrass Frontier: The Suburbanization of the United States [M]. New York：Oxford University Press, 1987.

2. The Great Horse-Manure Crisis of 1894) [J]. Freeman, Ideas on Liberty.

3. http://www.livingplaces.com/Streetcar_Suburbs.html.

4. David Kushner. Levittown: Two Families, One Tycoon, and the Fight for Civil Rights in America's Legendary Suburb) [M]. New York：Walker, 2009：7.

5. W. W. Jennings. The Value of Home Owning as Exemplified in American History) [J]. Social Science, 1938(3); 由约翰·P. 迪恩（John P. Dean）引用于《房屋所有权》（Homeownership）第 4 页。

6. Underwriting Manual: Underwriting and Valuation Procedure under Title II of the

National Housing Act with Revisions to February, 1938, Washington, DC [Z]. Part II, Section 9, Rating of Location.

7. David Kushner). Levittown: Two Families, One Tycoon, and the Fight for Civil Rights in America's Legendary Suburb) [M]. New York：Walker, 2009:30.

8. 哈利·S.杜鲁门总统 1948 年 7 月 1 日记者会。http://www.presidency.ucsb.edu/ws/index.php?pid=12951.

9. http://www.policy-perspectives.org/article/viewFile/13352/8802.

10. Will Fischer, Chye-Ching Huang. Mortgage Interest Deduction Is Ripe for Reform) [Z]. 2013-06-25.

11. Sam Roberts, Infamous Drop Dead Was Never Said by Ford[N] . New York Times, 2006-12-28.http://www.nytimes.com/2006/12/28/nyregion/28veto.html?_r=0.

12. 理查德·尼克松 1970 年 1 月 22 日 "国情咨文"（State of the Union Address）演讲.

13. http://www.uli.org/research/centers-initiatives/center-for-capital-markets/emerging-trends-in-real-estate/americas/.

14. http://news.forexlive.com/!/the-massive-us-bubble-that-no-one-talks-about-20121205; http://blog.commercialsource.com/retail-closings-new-numbers-are-on-the-way/.

15. http://www.brookings.edu/research/papers/2010/01/20-poverty-kneebone.

16. https://cepa.stanford.edu/sites/default/files/RussellSageIncomeSegregationreport.pdf.

17. http://www.csmonitor.com/World/Europe/2012/0501/In-France-s-suburban-ghettos-a-struggle-to-be-heard-amid-election-noise-video;http://en.wikipedia.org/wiki/Social_situation_in_the_French_suburbs.

18. http://www.csmonitor.com/World/Europe/2012/0501/In-France-s-suburban-ghettos-a-struggle-to-be-heard-amid-election-noise-video.

19. 同上。

20. http://www.athomenetwork.com/Property_in_Vienna/Expat_life_in_Vienna/Districts_of_Vienna.html.

21. http://www.nytimes.com/2002/10/04/us/2-farm-acres-lost-per-minute-study-says.html.

22. https://www.motherjones.com/files/li_xiubin.pdf.

23. http://io9.com/in-california-rich-people-use-the-most-water-1655202898.

24. http:// people.oregonstate.edu/~muirp/landlim.htm;http://www.citylab.com/work/2012/10/uneven-geography-economic-growth/3067/.

25. http://scienceblogs.com/cortex/2010/03/30/commuting/.

26. https://ideas.repec.org/p/zur/iewwpx/151.html.

27. https://worldstreets.wordpress.com/2011/06/23/newman-and-kenworth-on-peak-car-use/.

28. 2015 年城市交通积分卡（2015 Urban Mobility Scorecard）http://d2dtl5nnlpfr0r.cloudfront.net/tti.tamu.edu/documents/mobility-scorecard-2015.pdf.

29. http://www.brookings.edu/blogs/future-development/posts/2016/02/10-digital-cars-productivity-fengler?utm_campaign=Brookings+Brief&utm_source=hs_email&utm_medium=email&utm_content=26280457&_hsenc=p2ANqtz--94peln9ll-DLQyM4sYN0HX0-ncQ26aIuiwUsrPVoGnavPBBZtNF-oRxqW3vf8RFziZIr3LMpa8e9-_KQMBAqjbWMdBw&_hsmi=26280457.

30. http://www.ssti.us/2014/02/vmt-drops-ninth-year-dots-taking-notice/.

31. http://uli.org/wp-content/uploads/ULI-Documents/ET_US2012.pdf.

32. http://www.treehugger.com/cars/in-copenhagen-bicycles-overtake-cars.html.

33. 同上。

34. http://www.jchs.harvard.edu/sites/jchs.harvard.edu/files/son2008.pdf.

35. Chris Benner，Manuel Pastor. Just Growth: Inclusion and Prosperity in America's Metropolitan Regions [M]. New York：Routledge, 2012.

第 4 章 动态平衡的城市

1. http://envisionutah.org/eu_about_eumission.html.

2. 同上。

3. 同上。

4. 2013 年 6 月 11 日盖瑞森学院的演讲.

5. 彼得·卡尔索普 (Peter Calthorpe) 的评论，2013 年 12 月.

6. http://www.anielski.com/publications/gpi-alberta-reports/.

7. http://www.slate.com/articles/technology/future_tense/2013/03/big_data_excerpt_how_mike_flowers_revolutionized_new_york_s_building_inspections.single.html.

8. http://www.thomaswhite.com/global-perspectives/south-korea-provides-boost-to-green-projects/.

9. http://www.igb.illinois.edu/research-areas/biocomplexity/research.

10. http://www.brookings.edu/research/papers/2016/02/17-why-copenhagen-works-katz-noring?hs_u=jonathanfprose@gmail.com&utm_campaign=Brookings+Brief&utm_source=hs_email&utm_medium=email&utm_content=26459561&_hsenc=p2ANqtz-_xy1AxOwMnwgvdYwg3wghqfm8ROOqgZhUNtvn7.

第 5 章　城市的新陈代谢

1. http://en.wikipedia.org/wiki/Sparrows_Point,_Maryland.
2. Marc V. Levine. A Third-World City in the First World: Social Exclusion, Race Inequality, and Sustainable Development in Baltimore, The Social Sustainability of Cities: Diversity and the Management of Change, edited by Mario Polese and Richard Stern . [M] Toronto: Toronto University Press, 2000.
3. Abel Wolman. The Metabolism of Cities. [J]. Scientific American , 1965, 213(3):90-178.http://www.irows.ucr.edu/cd/courses/10/wolman.pdf.
4. http://www.economist.com/news/christmas-specials/21636507-chinas-insatiable-appetite-pork-symbol-countrys-rise-it-also.
5. http://www.ft.com/intl/cms/s/0/8b24d40a-c064-11e1-982d-00144feabdc0.html#axzz3P5iyrFue.
6. http://www.researchgate.net/publication/266210000_Building_Spatial_Data_Infrastructures_for_Spatial_Planning_in_African_Cities_the_Lagos_Experience.
7. http://www.bloombergview.com/articles/2014-08-22/detroit-and-big-data-take-on-blight.
8. 同上。
9. http://articles.baltimoresun.com/2010-06-30/news/bs-ed-citistat-20100630_1_citistat-innovators-city-trash-and-recycling.
10. http://www.resilience.org/stories/2005-04-01/why-our-food-so-dependent-oil#.
11. Karin Andersson, Thomas Ohlsson, Pär Olsson. Screening Life Cycle Assessment (LCA) of Tomato Ketchup: A Case Study [M]. Göteborg ：VALIDHTML SIK, the Swedish Institute for Food and Biotechnology.
12. http://www.fao.org/docrep/014/mb060e/mb060e00.pdf.
13. https://www.nrdc.org/food/files/wasted-food-ip.pdf.
14. http://www.newyorker.com/reporting/2012/08/13/120813fa_fact_gawande?currentPage=all.
15. http://www.ruaf.org/urban-agriculture-what-and-why.

16. http://www.worldwatch.org/node/6064.
17. http://www.cbsnews.com/news/do-you-know-where-your-food-comes-from/.
18. http://www.usatoday.com/money/industries/retail/story/2012-01-21/food-label-surprises/52680546/1.
19. http://www.theatlantic.com/health/archive/2012/01/the-connection-between-good-nutrition-and-good-cognition/251227/.
20. The Cognition Nutrition: Food for Thought-Eat Your Way to a Better Brain[J]. Economist, 2008/07/17; http://www.economist.com/node/11745528.
21. http://www.cityfarmer.info/2012/06/03/detroit-were-no-1-in-community-gardening/.
22. http://dailyreckoning.com/urban-farming-in-detroit-and-big-cities-back-to-small-towns-and-agriculture/.
23. http://www.grownyc.org/about.
24. http://www.usatoday.com/money/industries/energy/2011-05-01-cnbc-us-squanders-energy-in-food-chain_n.htm.
25. http://www.veolia-environmentalser vices.com/veolia/ressources/files/1/927,753, Abstract_2009_GB-1.pdf.
26. http://waste-management-world.com/a/global-municipal-solid-waste-to-double-by.
27. http://www.epa.gov/smm/advancing-sustainable-materials-management-facts-and-figures; http://detroit1701.org/Detroit%20Incinerator.html.
28. 来自艾伦·赫希科维兹（Allen Hershkowitz）博士2012年8月21日的邮件。
29. Sven Eberlein. Where No City Has Gone Before: San Fransisco Will Be the World's First Zero Waste Town by 2020[M]. AlterNet.
30. https://recyclingchronicles.wordpress.com/2012/07/19/conditioned-to-waste-hardwired-to-habit-2/.
31. http://www.seattle.gov/council/bagshaw/attachments/compost%20requirement%20QA.pdf.
32. Nickolas J. Themelis. Waste Managment World: Global Bright Lights[M].www.waste-management-world/a/global-bright-lights.
33. http://www.greatrecovery.org.uk, http://www.theguardian.com/sustainable-business/design-recovery-creating-products-waste.
34. Waste Managment World: Global Bright Lights[M].2010:43.http://www.waste.nl/sites/waste.nl/files/product/files/swm_in_world_cities_2010.pdf.

35. http://phys.org/news/2014-02-lagos-bike-recycling-loyalty-scheme.html.

36. 同上。

37. 艾伦·麦卡锡基金会（Ellen McCarthy Foundation）于 2012 年发布的《循环经济论》报告。

38. 同上。

39. 建设中国生态文明——基于实践的方法论。http://www.davidpublisher.org/Public/uploads/Contribute/5658259511d47.pdf.

40. https://www.yumpu.com/en/document/view/19151521/guo-qimin-circular-economy-development-in-china-europe-china-/63.

41. http://europa.eu/rapid/press-release_MEMO-12-989_en.htm.

42. http://www.circle-economy.com/news/how-amsterdam-goes-circular/.

第 6 章　浪费水可耻

1. Simon Romero. Taps Run Dry in Brazil's Largest City[J]. New York Times, 2015/02/17:A4.

2. http://learning.blogs.nytimes.com/2008/04/16/life-in-the-time-of-cholera/?_r=0.

3. Doug Saunders. Arrival City: The Final Migration and Our Next World [M]. New York：Vintage, 2011:136.

4. http://mygeologypage.ucdavis.edu/cowen/~gel115/115CH16fertilizer.html.

5. http://www.ph.ucla.edu/epi/snow/indexcase.html.

6. http://www.ph.ucla.edu/epi/snow/snowgreatestdoc.html.

7. http://bluelivingideas.com/2010/04/12/birth-control-pill-threatens-fish-reproduction/.

8. http://sewerhistory.org/articles/whregion/urban_wwm_mgmt/urban_wwm_mgmt.pdf.

9. http://web.extension.illinois.edu/ethanol/wateruse.cfm.

10. http://www.nytimes.com/2002/11/03/us/parched-santa-fe-makes-rare-demand-on-builders.html?pagewanted=all&src=pm.

11. http://www.cityofnorthlasvegas.com/departments/utilities/TopicWaterConservation.shtm.

12. http://www.nyc.gov/html/dep/html/drinking_water/droughthist.shtml.

13. 同上。

14. Urban World: Cities and the Rise of the Consuming Class [M]. Mckinsey Global Institute, 2012:8.

15. http://www.impatientoptimists.org/Posts/2012/08/Inventing-a-Toilet-for-the-21st-Century.

16. http://www.lselectric.com/wordpress/the-top-10-biggest-wastewater-treatment-plants/.

17. http://www.sciencemag.org/content/337/6095/674.full?sid=fd5c8045-4dee-43e5-a620-ca6faba728dc.

18. Magdalena Mis. Sludge Can Help China Curb Emissions and Power Cities, Think Tank Says [J]. Reuter, 2016-04-08.

19. http://www.wateronline.com/doc/shortcut-nitrogen-removal-the-next-big-thing-in-wastewater-0001.

20. Petrus L. Du Pisan, Water Efficiency I: Cities Surviving in an Arid Land—Direct Reclamation of Potable Water at Windhoek's Goreangab Reclamation Plant[J]. Arid Lands Newsletter no. 56, 2004/11~2014/12.

21. http://greencape.co.za/assets/Sector-files/water/IWA-Water-Reuse-Conference-Windhoek-2013.pdf.

22. http://www.sciencemag.org/content/337/6095/679.full?sid=349ace41-4490-4f6c-b5bf-4e68a7eb054fan.

23. 同上。

24. http://www.pub.gov.sg/water/Pages/default.aspx.

25. http://www.infrastructurereportcard.org.

第三部分 韧 性

1. C. S. Holling. Resilience and Stability of Ecological Systems[J]. Annual Review of Ecology and Systematics, 1973,4:1-23.

2. http://www.newyorker.com/magazine/2015/12/21/the-siege-of-miami.

第 7 章 自然基础设施

1. Edward O. Wilson. Biophilia[M]. Cambridge, MA: Harvard University Press, 1984.

2. https://mdc.mo.gov/sites/default/files/resources/2012/10/ulrich.pdf.

3. http://www.healinglandscapes.org.

4. Richard Louv. Last Child in the Woods: Saving Our Children from Nature-Deficit Disorder[M]. Chapel Hill, NC: Algonquin Books, 2005.

5. http://www.jad-journal.com/article/S0165-0327(12)00200-5/abstract.

6. http://ahta.org.

7. Irving Finkel. The Hanging Gardens of Babylon in The Seven Wonders of the Ancient World, .New York：Routledge, 1988:45-46.

8. C.J. Hughes. In the Bronx, Little Houses That Evoke Puerto Rico[J]. New York Times, 2009-02-22.

9. http://www.communitygarden.org/learn/faq.

10. Peter Harnik, Ben Weller. Measuring the Economic Value of a City Park System [J]. Trust for Public Land, 2009.

11. Active Living by Design. New Public Health Paradigm: Promoting Health Through Community Design, 2002.

12. http://www.hsph.harvard.edu/obesity-prevention-source/obesity-consequences/economic/.

13. Sarah Goodyear. What's Making China Fat [J]. Atlantic Cities, 2012-06-22.

14. Sarah Laskow, How Trees Can Make City People Happier (and Vice Versa)[J]. Next City, 2015/02/03.

15. http://www.coolcommunities.org/urban_shade_trees.htm.

16. Sandi Doughton, Toxic Road Runoff Kills Adult Coho Salmon in Hours, Study Finds[N]. *Seattle Times*, , 2015/10/08.

17. http://www.governing.com/topics/energy-env/proposed-storm water-plan- 费城 -emphasizes-green-infrastructure.html.

18. John Vidal. How a River Helped Seoul Reclaim Its Heart and Soul [N] . Mail & Guardian, 2007-01-05.

19. 同上。

20. 同上。

21. http://www.terrapass.com/society/seouls-river/.

22. 同上。

23. 2007 年 3 月 28 日库里蒂巴城市生物多样性会议。

24. 新加坡城市生物多样性指数（Singapore Index on City Biodiversity）。https://www.cbd.int/doc/meetings/city/subws-2014-01/other/subws-2014-01-singapore-index-manual-en.pdf.

25. http://www.moe.gov.sg/media/news/2012/11/singapore-ranked-fifth-in-glob.php; http://www.timeshighereducation.co.uk/world-university-rankings/2013-14/world-ranking.

26. http://www.nytimes.com/2011/07/29/business/global/an-urban-jungle-for-the-21st-century.html?_r=0.

27. https://www.cbd.int/authorities/doc/CBS-declaration/Aichi-Nagoya-Declaration-CBS-en.pdf.

28. TEEB. The Economics of Ecosystems and Biodiversity for Water and Wetlands.

29. http://www.pwconserve.org/issues/watersh 主编 /newyorkcity/index.html.

30. https://www.billionoysterproject.org/about/.

31. http://www.rebuildbydesign.org .

第 8 章　绿色建筑，绿色城市化

1. E. F. Schumacher. Small Is Beautiful[M]. New York：HarperPerennial , 2010.http://www.centerforneweconomics.org/content/small-beautiful-quotes.

2. http://www.eia.gov/tools/faqs/faq.cfm?id=86&t=1/.

3. Richard W. Caperton, Ad am James, Matt Kasper. FederalWeatherization Program a Winner on All Counts[R] . Center for American Progress 心 , 2012-09-28.

4. http://thinkprogress.org/climate/2011/09/19/321954/home-weatherization-grows-1000-under-stimulus-funding/.

5. http://fortune.com/2015/01/16/solar-jobs-report-2014/.

6. http://citizensclimatelobby.org/laser-talks/jobs-fossil-fuels-vs-renewables/.

7. http://www3.weforum.org/docs/WEF_GreenInvestment_Report_2013.pdf.

8. http://www.usgbc.org/articles/green-building-facts.

9. 设计团队包括理查德·达特纳（Richard Dattner），比尔施泰因（Bill Stein），史蒂芬·弗兰克尔（Steven Frankel），亚当·沃特逊（Adam Watson），Venesa Alicea; from - 格雷姆肖（Grimshaw），文森特·常（Vincent Chang），尼古拉斯·丹多·汉尼升（Nikolas Dando-Haenisch），罗伯特·加尔诺（Robert Garneau），弗吉尼亚·利特尔（Virginia Little），埃里克·约翰逊（Eric Johnson）。

10. http://www.buildinggreen.com/auth/pdf/EBN_15-5.pdf.

11. http://www.gallup.com/poll/158417/poverty-comes-depression-illness.aspx.

12. http://living-future.org/living-building-challenge-21-standard.

13. http://energy.gov/sites/prod/files/2013/08/f2/Grid%20Resiliency%20Report_FINAL.pdf.

14. Robert Galvin, Kurt Yeager, Jay Stuller. Perfect Power: How the Micogrid

Revolution Will Release Cleaner, Greener, and More Abundant Energy)[M]. New York: McGraw-Hill, 2009:4.

15. Efficiency in Electrical Generation [R] . Working Group's "Upstream" subgroup in collaboration with VBG, 2003.

16. http://www.eia.gov/cfapps/ipdbproject/iedindex3.cfm?tid=90&pid=44&aid=8.

第 9 章　打造机会社区

1. 《推行联邦政策，支持整体规划与发展》（"Building Communities of Opportunity: Supporting Integrated Planning and Development through Federal Policy"）报告是 PolicyLink 于 2009 年 9 月 18 日就白宫城市事务部去往科罗拉多州丹佛市区一事所做的宣讲。

2. Community Development 2020: Creating Opportunity for All[C] . Enterprise Community Partners, 2012. http://www.washingtonpost.com/local/seven-of-nations-10-most-affluent-counties-are-in-washington-region/2012/09/19/f580bf30-028b-11e2-8102-ebee9c66e190_story.html.

3. Eric Klinenberg. Dead Heat: Why Don't Americans Sweat over Heat-WaveDeaths? [J] Slate.com, 2002-07-30.

4. Adaptation: How Can Cities Be Climate Proofed?) [J]. New Yorker, 2013、01、07. http://archives.newyorker.com/?i=2013-01-07#folio=032.

5. Eric Klinenberg. Heat Wave: A Social Autopsy of Disaster in Chicago)[M]. Chicago: University of Chicago Press, 2002.

6. Adaptation: How Can Cities Be Climate Proofed?

7. http://en.wikipedia.org/wiki/2003_European_heat_wave.

8. http://www.communicationcache.com/uploads/1/0/8/8/10887248/note_on_the_drawing_power_of_crowds_of_different_size.pdf.

9. D. W. Haslam, W. P. James. Obesity[J]. Lancet, 366 (9492): 1197–209; DOI:10.1016/S0140-6736(05)67483-1. PMID 16198769.

10. http://www.huffingtonpost.com/2012/04/30/obesity-costs-dollars-cents_n_1463763.html.

11. http://ucsdnews.ucsd.edu/archive/newsrel/soc/07-07ObesityIK-asp.

12. Nicholas A. Christakis, James H. Fowler. Connected: The Surprising Power of Our Social Networks and How They Shape Our Lives) [M]. New York: Little, Brown, 2009:131.

13. Mark Granovetter. The Strength of Weak Ties [J]. *American Journal of Sociology*, 1973, 78(6): 1360–80.https://sociology.stanford.edu/sites/default/files/publications/the_strength_of_weak_ties_and_exch_w-gans.pdf.

14. 同上。

15. 同上。

16. http://www.wttw.com/main.taf?p=1,7,1,1,41.

17. 法兰西斯·福山（Francis Fukuyama）. 信任：社会美德与创造经济繁荣（Trust: The Social Virtues and the Creation of Prosperity）[M]. New York：Free Press, 1995.

18. Eric Beinhocker. The Origin of Wealth: Evolution, Complexity, and the Radical Remaking of Economics[M]. Boston: Harvard Business School, 2006：307

19. Trust Matters, John Gottman. http://edge.org/response-detail/26601.

20. E. Fischbacher, U. Fischbacher.Altruists with Green Beards,Analyse & Kritik 2, 2005.

21. http://www.uvm.edu/~dguber/POLS293/articles/putnam1.pdf.

22. Peter Hedström. Actions and Networks— Sociology That Really Matters . . . to Me[J]. Sociologica, 2007.

23. Robert J. Sampson. Great American City: Chicago and the Enduring Neighborhood Effect[M]. Chicago：University of Chicago Press, 2012.
http://www.positivedeviance.org/about_pd/Monique%20VIET%20NAM%20CHAPTER%20Oct%2017.pdf.

24. 同上。

25. Terrance Hill, Catherine Ross, Ronald Angel. Neighborhood Disorder,Psychological Distress and Health[J]. Journal of Health and Social Behavior 46(2005), pp.170–86.

26. https://www.ptsdforum.org/c/gallery/-pdf/1-48.pdf.

27. Perceived Neighborhood Disorder, Community Cohesion, and PTSD Symptoms among Low Income African Americans in Urban Health Setting[J]. American Journal of Orthopsychiatry 81, no. 1 (2011): 31–33.

28. http://infed.org/mobi/robert-putnam-social-capital-and-civic-community/.

29. David D. Halpern. The Hidden Wealth of Nations[M]. Cambridge: Polity Press, 2010.

30. Michael Woolcock. The Place of Social Capital in Understanding Social and Economic Outcomes. http://www.oecd.org/innovation/research/1824913.pdf.

31. Sean Safford. Why the Garden Club Couldn't Save Youngstown: Civic Infrastructure and Mobilization in Economic Crisis [M]. MIT Industrial Performance Center Working Series, 2004.

32. http://blogs.birminghamview.com/blog/2011/05/16/the-picture-that-changed-birmingham/.

第 10 章　机会社区的认知生态学

1. Jonathan Woetzel, Sangeeth Ram, Jan Mischke, Nicklas Garemo, and Shirish Sankhe. A Blueprint for Addressing the Global Affordable Housing Challenge [R] . McKinsey Global Institute (MGI) report，2014/10.

2. http://www.jchs.harvard.edu/sites/jchs.harvard.edu/files/sonhr14-color-ch1.pdf.

3. http://www.nfcc.org/newsroom/newsreleases/floi_july2011results_final.cfm.

4. http://www.jchs.harvard.edu/sites/jchs.harvard.edu/files/americasrentalhousing-2011-bw.pdf.

5. http://sf.curbed.com/archives/2015/05/22/san_franciscos_median_rent_climbs_to_a_whopping_4225.php.

6. John Bowlby, Secure Base. Parent-Child Attachment and Healthy Human Development)[M]. New York：Basic Books，1988：11

7. Dane Archer, Rosemary Gartner. Violent Acts and Violent Times: A Comparative Approach to Postwar Homicide Rates[M]. *American Sociology Review* 4 (1976): 937–63.

8. Stephanie Booth-Kewley. Factors Associated with Anti Social Behavior in Combat Veterans)[J] *Aggressive Behavior*, 2010, 36: 330–37; http://www.dtic.mil/dtic/tr/fulltext/u2/a573599.pdf.

9. David Finkelhor, Anne Shattuck, Heather Turner, Sherry Hamby.Improving the Adverse Childhood Study Scale[J].JAMA Pediatrics 167, no. 1(2012-11-26): 70–75.

10. http://acestudy.org/yahoo_site_admin/assets/docs/ARV1N1.127150541.pdf.

11. Nadine Burke Harris, "Powerpoint: Toxic Stress—Changing the Paradigm of Clinical Practice," Center for Youth Wellness, May 13, 2014, presented at the Pickower Center, MIT.

12. http://www.pbs.org/wgbh/nova/next/body/epigenetics-abuse/.

13. http://centerforeducation.rice.edu/slc/LS/30MillionWordGap.html.

14. http://www.human.cornell.edu/hd/outreach-extension/upload/evans.pdf.WellTem-

peredCity_9780062234728_final_0708_MLB.indd 416 7/8/16 11:35 AM

15. Evictions Soar in a Hot Market, Renters Suffer[J].New York Times, 2014/09/03.

16. http://www.washingtonpost.com/local/freddie-grays-life-a-study-in-the-sad-effects-of-lead-paint-on-poor-blacks/2015/04/29/0be898e6-eea8-11e4-8abc-d6aa3bad79dd_story.html.

17. http://www.theatlantic.com/health/archive/2014/03/the-toxins-that-threaten-our-brains/284466/.

18. 同上。

19. Patrick Reed, Maya Brennan.How Housing Matters: Using Housing to Stabilize Families and Strengthen Classrooms, 华盛顿州塔科马麦卡佛小学特殊住房项目 2014 年 10 月的一则简介。

20. http://denversroadhome.org/files/FinalDHFCCostStudy_1.pdf.

21. An Investment in Opportunity—A Bold New Vision for Housing Policy in the U.S.. Enterprise Community Partners, February 2016, https://s3.amazonaws.com/KSPProd/ERC_Upload/0100943.pdf.

22. http://usa.streetsblog.org/2013/09/11/study-kids-who-live-in-walkable-neighborhoods-get-more-exercise/.

23. http://www.nyc.gov/html/doh/downloads/pdf/epi/databrief42.pdf.

24. http://www.investigatinghealthyminds.org/ScientificPublications/2013/.RosenkranzComparisonBrain,Behavior,AndImmunity.pdf.

25. http://www.investigatinghealthyminds.org/ScientificPublications/2012/DavidsonContemplativeChildDevelopmentPerspectives.pdf.

26. http://www.cdc.gov/violenceprevention/childmaltreatment/economiccost.html. http://wagner.nyu.edu/trasande.

第 11 章 富裕、平等和幸福

1. http://www.gutenberg.ca/ebooks/keynes-essaysinpersuasion/keynes-essaysinpersuasion-00-h.html.

2. http://www.pewresearch.org/fact-tank/2015/01/21/inequality-is-at-top-of-the-agenda-as-global-elites-gather-in-davos/.

3. http://www.ritholtz.com/blog/2010/08/history-of-world-gdp/.

4. http://www.unicef-irc.org/publications/pdf/rc11_eng.pdf.

5. David Satterthwaite. The Scale of Urban Change Worldwide 1950–2000 and Its

Underpinnings[M]. International Institute for Environment and Development, 2005.

6. http://www-bcf.usc.edu/~easterl/papers/Happiness.pdf. •

7. http://www.citylab.com/work/2015/06/why-groceries-cost-less-in-bigcities/394904/?
utm_source=nl_daily_link3_060515.

8. http://gmj.gallup.com/content/150671/happiness-is-love-and-75k.aspx.

9. http://www.sciencemag.org/content/306/5702/1776.full.

10. http://www.ncbi.nlm.nih.gov/pmc/articles/PMC1351254/.

11. http://www.gfmag.com/gdp-data-country-reports/158-tunisia-gdp-country-report.
html#axzz2YBUSAgM0.

12. http://www.gfmag.com/gdp-data-country-reports/280-egypt-gdp-country-report.
html#axzz2YBUSAgM0.

13. http://www.gallup.com/poll/145883/Egyptians-Tunisians-Wellbeing-Plummets-
Despite-GDP-Gains.aspx.

14. http://www.time.com/time/magazine/article/0,9171,2044723,00.html.

15. Doug Saunders. *Arrival City: How the Largest Migration in History Is Reshaping Our World* [M].New York：Vintage，2012:328-32

16. Simon Kuznets. 1934 年第 73 届美国国会第二期参议员文件第 124 卷 pp.5–7.

17. http://www.brookings.edu/research/articles/2010/01/03-happiness-graham.

18. Carol Graham. The Pursuit of Happiness in the U.S.: Inequality in Agency, Optimism, and Life Chances）[M]. Washington, DC: Brookings Institution Press，2011.

19. http://www.brookings.edu/blogs/social-mobility-memos/posts/2016/02/10-rich-
have-better-stress-than-poor-graham.

20. http://www.pewglobal.org/2014/10/09/emerging-and-developing-economies-much-
more-optimistic-than-rich-countries-about-the-future/.

21. http://www.un.org/News/briefings/docs/2005/kotharibrf050511.doc.htm.

22. Danielle Kurtleblen. Large Cities Have Greater Income Inequality）[J]. *U.S. News and World Report*, 2011/04/29.

23. http://www.theguardian.com/world/2014/jul/28/china-more-unequal-richer.

24. UN-Habitat,*State of the World*'s *Cities 2008–2009: Harmonious Cities*, [M]. Nairobi: UN-Habitat, 2008，2008.

25. http://www.citylab.com/work/2011/09/25-most-economically-powerful-cities-
world/109/#slide17.

26. http://blog.euromonitor.com /2013/03/the-worlds-largest-cities-are-the-most-

unequal.html.

27. （Life Expectancy by Tube Station）[J]. T*elegraph*. http://www.telegraph.co.uk/ news/health/news/9413096/Life-expectancy-by-tube-station-new-interactive-map-shows-inequality-in-the-capital.html.

28. http://www.nytimes.com/interactive/2015/05/03/upshot/the-best-and-worst-places-to-grow-up-how-your-area-compares.html?abt=0002&abg=1.

29. http://www.eiu.com/Handlers/WhitepaperHandler.ashx?fi=Healthcare-outcomes-index-2014.pdf&mode=wp&campaignid=Healthoutcome2014.

30. Elizabeth H. Bradley, Lauren A. Taylor. The American Health Care Paradox: Why Spending More Is Getting Us Less [M]. New York：PublicAffairs,2013:181–86.

31. 由 Benaabdelaali Wail, Hanchane Said, Kamal Abdelhak 所著的《不平等、流动性与隔阂：雅克·西柏尔纪念论文》（*Inequality, Mobility and Segregation: Essays in Honor of Jacques Silber*）中篇目 "1950 年至 2010 年世界教育不平等估量"（"Educational Inequality in the World, 1950–2010: Estimates from a New Dataset"）。John A. Bishop, Rafael Salas.Research on Economic Inequality 20，pp. 337–66. Bingley, UK: Emerald Group Publishing，2012.

32. Assuring the Quality of Achievement Standards in H.E.: Educating Capable Graduates Not Just for Today but for Tomorrow）[R] . Emeritus Professor Geoff Scott, University of Western Sydney, November 14, 2014.

33. Alana Semuels. City That Believed in Desegregation, Atlantic City Blo, 2015/03/27.

34. Manuel Pastor, Chris Brenner. Weak Market Cities and Regional Equity, Re-Tooling for Growth: Building a 21st Century Economy inAmerica's Older Industrial Areas, New York：American Assembly，2008：113.

35. World Happiness Report. Columbia University, 2015/04/24.

36. 经济发展与社会进步测定委员会主席哥伦比亚大学约瑟夫·斯蒂格利茨教授，主席顾问哈佛大学阿玛蒂亚·森教授，让·保罗·费托西（Jean Paul Fitoussi）教授，委员会调度员 IEP, 2011, p. 45。

37. 我们采用美国商务部经济分析局 2011 年人均 GDP 数据来衡量都市地区的繁荣程度，采用 2011 年盖洛普幸福指数投票数据来衡量都市地区的幸福指数。盖洛普健康生活方法论包含六大领域的调查数据：寿命评估、情绪健康、生理健康、健康行为、工作环境及基本普及指数。"盖洛普健康之路"将这些领域的调查结果结合起来构建每个都市地区的总幸福指数。

38. 繁荣、幸福、平等模型详见 http://www.rosecompanies.com/Prosperity_wellbeing_

Zscore.pdf。

39. 快速公交系统（BRT）效仿了列车的运营方式，该系统中公车行驶于专用道路，在公车站停靠，拥有宽敞的公车门，载客、卸客方便快捷。然而因为BRT只是一条隔离出来的专属路面车道，其建设和运营成本比地铁轨道更低，也更灵活。

40. Jaime Lerner. Urban Acupuncture[M]. Washington, DC: Island Press，2014.

第 12 章　纠缠

1. Kenneth Burke. Permanence and Change [M]., 1935; 19843rd ed.), p.10.https://books.google.com/books?id=E4_BU8v2TPUC&pg=PA10&lpg=PA10&dq= "people+may+be+unfitted+by+being+fit+in+an+unfit+fitness&source=bl&ots=cow7nmf4ie&sig=fJJxTxML25m41GQ_kWlgHSR-_0&hl=en&sa=X&ved=0CD4Q6AEwCWoVChMIpc_e9d6ZxwIVzDw-Ch1s0A-z#v=onepage&q= "people%20may%20be%20unfitted%20by%20being%20fit%20in%20an%20unfit%20fitness&f=false.

2. Donella H. Meadow, Diana Wright. Thinking in Systems: A Primer [M]. White River Junction, VT: Chelsea Green Publishing, 2008.

3. Jean Pierre P. Changeaux, Antonio Damasio, Wolf Singer. The Neurobiology of Human Values [M]. Berlin and Heidelberg: Springer-Verlag, 2005.

4. James R. Gaines. Evening in the Palace of Reason: Bach Meets Frederick the Great in the Age of Enlightenment.New York：HarperPerennial, 2006.

5. Nicholas Shrady. The Last Day: Wrath, Ruin, and Reason in the Great Lisbon Earthquake of 1755[M]. New York：Penguin, 2008:152-55.

6. Rebecca Solnit. A Paradise Built in Hell [M]. New York：Penguin，2009：86.

7. http://www.ssireview.org/articles/entry/collective_impact.

8. 马丁·路德·金于 8 月 16 日在美国乔治亚州亚特兰大第十一届南方基督教领袖大会上发表的年度报告"我们将向何方"（"Where Do We Go from Here"）。

9. Edward O. Wilson. Biophilia[M]. Cambridge, MA: Harvard University Press, 1984：85.

10. Thomas Jay Oord. The Love Racket: Defining Love and Agape for the Love-and-Science Research Program[J]. Zygon, 2005, 40(4).

11. Christopher Alexander. The Nature of Order 4[M]. Berkeley, CA: Center for Environmental Structure, 2002, 2002：262-70.

参考文献

Akerlof, George A., and Robert J. Shiller. *Animal Spirits: How Human Psychology Drives the Economy, and Why It Matters for Global Capitalism*. Princeton,NJ:Princeton University Press, 2009.

Alexander, Christopher. *The Nature of Order: An Essay on the Art of Building and the Nature of the Universe*. Vol. 1, *The Phenomenon of Life.* Berkeley, CA: Center for Environmental Structure, 2002.

The Nature of Order: An Essay on the Art of Building and the Nature of the Universe. Vol. 2, *The Process of Creating Life.* Berkeley, CA: Center for Environmental Structure, 2002.

The Nature of Order: An Essay on the Art of Building and the Nature of the Universe. Vol. 3, *A Vision of a Living World.* Berkeley, CA: Center for Environmental Structure, 2002.

The Nature of Order: An Essay on the Art of Building and the Nature of the Universe. Vol. 4, *The Luminous Ground.* Berkeley, CA: Center for Environmental Structure, 2002.

The Timeless Way of Building. New York: Oxford University Press, 1979.

Alexander, Christopher, Sara Ishikawa, Murray Silverstein, Max Jacobson, Ingrid Fiksdahl-King, and Shlomo Angel. *A Pattern Language: Towns, Buildings, Construction.* New York: Oxford University Press, 1977.

Amiet, Pierre. *Art of the Ancient Near East.* Ed. Naomi Noble Richard. New York:Harry N. Abrams, 1980.

Anderson, Ray C. *Mid-Course Correction: Toward a Sustainable Enterprise: The*

Interface Model. White River Junction, VT: Chelsea Green Publishing, 1998.

Architecture for Humanity and Kate Stohr. *Design Like You Give a Damn: Architectural Responses to Humanitarian Crises*. New York: Metropolis Press, 2006.

Arendt, Randall, Elizabeth A. Brabec, Harry L. Dodson, Christine Reid, and Robert D. Yaro. *Rural by Design: Maintaining Small Town Character*. Chicago: Planners,American Planning Association, 1994.

Ariely, Dan. *Predictably Irrational: The Hidden Forces That Shape Our Decisions*. New York: Harper, 2009.

Arthur, W. Brian. *The Nature of Technology: What It Is and How It Evolves*. New York:Free Press, 2009.

Aruz, Joan, and Ronald Wallenfels. *Art of the First Cities: The Third Millennium B.C.from the Mediterranean to the Indus*. New York: Metropolitan Museum of Art,2003.

Babbitt, Bruce E. *Cities in the Wilderness: A New Vision of Land Use in America*. Washington,DC: Island/Shearwater, 2005.

Ball, Philip. *The Self-Made Tapestry: Pattern Formation in Nature*. Oxford, UK: Oxford University Press, 1999.

Barabási, Albert-László.*Linked: How Everything Is Connected to Everything Else and What It Means for Business, Science, and Everyday Life*. New York: Plume Books,2003.

Barber, Benjamin. *Consumed*. W. W. Norton, 2007.

Barber, Dan. *The Third Plate: Field Notes on the Future of Food*. New York: Penguin,2014.

If Mayors Ruled the World. New Haven, CT: Yale University Press, 2013.

Barnett, Jonathan. *The Fractured Metropolis: Improving the New City, Restoring the Old City, Reshaping the Region*. New York: HarperCollins, 1995.

Bateson, Gregory. *Steps to an Ecology of Mind*. Chicago: University of Chicago Press, 1972.

Batty, Michael, and Paul Longley. *Fractal Cities: A Geometry of Form and Function*. London: Academy Editions, 1994.

Batuman, Elif. "The Sanctuary: The World's Oldest Temple and the Dawn of Civilization."*New Yorker*, December 19 and 26, 2011.

Beard, Mary. *The Fires of Vesuvius: Pompeii Lost and Found*. Cambridge, MA: Belknap

Press of Harvard University Press, 2008.

Beatley, Timothy. *Green Urbanism: Learning from European Cities*. Washington, DC:Island, 2000.

Beatley, Timothy, and E. O. Wilson. *Biophilic Cities: Integrating Nature into Urban Design and Planning*. Washington, DC: Island Press, 2011.

Beinhocker, Eric D. *The Origin of Wealth: Evolution, Complexity, and the Radical Remaking of Economics*. Boston: Harvard Business School, 2006.

Bell, Bryan. *Good Deeds, Good Design: Community Service through Architecture*. New York: Princeton

Architectural Press, 2004.

Bell, Bryan, and Katie Wakeford. *Expanding Architecture: Design as Activism*. New York: Metropolis Press, 2008.

Benfield, F. Kaid. *People Habitat: 25 Ways to Think about Greener, Healthier Cities*. Washington, DC: Island Press, 2014.

Benner, Chris, and Manuel Pastor. *Just Growth: Inclusion and Prosperity in America's Metropolitan Regions*. London: Routledge, 2012.

Benyus, Janine M. *Biomimicry: Innovation Inspired by Nature*. New York: Quill, 1997.

Berube, Alan. *State of Metropolitan America: On the Front Lines of Demographic Transformation*.

Washington, DC: Brookings Institution Metropolitan Policy Program,2010.

Bipartisan Policy Center. *Housing America's Future: New Directions for National Policy Executive Summary*. Washington, DC: Bipartisan Policy Center, February 2013.

Bleibtreu, John N. *The Parable of the Beast*. Toronto: Macmillan, 1968.

Blum, Harold F. *Time's Arrow and Evolution*. 3rd ed. Princeton,NJ: Princeton University Press, 1968.

Bohr, Niels. *Essays 1958–1962 on Atomic Physics and Human Knowledge*. New York: Vintage Books, 1963.

Botsman, Rachel, and Roo Rogers. *What's Mine Is Yours: The Rise of Collaborative Consumption*. New York: Harper Business, 2010.

Botton, Alain de. *The Architecture of Happiness*. New York: Pantheon Books, 2006.

Brand, Stewart. *The Clock of the Long Now: Time and Responsibility*. New York: Basic Books, 1999.

How Buildings Learn: What Happens after They're Built. New York: Penguin,1994.

The Millennium Whole Earth Catalog: Access to Tools and Ideas for the Twenty-first Century. San Francisco: Harper San Francisco, 1994.

Whole Earth Discipline: An Ecopragmatist Manifesto. New York: Viking, 2009.

Whole Earth Ecology: The Best of Environmental Tools and Ideas. Ed. J. Baldwin.New York: Harmony Books, 1990.

Briggs, Xavier De Souza, Susan J. Popkin, and John M. Goering. *Moving to Opportunity: The Story of an American Experiment to Fight Ghetto Poverty*. New York: Oxford University Press, 2010.

Brockman, John. *The New Humanists: Science at the Edge*. New York: Barnes & Noble,2003.

This Explains Everything: Deep, Beautiful, and Elegant Theories of How the World Works. New York: HarperPerennial, 2013.

Bronowski, J. *The Ascent of Man*. Boston: Little, Brown, 1973.

Broome, Steve, Alasdair Jones, and Jonathan Rowson. How Social Networks Power and Sustain Big Society. *Connected Communities*, September 2010.

Broome, Steve, Gaia Marcus, and Thomas Neumark. Power Lines. *Connected Communities*, May 2011.

Burdett, Ricky, and Deyan Sudjic. *The Endless City: The Urban Age Project*. London:Phaidon, 2007.

Burney, David, Thomas Farley, Janette Sadik-Khan,and Amanda Burden. *Active Design Guidelines: Promoting Physical Activity and Health in Design*. New York: New York City Department of Design and Construction, 2010.

Burrows, Edwin G., and Mike Wallace. *Gotham: A History of New York City to 1898*. New York: Oxford University Press, 1999.

Calthorpe, Peter. *The Next American Metropolis: Ecology, Community, and the American Dream*. New York: Princeton Architectural Press, 1993.

Urbanism in the Age of Climate Change, Washington, DC: Island Press, 2010.

Calthorpe, Peter, and William Fulton. *The Regional City: Planning for the End of Sprawl*. Washington, DC: Island Press, 2001.

Campbell, Frances, Gabriella Conti, James J. Heckman, Seong Hyeok Moon, Rodrigo Pinto, Elizabeth Pungello, and Yi Pan. "Early Childhood Investments Substantially Boost Adult Health." *Science*, March 28, 2014.

Campbell, Tim. *Beyond Smart Cities: How Cities Network, Learn and Innovate*. New York: Earthscan, 2012.

Capra, Fritjof. *The Web of Life: A New Scientific Understanding of Living Systems*. New York: Anchor Books, 1996.

Carey, Kathleen, Gayle Berens, and Thomas Eitler. "After Sandy: Advancing Strategies for Long-Term Resilience and Adaptability." *Urban Land Institute* (2013):2–56.

Caro, Robert A. *The Power Broker: Robert Moses and the Fall of New York*. New York: Vintage Books, 1975.

Carter, Brian, ed. *Building Culture*. Buffalo: Buffalo Books, 2006.

Castells, Manuel. *The Rise of the Network Society*. Malden, MA: Wiley-Blackwell,1996.

Chaliand, Gerard, and Jean-Pierre Rageau. *The Penguin Atlas of Diasporas*. New York: Penguin, 1995.

Chang, Amos I. T. *The Existence of Intangible Content in Architectonic Form Based upon the Practicality of Laotzu's Philosophy*. Princeton, NJ: Princeton University Press, 1956.

Changeux, Jean-Pierre, A. R. Damasio, W. Singer, and Y. Christen. *Neurobiology of Human Values*. Berlin: Springer-Verlag,2005.

Chermayeff, Serge, and Christopher Alexander. *Community and Privacy: Toward a New Architecture of Humanism*. Garden City, NY: Doubleday, 1963.

Chivian, Eric, and Aaron Bernstein. *Sustaining Life: How Human Health Depends on Biodiversity*. Oxford, UK: Oxford University Press, 2008.

Christakis, Nicholas A., and James H. Fowler. *Connected: The Surprising Power of Our Social Networks and How They Shape Our Lives*. New York: Little, Brown, 2009.

Christiansen, Jen. "The Decline of Cheap Energy." *Scientific American*, April 2013.

Cisneros, Henry. *Interwoven Destinies: Cities and the Nation*. New York: W. W. Norton,1993.

Cisneros, Henry, and Lora Engdahl. *From Despair to Hope: HOPE VI and the New Promise of Public Housing in America's Cities*. Washington, DC: Brookings Institution, 2009.

The City in 2050: Creating Blueprints for Change. Washington, DC: Urban Land Institute, 2008.

Ciulla, Joanne B. *The Working Life: The Promise and Betrayal of Modern Work*. New York: Crown Business, 2000.

Clapp, James A. *The City: A Dictionary of Quotable Thoughts on Cities and Urban Life.* New Brunswick, NJ: Center for Urban Policy Research, 1984.

Clarke, Rory, Sandra Wilson, Brian Keeley, Patrick Love, and Ricardo Tejada,eds. *OECD Yearbook 2014: Resilient Economies, Inclusive Societies.* N.p.: OECD, 2015.

Climatewire. "How the Dutch Make 'Room for the River' by Redesigning Cities."*Scientific American,* January 20, 2012.

Costanza, Robert, et al. "Quality of Life: An Approach Integrating Opportunities,Human Needs and Subjective Well Being." *Ecological Economics* 61 (2007).

Costanza, Robert, A. J. McMichael, and D. J. Rapport. "Assessing Ecosystem Health."*Tree* 13, no. 10 (October 1988).

Cowan, James. *A Mapmaker's Dream: The Meditations of Fra Mauro, Cartographer to the Court of Venice.* Boston: Shambhala, 1996.

Cuddihy, John, Joshua Engel-Yan,and Christopher Kennedy. "The Changing Metabolism of Cities." *MIT Press Journals* 11, no. 2 (2007).

Cytron, Naomi, David Erickson, and Ian Galloway. "Routinizing the Extraordinary,Mapping the Future: Synthesizing Themes and Ideas for Next Steps." *Investing in What Works for America Communities.*

Darwin, Charles. *The Origin of the Species and the Voyage of the Beagle.* New York:Everyman's Library, 2003.

Davis, Wade. *The Wayfinders.* Toronto: House of Anansi Press, 2009.

Day, Christopher. *Places of the Soul: Architecture and Environmental Design as a Healing Art.* Oxford, UK: Architectural, 1990.

Deboos, Salome, Jonathan Demenge, and Radhika Gupta. "Ladakh: Contemporary Publics and Politics." *Himalaya* 32 (August 2013).

Decade of Design: Health and Urbanism. Washington, DC: American Institute of Architects,n.d.

Diamond, Jared. *Guns, Germs and Steel: The Fates of Human Societies.* New York:W. W. Norton, 1997.

Doherty, Patrick C., Col. Mark "Puck" Mykleby, and Tom Rautenberg. "A Grand Strategy for Sustainability: America's Strategic Imperative and Greatest Opportunity."New America Foundation.

Dreyfuss, Henry. *Designing for People.*New York: Simon & Schuster, 1955.

Duany, Andres, and Elizabeth Plater-Zyberk.*Towns and Town-Making Principles.*New

York: Rizzoli, 1991.

Duany, Andres, Elizabeth Plater-Zyberk,and Jeff Speck. *Suburban Nation: The Rise of Sprawl and the Decline of the American Dream*. New York: North Point, 2000.

Ebert, James D. *Interacting Systems in Development*. New York: Holt, Rinehart and Winston, 1965.

Economist. Hot Spots 2025: Benchmarking the Future Competitiveness of Cities. London: Economist Intelligence Unit, n.d.

"Lost Property." February 25, 2012.

Eddington, A. S. *The Nature of the Physical World*. New York: Macmillan, 1927.

Ehrenhalt, Alan. *The Great Inversion and the Future of the American City*. New York:Alfred A. Knopf, 2012.

Eitler, Thomas W., Edward McMahon, and Theodore Thoerig. *Ten Principles for Building Healthy Places*. Washington, DC: Urban Land Institute, 2013.

Enterprise Community Partners. "Community Development 2020—Creating Opportunity for All." 2012.

Epstein, Paul R., and Dan Ferber. *Changing Planet, Changing Health: How the Climate Crisis Threatens Our Health and What We Can Do about It*. Berkeley: University of California Press, 2011.

Ewing, Reid H., Keith Bartholomew, Steve Winkelman, Jerry Walters, and Don Chen. *Growing Cooler: The Evidence on Urban Development and Climate Change*. Washington, DC: Urban Land Institute, 2008.

Feddes, Fred. *A Millennium of Amsterdam: Spatial History of a Marvellous City*. Bussum:Thoth, 2012.

Ferguson, Niall. "Complexity and Collapse." *Foreign Affairs* (March-April 2010).

Florida, Richard L. *The Rise of the Creative Class*. New York: Basic Books, 2012.

Foreign Affairs: The Rise of Big Data. 3rd ed. Vol. 92. New York: Council on Foreign Relations, 2013.

Forrester, Jay W. *Urban Dynamics*. Cambridge, MA: MIT Press, 1969.

Foundations for Centering Prayer and the Christian Contemplative Life. New York: Continuum International Publishing Group, 2002.

Frank, Joanna, Rachel MacCleery, Suzanne Nienaber, Sara Hammerschmidt, and Abigail Claflin. *Building Healthy Places Toolkit: Strategies for Enhancing Health in the Built Environment*. Washington, DC: Urban Land Institute, 2015.

Freudenburg, William R., Robert Gramling, Shirley Bradway Laska, and Kai Erikson. *Catastrophe in the Making: The Engineering of Katrina and the Disasters of Tomorrow*. Washington, DC: Island Press/Shearwater, 2009.

Friedman, Thomas L. *Hot, Flat, and Crowded: Why We Need a Green Revolution—and How It Can Renew America*. New York: Farrar, Straus and Giroux, 2008.

Fuller, R. Buckminster. *Operating Manual for Spaceship Earth*. Carbondale, IL: Touchstone Books, 1969.

Gabel, Medard. *Energy, Earth, and Everyone: A Global Energy Strategy for Spaceship Earth*. New Haven, CT: Earth Metabolic Design, 1975.

Gaines, James R. *Evening in the Palace of Reason: Bach Meets Frederick the Great in the Age of Enlightenment*. New York: HarperCollins, 2005; HarperPerennial, 2006.

Galilei, Galileo. *Dialogue Concerning the Two Chief World Systems*. Trans. Stillman Drake. Berkeley: University of California Press, 1967.

Galvin, Robert W., Kurt E. Yeager, and Jay Stuller. *Perfect Power: How the Microgrid Revolution Will Unleash Cleaner, Greener, and More Abundant Energy*. New York: McGraw-Hill Books, 2009.

Gamow, George. *One Two Three . . . Infinity: Facts and Speculations of Science*. New York: Bantam, 1958.

Gang, Jeanne. *Reverse Effect: Renewing Chicago's Waterways*. N.p.: Studio Gang Architects, 2011.

Gans, Herbert J. *The Levittowners: Ways of Life and Politics in a New Suburban Community.* New York: Columbia University Press, 1967.

Gansky, Lisa. *The Mesh: Why the Future of Business Is Sharing*. New York: Portfolio/Penguin, 2010.

Garreau, Joel. *Edge City: Life on the New Frontier*. New York: Doubleday, 1988.

Gehl, Jan. *Cities for People*. Washington, DC: Island Press, 2010.

Georgescu-Roegen, Nicholas. *The Entropy Law and the Economic Process*. Boston: Harvard University Press, 1971.

Gibbon, Edward. *The Decline and Fall of the Roman Empire*. New York: Penguin, 1952.

Gilchrist, Alison, and David Morris. "Communities Connected: Inclusion, Participation and Common Purpose." *Connected Communities*, 2011.

Glaeser, Edward. *Triumph of the City: How Our Greatest Invention Makes Us Richer, Smarter, Greener, Healthier, and Happier*. New York: Penguin, 2011.

Glass, Philip. *Words without Music.* New York: Liveright, 2015.

Gleick, James. *Chaos: Making a New Science.* New York: Viking, 1987.

Goetzmann, William N., and K. Geert Rouwenhorst. *The Origins of Value: The Financial Innovations That Created Modern Capital Markets.* Oxford, UK: Oxford University Press, 2005.

Goleman, Daniel. *Emotional Intelligence.* New York: Bantam, 1994.

Goleman, Daniel, Lisa Bennett, and Zenobia Barlow. *Ecoliterate: How Educators Are Cultivating Emotional, Social, and Ecological Intelligence.* San Francisco: Jossey-Bass, 2012.

Goleman, Daniel, and Christoph Lueneburger. "The Change Leadership Sustainability Demands." *MIT Sloan Management Review,* Summer 2010.

Gollings, John. *City of Victory: Vijayanagara, the Medieval Hindu Capital of Southern India.* New York: Aperture, 1991.

Gorbachev, Mikhail Sergeevich. *The Search for a New Beginning: Developing a New Civilization.* San Francisco: Harper San Francisco, 1995.

Gore, Al. *Earth in the Balance: Ecology and the Human Spirit.* Boston: Houghton Mifflin, 1992.

Gould, Stephen Jay. *Time's Arrow, Time's Cycle: Myth and Metaphor in the Discovery of Geological Time.* Cambridge, MA: Harvard University Press, 1987.

Gratz, Roberta Brandes. *The Battle for Gotham: New York in the Shadow of Robert Moses and Jane Jacobs.* New York: Nation, 2010.

Greene, Brian. *The Elegant Universe: Superstrings, Hidden Dimensions, and the Quest for the Ultimate Theory.* New York: Vintage Books, 1999.

Grillo, Paul Jacques. *Form, Function and Design.* New York: Dover, 1960.

Grist, Matt. *Changing the Subject: How New Ways of Thinking about Human Behaviour Might Change Politics, Policy and Practice.* London: RSA, n.d.

Steer: Mastering Our Behaviour through Instinct, Environment and Reason. London: RSA, 2010.

Groslier, Bernard, and Jacques Arthaud. *Angkor: Art and Civilization.* London: Readers Union, 1968.

Guneralp, Burak, and Karen C. Seto. "Environmental Impacts of Urban Growth from an Integrated Dynamic Perspective: A Case Study of Shenzhen, South China." www.elsevier.com/locate/gloenvcha. October 22, 2007.

Habraken, N. J. *The Structure of the Ordinary: Form and Control in the Built Environment*. Cambridge, MA: MIT Press, 1998.

Hall, Jon, and Christina Hackmann. *Issues for a Global Human Development Agenda*. New York: UNDP, 2013.

Hammer, Stephen A., Shagun Mehrotra, Cynthia Rosenzweig, and William D. Solecki,eds. *Climate Change and Cities*. Cambridge, UK: Cambridge University Press 2011.

Harnik, Peter, and Ben Welle. "From Fitness Zones to the Medical Mile: How Urban Park Systems Can Best Promote Health and Wellness." Trust for Public Land,2011. www.tpl.org.

"Smart Collaboration—How Urban Parks Can Support Affordable Housing."Trust for Public Land, 2009. www.tpl.org.

Hawken, Paul. *Blessed Unrest*. New York: Viking, 2007.

The Ecology of Commerce: A Declaration of Sustainability. New York: Harper Business, 1993.

Hawken, Paul, Amory B. Lovins, and L. Hunter Lovins. *Natural Capitalism: Creating the Next Industrial Revolution*. Boston: Little, Brown, 1999.

Hayden, Dolores. *Building Suburbia: Green Fields and Urban Growth, 1820–2000*.New York: Pantheon Books, 2003.

Heath, Chip, and Dan Heath. *Switch: How to Change Things When Change Is Hard*. New York: Broadway Books, 2010.

Helliwell, John F., Richard Layard, and Jeffrey Sachs, eds. *World Happiness Report,2013 Edition*. New York: Earth Institute, Columbia University, 2012.

World Happiness Report, 2015 Edition. New York: Earth Institute, Columbia University, 2016.

Hersey, George L. *The Monumental Impulse: Architecture*'s *Biological Roots*. Cambridge,MA: MIT Press, 1999.

Hershkowitz, Allen, and Maya Ying Lin. *Bronx Ecology: Blueprint for a New Environmentalism*. Washington, DC: Island Press, 2002.

Herzog, Ze'ev. *Archaeology of the City: Urban Planning in Ancient Israel and Its Social Implications*. Tel Aviv: Emery and Claire Yass Archaeology, 1997.

Heschong, Lisa. *Thermal Delight in Architecture*. Cambridge, MA: MIT Press,1979.

Hiss, Tony. *The Experience of Place: A Completely New Way of Looking at and Dealing with Our Radically Changing Cities and Countryside.* New York: Alfred A. Knopf, 1990.

In Motion: The Experience of Travel. New York: Alfred A. Knopf, 2010.

Hitchcock, Henry-Russell.*In the Nature of Materials, 1887–1941: The Buildings of Frank Lloyd Wright.* New York: Da Capo, 1942.

Holling, C. S. "Understanding the Complexity of Economic, Ecological, and Social Systems." *Ecosystems* 4 (2001): 390–405.

Hollis, Leo. *Cities Are Good for You: The Genius of the Metropolis.* New York: Bloomsbury Press, 2013.

Homer-Dixon,Thomas F. *The Upside of Down: Catastrophe, Creativity, and the Renewal of Civilization.* Washington, DC: Island Press, 2006.

Horan, Thomas A. *Digital Places: Building Our City of Bits.* Washington, DC: Urban Land Institute, 2000.

Housing America's Future: New Directions for National Policy. Washington, DC: Bipartisan Policy Center, 2013.

Howard, Albert. *An Agricultural Testament.* London: Oxford University Press,1943.

Howard, Ebenezer, and Frederic J. Osborn. *Garden Cities of To-morrow.*Cambridge,MA: MIT Press, 1965.

Howell, Lee. *Global Risks 2013.* 8th ed. Geneva: World Economic Forum, 2013.

Hutchinson, G. Evelyn. *The Clear Mirror.* New Haven, CT: Leete's Island Books,1978.

Interim Report. "The Economics of Ecosystems and Biodiversity." Welling, Germany:Welzel+Hardt, 2008.

Isacoff, Stuart. *Temperament: How Music Became a Battleground for the Great Minds of Western Civilization.* New York: Vintage Books, 2003.

Jackson, Kenneth T. *Crabgrass Frontier: The Suburbanization of the United States.*New York: Oxford University Press, 1985.

Jackson, Tim. *Prosperity without Growth: Economics for a Finite Planet.* London:Earthscan, 2009.

Jacobs, Jane. *Cities and the Wealth of Nations: Principles of Economic Life.* New York:Vintage Books, 1985.

The Death and Life of Great American Cities. New York: Vintage Books, 1961.

The Economy of Cities. New York: Vintage Books, 1969.

Systems of Survival: A Dialogue on the Moral Foundations of Commerce and Politics.

New York: Vintage Books, 1994.

Jencks, Charles. *The Architecture of the Jumping Universe: A Polemic—How Complexity Science Is Changing Architecture and Culture*. London: Academy Editions, 1995.

Johnson, Jean Elliott, and Donald James Johnson. *The Human Drama: World History From the Beginning to 500 C.E.* Princeton,NJ: Markus Wiener, 2000.

Johnson, Steven. *Emergence: The Connected Lives of Ants, Brains, Cities, and Software*. New York: Scribner, 2001.

Johnston, Sadhu Aufochs, Steven S. Nicholas, and Julia Parzen. *The Guide to Greening Cities*. Washington, DC: Island Press, 2013.

Jullien, Fran is. *The Propensity of Things: Toward a History of Efficacy in China*. New York: Zone, 1995.

Kahn, Matthew E. *Green Cities: Urban Growth and the Environment*. Washington,DC: Brookings Institute, 2006.

Kahneman, Daniel. *Thinking, Fast and Slow*. New York: Farrar, Straus and Giroux,2013.

Kandel, Eric R. *In Search of Memory: The Emergence of a New Science of Mind*. New York: W. W. Norton, 2006.

Katz, Bruce, and Jennifer Bradley. *The Metropolitan Revolution: How Cities and Metros Are Fixing Our Broken Politics and Fragile Economy*. Washington, DC: Brookings Institution,2013.

Kauffman, Stuart A. *At Home in the Universe: The Search for Laws of Self-Organization and Complexity*. New York: Oxford University Press, 1995.

The Origins of Order: Self-Organization and Selection in Evolution. New York:Oxford University Press, 1993.

Kayden, Jerold S. *Privately Owned Public Space*. New York: John Wiley & Sons,2000.

Kelbaugh, Doug. *The Pedestrian Pocket Book: A New Suburban Design Strategy*. New York: Princeton Architectural Press in Association with the University of Washington,1989.

Kellert, Stephen R. *Building for Life: Designing and Understanding the Human-Nature Connection*. Washington, DC: Island Press, 2005.

Kinship to Mastery: Biophilia in Human Evolution and Development. Washington,DC: Island Press, 1997.

Kellert, Stephen R., and Timothy J. Farnham, eds. *The Good in Nature and Humanity: Connecting Science, Religion, and Spirituality with the Natural World*.

Washington,DC: Island Press, 2002.

Kellert, Stephen R., and James Gustave Speth, eds. *The Coming Transformation:Values to Sustain Human and Natural Communities*. New Haven, CT: Yale School of Forestry and Environmental Studies, 2009.

Kellert, Stephen R., and Edward O. Wilson, eds. *The Biophilia Hypothesis*. Washington, DC: Island Press, 1993.

Kelly, Barbara M. *Expanding the American Dream: Building and Rebuilding Levittown*. Albany: State University of New York Press, 1993.

Kelly, Hugh F. *Emerging Trends in Real Estate: United States and Canada 2016*. Washington,DC: Urban Land Institute, 2015.

Kelly, Kevin. *What Technology Wants*. New York: Viking, 2010.

Kemmis, Daniel. *The Good City and the Good Life*. Boston: Houghton Mifflin,1995.

Kennedy, Christopher M. *The Evolution of Great World Cities: Urban Wealth and Economic Growth*. Toronto: University of Toronto Press, 2011.

Kennedy, Lieutenant General Claudia J. (Ret.), and Malcolm McConnell. *Generally Speaking*. New York: Warner Books 2001.

Khan, Khalid, and Pam Factor-Litvak."Manganese Exposure from Drinking Water and Children's Classroom Behavior in Bangladesh." *Environmental Health Perspectives* 119, no. 10 (October 2011).

King, David, Daniel Schrag, Zhou Dadi, Qi Ye, and Arunabha Ghosh. *Climate Change: A Risk Assessment*. Boston: Harvard University Press, n.d.

Klinenberg, Eric. *Going Solo: The Extraordinary Rise and Surprising Appeal of Living Alone*. New York: Penguin, 2012.

Koebner, Linda. *Scientists on Biodiversity*. New York: American Museum of Natural History, 1998.

Koeppel, Gerard. *City on a Grid: How New York Became New York*. Philadelphia: Da Capo Press, 2015.

Koren, Leonard. *Wabi-Sabi for Artists, Designers, Poets and Philosophers*. Berkeley, CA:Stone Bridge, 1994.

Kramrisch, Stella. *The Hindu Temple*. 2 vols. Delhi: Motilal Banarsidass, 1976.

Krier, Leion, Dhiru A. Thadani, and Peter J. Hetzel. *The Architecture of Community*. Washington, DC: Island Press, 2009.

Krueger, Alan B. *The Rise and Consequences of Inequality in the United States.*

Washington,DC: Council of Economic Advisers, 2012.

Kunstler, James Howard. *The City in Mind: Meditations on the Urban Condition.* New York: Free Press, 2001.

*Home from Nowhere: Remaking Our Everyday World for the Twenty-First Century.*New York: Simon & Schuster, 1996.

Kushner, David. *Levittown: Two Families, One Tycoon, and the Fight for Civil Rights in America's Legendary Suburb.* New York: Walker, 2009.

Lakoff, George. *Don't Think of an Elephant! Know Your Values and Frame the Debate:The Essential Guide for Progressives.* White River Junction, VT: Chelsea Green Publishing, 2004.

Landa, Manuel de. *A Thousand Years of Nonlinear History.* New York: Swerve,2000.

Lansing, John Stephen. *Perfect Order: Recognizing Complexity in Bali.* Princeton,NJ:Princeton University Press, 2006.

Lauwerier, Hans. *Fractals: Endlessly Repeated Geometrical Figures.* Princeton, NJ: Princeton University Press, 1991.

Leakey, Richard, and Roger Lewin. *The Sixth Extinction: Patterns of Life and the Future of Humankind.* New York: Anchor Books, 1995.

Ledbetter, David. *Bach's Well-Tempered Clavier: The 48 Preludes and Fugues.* New Haven, CT: Yale University Press, 2002.

Lehrer, Jonah. *How We Decide.* Boston: Houghton Mifflin Harcourt, 2009.

Proust Was a Neuroscientist. Boston: Houghton Mifflin, 2007.

Leick, Gwendolyn. *Mesopotamia: The Invention of the City.* London: Penguin, 2001.

Leiserowitz, Anthony A., and Lisa O. Fernandez. *Toward a New Consciousness: Values to Sustain Human and Natural Communities: A Synthesis of Insights and Recommendations from the 2007 Yale FE&S Conference.* New Haven, CT: Yale Printing and Publishing Services, 2007.

Leopold, Aldo, and Robert Finch. *A Sand County Almanac: And Sketches Here and There.* Oxford, UK: Oxford University Press, 1949.

Longo, Gianni. *A Guide to Great American Public Places: A Journey of Discovery, Learning and Delight in the Public Realm.* New York: Urban Initiatives, 1996.

Louv, Richard. *Last Child in the Woods: Saving Our Children from Nature-Deficit Disorder.* Chapel Hill, NC: Algonquin Books of Chapel Hill, 2005.

The Nature Principle: Human Restoration and the End of Nature-Deficit Disorder.

Chapel Hill, NC: Algonquin Books of Chapel Hill, 2011.

Lovins, Amory B. *Soft Energy Paths: Toward a Durable Peace*. San Francisco: Friends of the Earth International, 1977.

Lovins, Amory B., and Rocky Mountain Institute. *Reinventing Fire: Bold Business Solutions for the New Energy Era*. White River Junction, VT: Chelsea Green Publishing,2011.

Mahler, Jonathan. *The Bronx Is Burning: 1977, Baseball, Politics, and the Battle for the Soul of a City*. New York: Farrar, Straus and Giroux, 2005.

Mak, Geert, and Russell Shorto. *1609: The Forgotten History of Hudson, Amsterdam, and New York*. Amsterdam: Henry Hudson 400, 2009.

Mandelbrot, Benoit B. *The Fractal Geometry of Nature*. New York: W. H. Freeman,1982.

Marglin, Stephen A. *The Dismal Science: How Thinking Like an Economist Undermines Community*. Cambridge, MA: Harvard University Press, 2008.

Mayne, Thom. *Combinatory Urbanism: A Realignment of Complex Behavior and Collective Form*. Culver City, CA: Stray Dog Cafe, 2011.

Mazur, Laurie. *State of the World 2013: Is Sustainability Still Possible.* Washington,DC: Worldwatch Institute 2013. See esp. chapter 32, "Cultivating Resilience in a Dangerous World."

McCormick, Kathleen, Rachel MacCleery, and Sara Hammerschmidt. *Intersections: Health and the Built Environment*. Washington, DC: Urban Land Institute, 2013.

McDonough, William, and Michael Braungart. *Cradle to Cradle: Remaking the Way We Make Things*. New York: North Point, 2002.

McGilchrist, Iain. *The Master and His Emissary: The Divided Brain and the Making of the Western World*. New Haven, CT: Yale University Press, 2009.

McHarg, Ian L. *Design with Nature*. Garden City, NY: American Museum of Natural History, 1969.

McIlwain, John K. *Housing in America: The Baby Boomers Turn 65*. Washington, DC: Urban Land Institute, 2012.

Housing in America: The Next Decade. Washington, DC: Urban Land Institute,2010.

Meadows, Donella H., and Diana Wright. *Thinking in Systems: A Primer*. White River Junction, VT: Chelsea Green Publishing, 2008.

Mehta, Suketu. *Maximum City: Bombay Lost and Found*. New York: Vintage Books, 2004.

Melaver, Martin. *Living above the Store: Building a Business That Creates Value, Inspires Change, and Restores Land and Community*. White River Junction, VT: Chelsea Green Publishing, 2009.

Miller, Tom. *China's Urban Billion: The Story behind the Biggest Migration in Human History*. London: Zed, 2012.

Mitchell, Melanie. *Complexity: A Guided Tour*. Oxford, UK: Oxford University Press, 2009.

Modelski, George. *World Cities: 3000 to 2000*. Washington, DC: Faros 2000, 2003.

Moe, Richard, and Carter Wilkie. *Changing Places: Rebuilding Community in the Age of Sprawl*. New York: Henry Holt, 1997.

Moeller, Hans-Georg.*Luhmann Explained: From Souls to Systems*. Chicago: Open Court, 2006.

Montgomery, Charles. *Happy City: Transforming Our Lives through Urban Design.*New York: Farrar, Straus and Giroux, 2013.

Moore, Charles Willard, William J. Mitchell, and William Turnbull. *The Poetics of Gardens*. Cambridge, MA: MIT Press, 1988.

Moretti, Enrico. *The New Geography of Jobs*. Boston: Houghton Mifflin Harcourt,2013.

Morris, A. E. J. *History of Urban Form: Before the Industrial Revolutions*. Harlow, Essex, UK: Longman Scientific and Technical, 1979.

Morse, Edward S. *Japanese Homes and Their Surroundings*. New York: Dover Publications, 1961.

Mulgan, Geoff. *Connexity: How to Live in a Connected World*. Boston: Harvard Business School, 1997.

Mumford, Lewis. *The City in History: Its Origins, Its Transformations, and Its Prospects*. New York: Harcourt, Brace & World, 1961.

The Myth of the Machine: The Pentagon of Power. New York: Harcourt, Brace, Jovanovich, 1970.

Nabokov, Peter, and Robert Easton. *Native American Architecture*. Oxford, UK: Oxford University Press, 1989.

Narby, Jeremy. *The Cosmic Serpent: DNA and the Origins of Knowledge*. New York: Jeremy P. Tarcher, 1998.

Neal, Peter, ed. *Urban Villages and the Making of Communities*. London: Spon, 2003.

Neal, Zachary P. *The Connected City: How Networks Are Shaping the Modern*

Metropolis. New York: Routledge, 2013.

Newman, Peter, and Isabella Jennings. *Cities as Sustainable Ecosystems: Principles and Practices*. Washington, DC: Island Press, 2008.

New York City Department of City Planning. *Zoning Handbook*, 2011 ed. New York: Department of City Planning, 2012.

New York City Department of Transportation. *Sustainable Streets 2009: Progress Report*.

New York: New York City Department of Transportation, 2009.

Nijhout, H. F., Lynn Nadel, and Daniel L. Stein, eds. *Pattern Formation in the Physical and Biological Sciences*. Reading, MA: Addison-Wesley,1997.

Nolan, John R. *The National Land Use Policy Act*. New York: Pace Law Publications, 1996.

Norberg-Hodge,Helena. *Ancient Futures*. N.p.: Sierra Club Books, 1991.

Novacek, Michael J. *The Biodiversity Crisis: Losing What Counts*. New York: The New Press, 2001.

OECD. *How's Life? Measuring Well-Being*.Paris: OECD Publishing, 2015.

Ranking of the World's Cities Most Exposed to Coastal Flooding Today and in the Future. Executive Summary. Paris: OECD Publishing, 2007.

Ormerod, Paul. *N Squared: Public Policy and the Power of Networks*. RSA, Essay 3,August 2010.

Orr, David W. *Design on the Edge: The Making of a High-Performance Building*. Cambridge, MA: MIT Press, 2006.

Down to the Wire: Confronting Climate Collapse. Oxford, UK: Oxford University Press, 2009.

Ostrom, Elinor. *Governing the Commons: The Evolution of Institutions for Collective Action*. New York: Cambridge University Press, 1990.

Pagels, Heinz R. *The Cosmic Code: Quantum Physics as the Language of Nature*. New York: Penguin, 1982.

The Dreams of Reason: The Computer and the Rise of the Sciences of Complexity.New York: Simon & Schuster, 1988.

Perfect Symmetry: The Search for the Beginning of Time. New York: Simon & Schuster, 1985.

Palmer, Martin, and Victoria Finlay. *Faith in Conservation: New Approaches to*

Religions and the Environment. Washington, DC: World Bank, 2003.

Pecchi, Lorenzo, and Gustavo Piga. *Revisitng Keynes: Economic Possibilities for Our Grandchildren*. Cambridge, MA: MIT Press, 2008.

Peirce, Neal R., Curtis W. Johnson, and John Stuart Hall. *Citistates: How Urban America Can Prosper in a Competitive World*. Washington, DC: Seven Locks, 1993.

Pelikan, Jaroslav. *Bach Among the Theologians*. New York: Penguin Books, 2008. First published in 1986 by Wipf and Stock.

Pennick, Nigel. *Sacred Geometry: Symbolism and Purpose in Religious Structures*. New York: Harper & Row, 1980.

Peterson, Jon A. *The Birth of City Planning in the United States, 1840–1917*. Baltimore: Johns Hopkins University Press, 2003.

Piketty, Thomas. *Capital in the Twenty-First Century*. Cambridge, MA: Belknap Press of Harvard University Press, 2014.

Pittas, Michael J. *Vision/Reality: Strategies for Community Change*. Washington, DC: United States Department of Housing and Urban Development, Office of Planning and Development, 1994.

Pollan, Michael. *The Botany of Desire: A Plant's Eye View of the World*. New York: Random House, 2001.

Reed, Henry Hope. *The Golden City*. Garden City, NY: Doubleday, 1959.

Revkin, Andrew. *The North Pole Was Here: Puzzles and Perils at the Top of the World*. Boston: Kingfisher, 2006.

Ricard, Matthieu. *Happiness*. New York: Little, Brown, 2003.

Ricklefs, Robert E. *Ecology*. Newton, MA: Chiron, 1973.

Ridley, Matt. *Genome: The Autobiography of a Species in 23 Chapters*. New York: Perennial, 1999.

Riesman, David. *The Lonely Crowd: A Study of the Changing American Character*. Cambridge, MA: Yale University Press, 1961.

Rimpoche, Nawang Gehlek. *Good Life, Good Death*. New York: Riverhead Books,2001.

Rocca, Alessandro. *Natural Architecture*. New York: Princeton Architectural Press, 2007.

Rodin, Judith. *The Resilience Dividend: Being Strong in a World Where Things Go Wrong*. New York: PublicAffairs, 2014.

Rosan, Richard M. *The Community Builders Handbook*. Washington, DC: Urban Land

Institute, 1947.

Rose, Dan. *Energy Transition and the Local Community: A Theory of Society Applied to Hazleton, Pennsylvania*. Philadelphia: University of Pennsylvania Press, 1981.

Rose, Daniel. *Making a Living, Making a Life*. Essex, NY: Half Moon Press. 2014.

Rose, Jonathan F. P. *Manhattan Plaza: Building a Community*. Philadelphia: University of Pennsylvania Press, 1979.

Rosenthal, Caitlin. *Big Data in the Age of the Telegraph*. N.p.: Leading Edge, 2013.

Rosenzweig, Cynthia, and William D. Solecki. *Climate Change and a Global City: The Potential Consequences of Climatic Variability and Change; Metro East Coast*. New York: Columbia Earth Institute, 2001.

Rosenzweig, Cynthia, William D. Solecki, Stephen A. Hammer, and Shagun Mehrotra. *Climate Change and Cities: First Assessment Report of the Urban Climate Change Research Network*. Cambridge, UK: Cambridge University Press, 2011.

Roveda, Vittorio. *Khmer Mythology: Secrets of Angkor Wat*. Bangkok: River Books Press, AC, 1997.

Rowson, Jonathan. *Transforming Behavior Change: Beyond Nudge and Neuromania. RSA Projects* (n.d.), 2–32. Web.

Rowson, Jonathan, and Iain McGilchrist. *Divided Brain, Divided World*. London:RSA, 2013.

Rudofsky, Bernard. *Architecture without Architects: A Short Introduction to Non-Pedigreed Architecture*. New York: Museum of Modern Art; distributed by Doubleday, Garden City, NY, 1964.

Rybczynski, Witold. *Home: A Short History of an Idea*. New York: Penguin, 1987.

Rykwert, Joseph. *The Idea of a Town: The Anthropology of Urban Form in Rome, Italy and the Ancient World*. Princeton,NJ: Princeton University Press, 1976.

The Seduction of Place: The City in the Twenty-First Century. New York: Pantheon Books, 2000.

Saarinen, Eliel. *The City: Its Growth, Its Decay, Its Future*. New York: Reinhold, 1943.

Sachs, Jeffrey D. *Common Wealth: Economics for a Crowded Planet*. New York: Penguin, 2009.

Sampson, Robert J. *Great American City: Chicago and the Enduring Neighborhood Effect*. Chicago: University of Chicago Press, 2012.

Sanderson, Eric W. *Mannahatta: A Natural History of New York City*. New York:Harry N.

Abrams, 2009.

Terra Nova: The New World after Oil, Cars and the Suburbs. New York: Harry N. Abrams, 2013.

Saunders, Doug. *Arrival City: How the Largest Migration in History Is Reshaping Our World*. New York: Vintage Books, 2012.

Saviano, Roberto. *Gomorrah: A Personal Journey into the Violent International Empire of Naples's Organized Crime System*. New York: Picador, 2006.

Scarpaci, Joseph L., Roberto Segre, and Mario Coyula. *Havana: The Faces of the Antillean Metropolis*. Chapel Hill: University of North Carolina Press, 2002.

Schachter-Shalomi, Rabbi Zalman. *Paradigm Shift*. Northvale, NJ: Jason Aronson, 1993.

Schama, Simon. *Landscape and Memory*. New York: Alfred A. Knopf, 1995.

Schell, Jonathan. *The Fate of the Earth*. New York: Avon, 1982.

Schinz, Alfred. *The Magic Square: Cities in Ancient China*. Stuttgart: Axel Menges, 1996.

Schoenauer, Norbert. *6,000 Years of Housing*. New York: W. W. Norton, 1981.

Schorske, Carl E. *Fin-de-siècle Vienna: Politics and Culture*. New York: Alfred A. Knopf, 1979.

Schrödinger, Erwin. *What Is Life? The Physical Aspect of the Living Cell; and Mind and Matter*. Cambridge, UK: Cambridge University Press, 1944.

Senge, Peter, et al. *The Dance of Change: The Challenges of Sustaining Momentum in Learning Organizations*. New York: Doubleday, 1999.

Sennett, Richard. *The Conscience of the Eye: The Design and Social Life of Cities*. New York: Alfred A. Knopf, 1990.

Sheftell, Jason. "Best Places to Live in NY." *Daily News*, September 9, 2011.

Shipman, Wanda. *Animal Architects: How Animals Weave, Tunnel, and Build Their Remarkable Homes*. Mechanicsburg, PA: Stackpole, 1994.

Shorto, Russell. *The Island at the Center of the World: The Epic Story of Dutch Manhattan and the Forgotten Colony That Shaped America*. New York: Vintage Books, 2004.

Shrady, Nicholas. *The Last Day: Wrath, Ruin, and Reason in the Great Lisbon Earthquake of 1755*. New York: Penguin, 2008.

Singer, Tania. "Concentrating on Kindness." *Science* 341 (September 20, 2013).

Smith, Bruce D. *The Emergence of Agriculture*. New York: Scientific American Library,

1995.

Solnit, Rebecca. *A Paradise Built in Hell: The Extraordinary Communities That Arise in Disaster*. New York: Penguin, 2009.

Solomon, Daniel. *Global City Blues*. Washington, DC: Island Press, 2003.

Speth, James Gustave. *The Bridge at the Edge of the World*. New Haven, CT: Yale University Press, 2008.

Red Sky at Morning: America and the Crisis of the Global Environment. New Haven, CT: Yale University Press, 2004.

Standage, Tom. *The Victorian Internet: The Remarkable Story of the Telegraph and the Nineteenth Century's On-Line Pioneers*. New York: Walker, 1998.

Steadman, Philip. *Energy, Environment and Building*. Cambridge, UK: Cambridge University Press, 1975.

Steinhardt, Nancy Shatzman. *Chinese Imperial City Planning*. Honolulu: University of Hawaii Press, 1999.

Steven Winter Associates. *There Are Holes in Our Walls*. New York: U.S. Green Building Council, New York Chapter, 2011.

Stiglitz, Joseph E. *The Price of Inequality: How Today's Divided Society Endangers Our Future*. New York: W. W. Norton, 2012.

Stiglitz, Joseph E., Amartya Sen, and Jean-Paul Fitoussi. *Mismeasuring Our Lives: Why GDP Doesn't Add Up*. New York: The New Press, 2010.

Stohr, Kate, and Cameron Sinclair. *Design Like You Give a Damn: Building Change from the Ground Up*. New York: Harry N. Abrams, 2012.

Stoner, Tom, and Carolyn Rapp. *Open Spaces Sacred Places*. Annapolis, MD: TKF Foundation, 2008.

Stuart, David E., and Susan B. Moczygemba-McKinsey.*Anasazi America*. Albuquerque: University of New Mexico Press, 2000.

Surowiecki, James. *The Wisdom of Crowds.* New York: Doubleday, 2004.

Sustainable Communities: The Westerbeke Charrette. Sausalito, CA: Van der Ryn, Calthorpe & Partners, 1981.

Swimme, Brian, and Mary Evelyn Tucker. *Journey of the Universe*. New Haven, CT: Yale University Press, 2011.

Tainter, Joseph A. *The Collapse of Complex Societies.* Cambridge, UK: University Printing House, 1988.

Taleb, Nassim Nicholas. *Antifragile: Things That Gain from Disorder.* New York: Random House, 2012.

Talen, Emily, and Andres Duany. *City Rules: How Regulations Affect Urban Form.* Washington, DC: Island Press, 2012.

Tavernise, Sabrina. "For Americans Under 50, Stark Finding on Health." *New York Times*, January 9, 2013.

"Project to Improve Poor Children's Intellect Led to Better Health, Data Show." *New York Times*, March 28, 2014.

Teilhard de Chardin, Pierre. *The Phenomenon of Man.* Trans. by Julian Huxley. New York: Harper Torch Books, 1959.

Tellier, Luc-Normand. *Urban World History: An Economic and Geographical Perspective.* Québec, Canada: Presses de l'Université du Québec, 2009.

Thaler, Richard H., and Cass R. Sunstein. *Nudge: Improving Decisions about Health, Wealth, and Happiness.* New York: Penguin, 2008.

Thomas, Lewis. *The Medusa and the Snail: More Notes of a Biology Watcher.* New York: Viking, 1979.

Thompson, D'Arcy. *On Growth and Form.* Cambridge, UK: Cambridge University Press, 1961.

Tough, Paul. "The Poverty Clinic—Cana Stressful Childhood Make You a Sick Adult?" *New Yorker,* March 21, 2011.

Tufte, Edward R. *Visual Explanations: Images and Quantities, Evidence and Narrative.* Cheshire, CT: Graphics Press, 1997.

UN-Habitat. *State of the World's Cities 2012/2013: Prosperity of Cities.* N.p.: United Nations Human Settlements Programme, 2012.

United States of America. Office of Management and Budget. *Fiscal Year 2016: Budget of the U.S. Government.* Washington, DC: U.S. Government Printing Office, 2015.

Urban Land Institute. *America's Housing Policy—The Missing Piece: Affordable Workforce Rentals.* Washington, DC: Urban Land Institute, 2011.

Beltway Burden—The Combined Cost of Housing and Transportation in the Greater Washington, DC, Metropolitan Area. Washington, DC: Urban Land Institute–Terwilliger Center for Workforce Housing, 2009.

Building Healthy Places Toolkit: Strategies for Enhancing Health in the Built Environment. Washington, DC: Urban Land Institute, 2015.

Infrastructure 2011: A Strategic Priority. Washington, DC: Urban Land Institute,2011.

What's Next? Getting Ahead of Change. Washington, DC: Urban Land Institute,2012.

What's Next? Real Estate in the New Economy. Washington, DC: Urban Land Institute, 2011.

Van der Ryn, Sim, and Peter Calthorpe. *Sustainable Communities: A New Design Synthesis for Cities, Suburbs, and Towns*. San Francisco: Sierra Club, 1986.

Van der Ryn, Sim, and Stuart Cowan. *Ecological Design*. Washington, DC: Island Press, 1996.

Venkatesh, Sudhir Alladi. *American Project: The Rise and Fall of a Modern Ghetto*. Cambridge, MA: Harvard University Press, 2000.

Vergara, Camilo J. *The New American Ghetto*. New Brunswick, NJ: Rutgers University Press, 1995.

Von Frisch, Karl. *Animal Architecture*. New York: Harcourt Brace Jovanovich, 1974.

Wallace, Rodrick, and Kristin McCarthy. "The Unstable Public-Health Ecology of the New York Metropolitan Region: Implications for Accelerated National Spread of Emerging Infection." *Environment and Planning A* 39, no. 5 (2007):1181–92.

Warren, Andrew, Anita Kramer, Steven Blank, and Michael Shari. *Emerging Trends in Real Estate*. Washington, DC: Urban Land Institute, 2014.

Watkins, Michael D., ed. *A Guidebook to Old and New Urbanism in the Baltimore/ Washington Region*. Washington, DC: Congress for the New Urbanism, 2003.

Weinstein, Emily, Jessica Wolin, and Sharon Rose. *Trauma Informed Community Building: A Model for Strengthening Community in Trauma Affected Neighborhoods*. N.p.: Health Equity Institute, 2014.

White, Norval. *The Architecture Book: A Companion to the Art and the Science of Architecture*. New York: Alfred A. Knopf, 1976.

Whithorn, Nicholas, trans. *Sicily: Art, History, Myths, Archaeology, Nature, Beaches, Food*. English ed. Messina, Italy: Edizioni Affinita Elettive, n.d.

Whyte, William H. *City: Rediscovering the Center*. New York: Doubleday, 1988.

The Social Life of Small Urban Spaces. Washington, DC: Conservation Foundation, 1980.

Wilkinson, Richard G., Kate Pickett, and Robert B. Reich. *The Spirit Level: Why Greater Equality Makes Societies Stronger*. New York: Bloomsbury, 2010.

William, Laura. *An Annual Look at the Housing Affordability Challenges of America*'s *Working Households.* Housing Landscape, 2012.

Wilson, David Sloan. *The Neighborhood Project.* New York: Little, Brown, 2011.

Wilson, Edward O. *Consilience: The Unity of Knowledge.* New York: Alfred A. Knopf, 1998.

The Meaning of Human Existence. New York: Liveright, 2014.

The Social Conquest of Earth. New York: Liveright, 2012.

Wolman, Abel. "The Metabolism of Cities." *Scientific American* 213, no. 3 (September 1965): 179–80.

Wong, Eva. *Feng-shui:The Ancient Wisdom of Harmonious Living for Modern Times.* Boston: Shambhala, 1996.

Wood, Frances. *The Silk Road: Two Thousand Years in the Heart of Asia.* Berkeley: University of California Press, 2002.

World Economic Forum. *Global Agenda: Well-Being and Global Success.* World EconomicForum, 2012.

Insight Report: Global Risks 2012, Seventh Edition. World Economic Forum,2012.

Wright, Robert. *NonZero: The Logic of Human Destiny.* New York: Pantheon Books, 2000.

Wright, Ronald. *A Short History of Progress.* Cambridge, UK: Da Capo, 2004.

Yearsley, David. *Bach and the Meanings of Counterpoint.* Cambridge, UK: Cambridge University Press, 2002.

Yoshida, Nobuyuki. *Singapore: Capital City for Vertical Green (Xinjiapo: Chui Zhi Lu Hua Zhi Du).* Singapore: A+U Publishing, 2012.

Zolli, Andrew, and Ann Marie Healy. *Resilience: Why Things Bounce Back.* New York: Free Press, 2012.

图书在版编目（CIP）数据

什么造就了城市/ (美) 乔纳森·罗斯著；谢幕娟
译著. — 北京：北京时代华文书局，2021.9
书名原文: THE WELL-TEMPERED CITY
ISBN 978-7-5699-4255-2

Ⅰ. ①什… Ⅱ. ①乔… ②谢… Ⅲ. ①生态城市—城
市规划—研究 Ⅳ. ①TU984
中国版本图书馆CIP数据核字 (2021) 第 156659 号

THE WELL – TEMPERED CITY：What Modern Science, Ancient
Civilizations, and Human Nature Teach Us About the Future of Urban Life
Copyright © 2016 by Jonathan F. P. Rose.
Allrights reserved. Printed in the United States of America. No part of this
book may be used or eproduced in any manner whatsoever without written
permission except in the case of brief quotations embodied in critical articles
and reviews.
Published by arrangement with HarperCollins Publishers.
简体中文版由银杏树下（北京）图书有限责任公司出版

北京市版权局著作权合同登记号 字：01-2021-2635

什么造就了城市
Shenme Zaojiu le Chengshi

著　　者 | [美] 乔纳森·罗斯
译　　者 | 谢幕娟

出 版 人 | 陈　涛
项目统筹 | 石冠哲
责任编辑 | 李　兵
装帧设计 | 墨白空间·李国圣
责任印制 | 訾　敬

出版发行 | 北京时代华文书局 http://www.bjsdsj.com.cn
　　　　　北京市东城区安定门外大街 138 号皇城国际大厦 A 座 8 楼
　　　　　邮编：100011　电话：010-64267955　64267677
印　　刷 | 天津创先河普业印刷有限公司　022-22458683
　　　　　（如发现印装质量问题，请与印刷厂联系调换）
开　　本 | 889mm×1194mm　1/32　印　张 | 13.75　字　数 | 290 千字
版　　次 | 2021 年 12 月第 1 版　印　次 | 2021 年 12 月第 1 次印刷
书　　号 | ISBN 978-7-5699-4255-2
定　　价 | 66.00 元

版权所有，侵权必究